"十二五"职业教育国家规划教材

经全国职业教育教材审定委员会审定

全国高职高专道路与桥梁工程技术专业系列规划教材

工程地质与水文

（第二版）

盛海洋　主　编

聂莉萍　沈秋雁　姚丽芳　参　编

科学出版社

北　京

内 容 简 介

　　本书以实际工作任务为引领，以土建建设中处理工程地质问题为主线，贯穿课程的始终。本书将工程地质与水文项目分解为工程地质现象的认识、工程地质知识的应用、水力水文计算、设计流量与桥孔径、冲刷计算、工程地质技能训练等五个学习情境。

　　本书可作为高职高专土建类道路桥梁工程技术、公路监理、港口工程技术、城市轨道交通工程技术、高等级公路维护与管理、基础工程、土木工程等专业的教材，亦可供工程建设勘察、设计、施工、监理、实验、检测技术人员和科研人员学习参考使用。

图书在版编目(CIP)数据

工程地质与水文/盛海洋主编. —2 版 .—北京：科学出版社，2016.3

("十二五"职业教育国家规划教材 • 经全国职业教育教材审定委员会审定 • 全国高职高专道路与桥梁工程技术专业系列规划教材)

ISBN 978-7-03-047875-7

Ⅰ.①工…　Ⅱ.①盛…　Ⅲ.①工程地质-高等职业教育-教材②水文地质-高等职业教育-教材　Ⅳ.①P64

中国版本图书馆 CIP 数据核字(2016)第 058802 号

责任编辑：万瑞达　宋扬 / 责任校对：刘玉靖
责任印制：吕春珉 / 封面设计：曹　来

科 学 出 版 社 出版

北京东黄城根北街 16 号
邮政编码：100717
http://www.sciencep.com

铭浩彩色印装有限公司印刷

科学出版社发行　　各地新华书店经销

*

2011 年 6 月第 一 版　　开本：787×1092　1/16
2016 年 3 月第 二 版　　印张：19
2019 年 9 月第四次印刷　　字数：420 000

定价：49.00 元
(如有印装质量问题，我社负责调换〈铭浩〉)

销售部电话 010-62136230　编辑部电话 010-62130874（VA03）

第二版前言

本书根据高职高专土建类道路桥梁工程技术、公路监理、港口工程技术、城市轨道交通工程技术、高等级公路维护与管理、基础工程、土木工程等专业，近些年工程地质与水文课程教改的有关要求，在各高等职业院校积极践行和创新先进职业教育理念，深入推进"工学结合，校企合作"人才培养模式的大背景下，根据新的课程标准和教学标准组织修订编写而成。

本书的课改编写思路是："以培养职业能力为核心，以工作实践为主线，以工作过程（项目）为导向，用任务进行驱动，建立以行动（工作）体系为框架的现代课程结构，重新序化课程内容，做到陈述性（显性）知识与程序性（默会）知识并重，将陈述性知识穿插于程序性知识之中，理论与实践一体化"。力求体现如下特点：

体系规范。以工学结合、校企合作所开发的教材为切入点，在课程标准和教学标准确定的框架下，改革教学内容和教学方法，突出专业教学的针对性，选定教材内容。

内容先进。用新观点、新思想审视和阐述教材内容，所选定的教材内容适应交通土建建设发展需要，反映土建类专业的新知识、新技术、新工艺和新方法。

知识实用。以职业能力为本位，以应用为核心，以"必需、实用、够用"为原则，教材紧密联系生产和生活实际，加强了教学的针对性，能与相应的职业资格标准相互衔接。

使用灵活。体现教学内容弹性化，教学要求层次化，教材结构模块化；有利于按需施教，因材施教。

在课程设计上，本书以实际工作任务为引领，以土建类专业中处理工程地质与水文问题为主线，贯穿课程的始终。本书将工程地质与水文项目分解为：认识地球及地质作用、认识矿物与岩石、认识地质构造、认识地貌、认识地下水、认识不良地质现象、工程地质勘察、工程地质勘察报告的编制、水力与水文基础知识、水文形态勘测与频率曲线绘制、桥涵布置、内河桥设计流量的确定、大中桥孔径计算、建桥河段冲刷计算、室内矿物与岩石鉴别、野外地质与水文技能训练等任务。目的让学生掌握每一阶段工程地质与水文知识的应用过程。每一个学习情境都有关于工程地质与水文知识的介绍，但不是简单的重复，而是知识的不断提升。

本书打破了以往学科式教学的模式，主要介绍在土建工程中有关工程地质与水文资料的获取、整理及其应用等的知识。由于工程地质与水文所要研究的内容十分丰富，分科也很细，在有限的时间内只能结合土建类各专业的需要择其主要的和基本的内容简明扼要地予以介绍，为学生学习各自专业，以及开展相关问题的科学研究，提供最为必要的工程地质与水文基本知识及技能。

为紧密结合生产实践，此次修订立足于《公路工程水文勘测设计规范》（JTG C30—2015）、《公路工程地质勘察规范》（JTG C20—2011）、《岩土工程勘察规范》（GB

50021—2001)、《公路桥涵设计通用规范》（JTG D60—2015)、《公路桥位勘测设计规范》（JTG C30—2002）等，按照这些规范的要求及规定，通过一些基本技能的训练，懂得搜集、分析和运用有关的工程地质与水文资料，并能正确运用勘察数据和资料，进行相关工程的设计、施工和管理。

教材修订过程中兼顾高职高专学生能力培养的需要，注重吸收最新的科技成果，将教学与科研、生产紧密结合，以必需、实用、够用为度，强调高职特色。全书内容丰富、图文并茂、深入浅出、循序渐进、重点突出、便于自学。为了方便学生学习。每个工作任务都附有任务重点、难点和一定数量的课后复习思考题，以使学生更好地了解和掌握核心内容。与此同时利用已建立的省级精品课程网站，开发与本书配套的、适合学生网上学习的教学资源库，如图片库、动画库、视频库、试题库等。

本书由福建船政交通职业学院盛海洋教授（博士）担任主编并统稿。福建省交通监理咨询公司邢小兵（高工），中铁二十四局集团福建铁路建设有限公司钱寅星（高工）主审。

具体编写情况：前言、绪论、任务 1～任务 5、任务 7、任务 8、任务 10 部分内容、任务 15、任务 16，由福建船政交通职业学院盛海洋编写；任务 9、任务 10 部分内容、任务 11、任务 12 由江西交通职业技术学院聂莉萍编写；任务 13、任务 14 由南京交通职业技术学院沈秋雁编写；任务 6 由广东交通职业技术学院姚丽芳编写。

在编写过程中，充分依托行业、企业，聘请相关专家，研讨更新教材结构，修订完善教材的大纲。并广泛采纳了兄弟高职院校及勘察设计施工单位同行对编写大纲提出的具体修改意见。同时附于书末的参考文献作者们对本书完成给予了巨大的帮助，在此一并表示诚挚谢意。

由于编写时间和编者水平所限，书中不足之处在所难免，敬请读者批评指正，以便再版修订时得到进一步完善。联系方式：2437509522@qq.com。

第一版前言

本书是根据高职高专交通类、土建类道路桥梁工程技术、高等级公路维护与管理、公路监理、市政工程、轨道工程、土木工程等专业近些年课程改革的有关要求，以培养高等技术应用性人才为目标来组织编写的，内容紧凑、针对性强。本书打破了以往学科式教学的模式，将"工程地质"与"桥涵水力水文"合二为一，主要介绍在公路、隧道、桥涵工程中有关工程地质资料及桥涵水文资料的获取、整理及其应用等。由于工程地质学与水文学所要研究的内容十分丰富，分科也很细，在有限的时间内只能结合公路与桥梁等专业的需要择其主要的和基本的内容简明扼要地予以介绍，为学生学习道路桥梁工程技术、高等级公路维护与管理、公路监理、市政工程、轨道工程、土木工程等专业知识以及开展相关问题的科学研究提供必要的工程地质与水文基本知识及技能。

为紧密结合生产实践，本书立足于《公路工程地质勘察规范》（JTJ 064—2002）、《公路工程水文勘察设计规范》（JTG C30—2002）、《公路桥涵设计通用规范》（JTG D60—2004）、《岩土工程基本术语标准》（GB/T 50279—1998）等，按照这些规范的要求及规定，通过一些基本技能的训练，使学生学会搜集、分析和运用有关的地质、水文资料，并能正确运用勘察数据和资料进行相关工程的设计、施工和管理。

本书编写过程中兼顾了高职高专学生能力培养的需要，注重吸收最新的科技成果，将教学与科研、生产紧密结合，以必须、实用、够用为度，强调高职特色。全书内容丰富、图文并茂、深入浅出、循序渐进、重点突出、便于自学。为了方便学生学习，每章前都有"学习目标与要求"、"重点"、"难点"，每章后附有小结和一定数量的思考题，有的还有习题，以使学生更好地了解、掌握该章核心内容。各章建议学时分配如下：

章	教学内容名称	学时	实验	训练	小计
	绪论	1			1
第1章	地球的演化	1			1
第2章	造岩矿物与岩石	6	8		14
第3章	地质构造	8		6	14
第4章	地貌	2			2
第5章	水文地质	4		2	6
第6章	水力学基本知识	2	6		8
第7章	河流水文基础	6		4	10
第8章	公路桥涵布置	2			2

章	教学内容名称	学时	实验	训练	小计
第 9 章	内河桥设计流量的确定	2			2
第 10 章	大中桥孔径计算	2			2
第 11 章	建桥河段的冲刷计算	2			2
第 12 章	常见的地质灾害	2			2
第 13 章	工程地质勘察	2			2
	总　　计	42	14	12	68

注：本学时分配是建议性的，完成本教学基本要求的最少学时数为 68 学时。

在使用本书时，由于学时所限和地区性差异以及各学校具体情况不同，教师在讲授中可对书中内容做适当增删。

本书由盛海洋统稿，成都理工大学夏克勤教授主审，具体编写分工为：绪论、第 1～5 章、第 12 章 12.4 节及第 13 章由南京交通职业技术学院盛海洋编写；第 6 章、第 7 章 7.2～7.8 节、第 8 和第 9 章由江西交通职业技术学院聂莉萍编写；第 10、11 章由南京交通职业技术学院沈秋雁编写；第 7 章 7.1 节和第 12 章 12.1～12.3 节由广州交通职业技术学院姚丽芳编写。

本书在编写过程中广泛征求了有关院校及勘察设计单位同行对本书编写大纲的意见，参考了大量文献，在此对他们及相关作者表示衷心的感谢。

由于编写时间和编者水平所限，书中难免存在不足之处，敬请读者批评指正。

目　　录

学习情境 1　工程地质现象的认识

绪　　论

1. 工程地质概念及其在工程建设中的任务

地质学一词是由瑞士人索修尔（Saussure H. B. de）于 1779 年提出的，意指"地球的科学"。地质学就是研究地球的学科。

限于目前的科学技术水平，地质学现阶段是以地球的表层（地壳）为主要研究对象，主要研究地壳的物质组成、促使地壳运动变化的各种地质作用、地壳的发展历史及地质学在有关领域中的应用等。随着生产实践的需要和科学的发展，地质工作的范围越来越广，地质学也相应发展成许多分支，如工程地质学、水文地质学等。

工程地质学作为其中的一个分支，是研究与工程规划、设计、施工和运用有关的地质问题的学科，是地质学与工程学的边缘学科。它广泛应用于各类工程，如公路工程、铁路工程、水电工程、建筑工程、矿山工程、港口工程等。随着生产的发展和研究的深入，又出现了一些新的分支学科，如环境工程地质、海洋工程地质、地震工程地质等。工程地质学的特点是始终与工程实践紧密联系。

工程地质学的研究对象是工程地质条件和工程活动的地质环境，它的主要任务是研究人类工程活动与地质环境（工程地质条件）之间的相互作用，以便正确评价、合理利用、有效改造和完善保护地质环境。工程地质学在工程建设中的具体任务包括：

1）阐明建筑地区的工程地质条件，并指出对建筑物有利和不利的影响。

2）论证建筑物存在的工程地质问题，进行定性和定量的评价，并得出确切的结论。

3）选择地质条件优良的建筑场地，并根据场地工程地质条件对建筑物的设计提出建议。

4）研究工程建筑物兴建后对地质环境的影响，预测其发展趋势，提出利用和保护地质环境的对策和建议。

5）根据所选定地点的工程地质条件和存在的工程地质问题提出有关建筑物类型、规模、结构和施工方法的合理建议，从而保证建筑物正常施工和使用的地质要求。

6）为拟定改善、防治不良地质作用措施方案提供地质依据。

工程地质学的上述任务要求必须对工程活动的地质环境（或称工程地质条件）进行深入研究，工程地质条件包括地层岩性、地质构造、地貌、水文地质条件、岩土体的工程性质、物理地质现象和天然建筑材料等方面。

2. 工程地质学的内容

一般认为，工程地质学由三个基本部分组成。

1）工程岩土学：研究岩土体的工程性质及其在自然或人类活动影响下的变化规律。

2）工程地质分析：研究工程活动与地质环境相互制约的主要形式，即工程地质问题，分析这些问题产生的地质条件、力学机制及其发展演化规律，以便正确评价和有效防治其不良影响。

3) 工程地质勘查：查明工程地质条件，并研究查明工程地质条件的方法和手段。

上述三个分支学科是工程地质学的理论基础。

3. 工程地质在工程建设中的作用

大量的国内外工程建设实践证明，工程地质工作做得好，设计、施工就能顺利进行，工程建筑的安全运营就有保证。相反，对工程地质工作忽视或重视不够，一些严重的地质问题未被发现或发现了而未进行有效的处理，都会给工程带来不同程度的影响，轻则修改设计方案、增加投资、延误工期，重则影响建筑物的使用，甚至酿成灾害。

例如，成都至昆明铁路沿线地形险峻，地质构造极为复杂，大断裂纵横分布，新构造运动十分强烈，有约 200km 的地段位于八九度地震烈度区，岩层破碎。加上沿线雨量充沛，山体不稳，各种不良地质现象十分活跃，被称为"世界地质博物馆"。中央和铁道部对成昆线的工程地质勘察十分重视，提出了地质选线的原则，动员和组织全路工程地质专家和技术人员进行大会战，并多次组织全国工程地质专家进行现场考察和研究，解决了许多工程地质难题，保证了成昆铁路顺利建成通车。

相反，新中国成立初期修建的宝鸡至成都铁路，限于 20 世纪 50 年代初期的设计水平，对工程地质条件认识不足，致使线路的某些地段质量不高，给施工和运营带来了困难。宝成铁路上存在的路基冲刷、滑坡和泥石流问题给我们留下了深刻教训。又如解放前修建的宝鸡至天水铁路，当时根本不重视工程地质工作，设计开挖了许多高陡路堑，致使后来发生了大量崩塌、滑坡、泥石流病害，使线路无法正常运营，被称为"西北铁路线上的盲肠"。

公路是一种延伸很长的线形建筑物，又主要建筑在地表（壳）上，在兴建和使用的过程中，必然会遇到各种各样的自然条件和地质问题，如果对地质工作重视不够，会给工程带来不同程度的影响。例如，在开挖高边坡时忽视地质条件，可能引起大规模的崩塌或滑坡，不仅增加工程量、延长工期和提高造价，甚至危及施工安全，造成生命和财产损失。我国台湾省的基隆河畔某地因修筑高速公路，在河岸旁的山腰处进行开挖，切断了层状岩体，导致该地于 1974 年 9 月发生滑坡，破坏了周围的村庄、道路，阻断了河流。又如沿河谷布线，若不分析河道形态、河流流向以及水文地质特征，就有可能造成水毁路基。

综上所述，作为工程建筑的基础工作，工程地质工作的重要作用是客观存在和被实践证明了的，它已成为工程建设中不可缺少的一个重要组成部分。随着我国经济建设的日益发展和科学技术的进步，工程建设的规模和数量也越来越大。数十公里长的隧道、数百米高的高楼大厦、数百米高的露天采矿场边坡、二滩和三峡水利枢纽工程等所谓"长隧道、深基坑、高边坡"巨型重大工程建设与工程地质的关系更趋密切。鉴于工程地质对工程建设的重要作用，国家规定任何工程建设必须在进行相应的地质工作、提出必要的地质资料的基础上才能进行工程设计和施工工作。

4. 教学要求及其特点

一般来讲，进行工程地质、工程水文勘察是由地质和水文技术人员进行的。但作为一名工程设计、施工技术人员，必须掌握工程地质和桥涵水文的基本理论和技能，才能够正确地提出勘察任务和要求，才能正确地利用工程地质、工程水文勘察成果和正确处理工程建设与自然地质和水文条件的相互关系，才能保证合理地进行设计和施工，才能胜任本职工作。

"工程地质与水文"课程是道路桥梁工程技术、高等级公路维护与管理、公路监理、市政工程、轨道工程、土木工程等专业的一门实践性比较强的专业基础课，旨在培养高等技术应用性人才为目标，通过教学和实习、实验，使学生得到一些基本技能的训练，学会搜集、分析和运用有关的地质、水文方面的资料、图件，能正确运用勘察数据和资料进行相关工程的设计、施工和管理。

为加强地质实践性教学，除讲课及自学外，本书还安排了课外作业以及野外地质教学实习，以巩固和印证课堂所学的理论知识，培养学生的动手能力。在教学过程中，应运用辩证唯物主义观点，由浅入深，循序渐进；尽量采用多媒体教学方法，应用有关科教片、录像、幻灯片、挂图、模型、标本等直观教具，以增强学生的感性认识，提高教学质量。学生在学习过程中要善于思考，切忌生吞活剥、死记硬背，主要应掌握分析研究问题的思路和方法，以便在以后的实际工作中用以解决所遇到的问题。

小　结

工程地质学是将地质学的原理应用于解决工程地基稳定性问题的一门学科。工程地质学通过工程地质调查、勘察和研究建筑物场地的岩土的工程地质性质、地质构造、地貌、地下水、物理地质现象和天然建筑材料等工程地质条件，预测和论证有关工程地质问题发生的可能性，并采取必要的防治措施，以确保建筑物的安全、稳定和正常使用。

工程地质学的研究对象是工程地质条件和工程活动的地质环境。它的主要任务是研究人类工程活动与地质环境（工程地质条件）之间的相互作用，以便正确评价、合理利用、有效改造和完善保护地质环境。

"工程地质与水文"课程是一门实践性比较强的专业基础课，通过教学和实习、实验，学生能得到一些基本技能的训练，学习搜集、分析和运用有关的地质、水文方面的资料、图件，并要求能正确运用勘察数据和资料进行相关工程的设计、施工和管理。

思　考　题

1. 什么是工程地质学？
2. 什么是工程地质条件？
3. 工程地质学的任务是什么？
4. 简述工程地质条件与人类活动之间的关系。

学习情境 1

工程地质现象的认识

任务 ①

认识地球及地质作用

学习目标与要求 ☞

1. 了解地球的圈层构造以及地球的地表形态。
2. 了解地球的相关物理性质和地球的演化历程。
3. 熟悉地质年代表。
4. 熟悉地质作用特征及内力、外力地质作用之间的相互关系。
5. 熟悉岩石风化程度的分级。

任务重点 ☞

地球的圈层构造；地球的地表形态；地质年代表；地质作用特征；岩石风化程度分级。

任务难点 ☞

地球的相关物理性质；地质年代表；岩石风化程度分级。

1.1 地 球 概 述

1.1.1 地球的圈层构造

地球是太阳系行星家族中的一个壮年成员（约 50 亿年，恒星为 100 亿～150 亿年），是一个具有圈层结构的旋转椭球体。

太阳系的主要成员除太阳外还有八大行星和它们的卫星以及（哈雷）彗星、流星。八大行星按其与太阳的距离，由近及远分别是水星、金星、地球、火星（其物理性质近似地球，称类地行星，且其体积较小、密度较大、自转速度慢、卫星数较少）、木星、土星、天王星和海王星（称类木行星，物理性质与类地行星相反），如图 1.1 和图 1.2 所示。

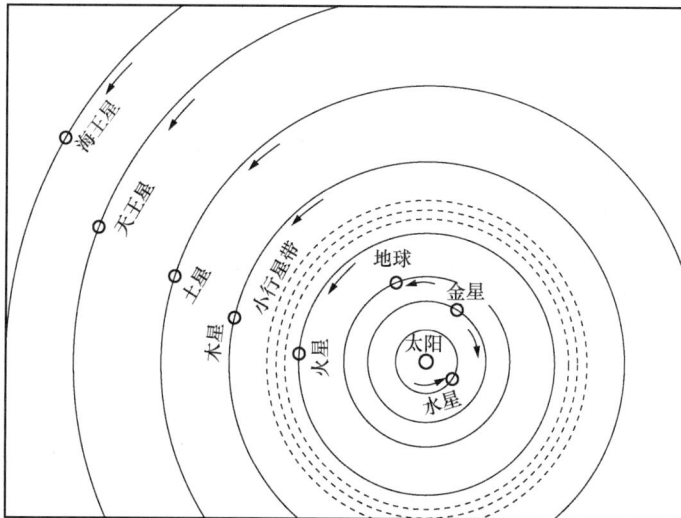

图 1.1 太阳系（行星轨道位置按比例表示）

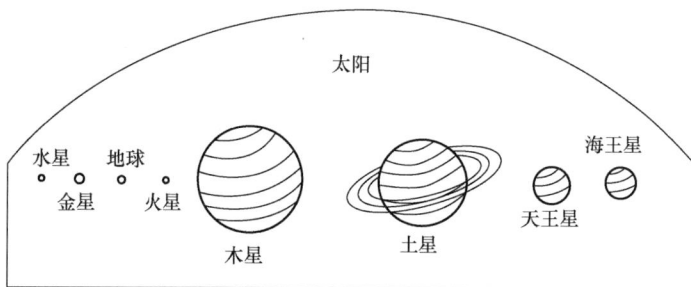

图 1.2 太阳系行星大小比较

地球由表及里可分为外圈和内圈，外圈又分为大气圈、水圈和生物圈，内圈分为地壳、地幔及地核。

1. 地球外圈

(1) 大气圈

环绕地球最外面的一个圈层由气态物质（大气）组成，称为大气圈。其下界为大陆和海洋的表面；上界不明显，逐渐过渡到星际空间。依据大气成分和物理性质的不同，大气圈自下而上分为对流层、平流层、中间层、热成层、散逸层等。大气圈的存在不仅为人类和生物的生存提供了条件，同时还影响着气候变化和地球上水的循环，并促使外力地质作用发生，改变着地表的面貌。

(2) 水圈

地球表面约 75% 的面积为海洋，海洋、湖泊、河流、沼泽、冰川以及岩石、土壤中的地下水构成一个基本连续的水体圈层，称为水圈。各种水体的活动和水的强溶解性使岩石遭受破坏，改变着地表的面貌；同时，水体的存在又为新岩石（沉积岩）的形成创造了条件。

(3) 生物圈

生物圈是地球上生物（动物、植物和微生物）生存和活动的范围所构成的一个连续圈层。生物活动是改造大自然和推动地壳发展演变的重要因素。许多生物直接或间接地对岩石起着破坏作用，并导致了地表形态的改变；另一方面，生物活动还引起地表物质的迁移和聚集，为某些岩石和矿产的形成提供了条件。

2. 地球内圈

地球平均半径 6371km，根据火山喷发和物理勘探中的地震波传播速度的突变，将其分为地核、地幔及地壳，如图 1.3 和图 1.4 所示。

(1) 地核

地球最内部的核心部分称为地核。地核位于古登堡面以下，包括内核、过渡层和外核三部分，厚约 3473km，其体积约占地球总体积的 17%。据推测，地核密度为 $9.71\sim17.9 g/cm^3$，温度在 $2000\sim3000℃$ 之间，压力可达 $300\sim360GPa$（约 10 000atm），主要由含铁、镍量很高（少量硅、硫等轻元素）、成分很复杂的物质组成。外核物态为液态，其成分除铁、镍外可能还有碳、硅和硫；内核物态为固态，其成分为铁镍物质。

(2) 地幔

介于地核和地壳之间，又称中间层，可分上下两层，其上部与地壳的分界面为莫霍洛维奇（Mohorovicic）面，地幔下部与地核的分界面为古登堡（Gutenberg）面。地幔厚约 2800km，其体积约占地球

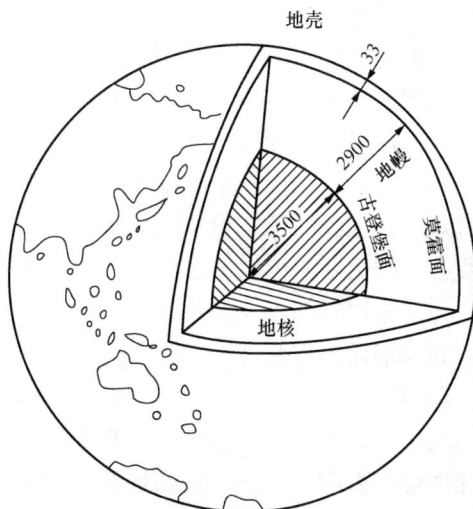

图 1.3　地球的内部构造（单位：km）

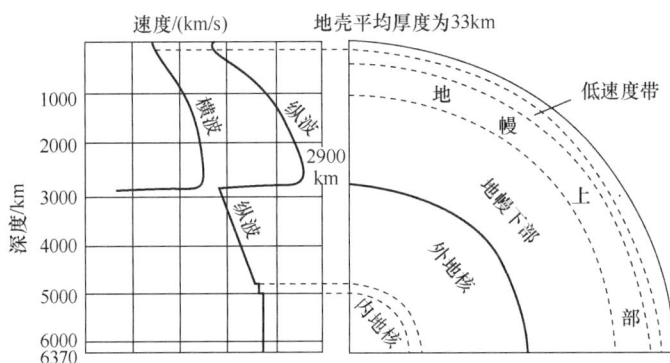

图 1.4　地球的圈层构造及地震波传播速度

总体积的 82%，密度从 3.32g/cm³ 递增到 5.66g/cm³，平均密度为 4.5g/cm³，温度一般为 1200～2000℃，压力随深度增加而增加，界面上压力约为 140GPa，主要由铬、铁、镍、二氧化硅等物质组成。根据次级界面，地幔可分为上地幔和下地幔。上地幔从莫霍面至地下 1000km，平均密度为 3.5g/cm³，成分主要为含铁镁质较多的超基性岩。在上地幔的上部 100～350km 存在一个由柔性物质组成的圈层，称为软流圈（地震波的低速带），此软流圈之上的固态岩石圈层称为岩石圈。下地幔在地下 1000km 至古登堡面之间，平均密度增大为 5.1g/cm³，成分仍为含铁镁质的超基性岩，但铁质的含量增加。

（3）地壳

从地表至莫霍面的固体外壳称为地壳，它主要由各种岩石组成。地壳的厚度很不均匀，各地有很大差异。地壳分为大陆型和大洋型两种类型。大陆型地壳分布在大陆及其边缘地区，其厚度较大，平均厚度为 33km，愈向高山区其厚度愈大，如我国青藏高原地区，厚度可达 70km 以上。大洋型地壳厚度较小，平均厚度只有 6km，如大西洋和印度洋厚度为 10～15km，而太平洋中央部分厚度为 5km，最薄处为西太平洋的马里亚纳海沟（深 11 034m），该处地壳厚仅为 1.6km。

地震波变化表明，地壳内存在着一个次一级的不连续面，称为康拉德面，它将地壳分为两层，上层为硅铝层（不连续），下层为硅镁层，如图 1.5 所示。

1）硅铝层（花岗岩层）。硅铝层是地壳上部分布不连续的一层，平均厚度约为 10km，化学成分以硅、铝为主，故称为硅铝层。硅铝层密度较小，平均为 2.7g/cm³。地震波在硅铝层的传播速度与花岗岩近似，其物质成分类似花岗岩，故又称为花岗岩层。该层厚度各地不一，山区有时厚达 40km，海陆交界处变薄，海洋地区则显著变薄，在太平洋中部此层甚至缺失。

2）硅镁层（玄武岩层）。硅镁层主要化学成分除硅、铝外，铁、镁相对增多，故称为硅镁层。硅镁层密度较大，平均为 2.9g/cm³。因硅镁层平均化学成分、地震波传播速度均与玄武岩相似，故又称为玄武岩层。硅镁层是地壳下分布连续的一层，在大陆及平原区厚度可达 30km，海洋区仅厚 5～8km。

地壳是由各种化学元素组成的，根据地球化学分析，在地壳中已发现 90 多种元

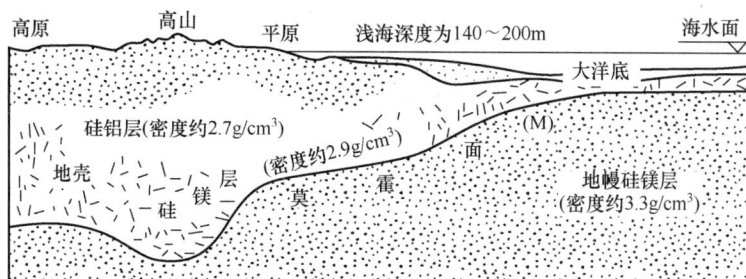

图 1.5　地壳结构示意图

素，但各种元素含量差异很大，其含量以 9 种元素为主。国际上把各种元素在地壳中的平均含量称为克拉克值（表 1.1）。

表 1.1　地壳主要化学元素平均含量

元素	克拉克值/%	元素	克拉克值/%
O	46.95	Na	2.78
Si	27.88	K	2.58
Al	8.13	Mg	2.06
Fe	5.17	Ti	0.62
Ca	3.65	H	0.14

地壳中的化学元素往往集聚成各种化合物或以单质出现，形成矿物，矿物的自然集合体又形成岩石。因此，矿物和岩石是组成地壳物质的基本单位，它们都是地壳发展过程中各种地质作用的产物。

1.1.2　地球表面特征

1. 地球表面的总体特征

地球表面积约为 5.1 亿 km²，基本分为陆地和海洋两部分。陆地面积约为 1.49 亿 km²，占地球表面的 29.2%；海洋面积约 3.61 亿 km²，占地球表面的 70.8%；陆地与海洋面积之比约 1∶2.4。陆地多集中于北半球，占全球陆地总面积的 67.5%，而南半球的陆地面积仅占陆地总面积的 32.5%。陆地的平均海拔高度为 825m，最高处喜马拉雅山脉的珠穆朗玛峰海拔为 8844.43m。海洋的平均深度（以海平面计）为 3800m，最深处是西太平洋马里亚纳海沟，深度为 11034m。

2. 陆地地形

陆地表面形态极为复杂，按高程和起伏状况分为山地、丘陵、平原、高原和盆地等。

（1）山地

陆地上海拔在 500m 以上且由山顶、山坡和山麓组成的隆起高地称为山或山地。山地是高低山的总称。按山地的外貌特征、海拔、相对高度和坡度，并结合我国的具体情况，山地又分为高山、中山和低山三类。

1）高山。海拔为 3500～5000m、相对高度为 200～1000m、山坡坡度大于 25°的山地称为高山。高山的大部山脊或山顶位于雪线以上，山上终年冰雪覆盖，冰川和寒冻风化作用成为塑造地貌形态的主要外力。

2）中山。海拔为 1000～3500m、相对高度为 200～1000m、山坡坡度为 10°～25°的山地称为中山。中山的外貌特征多种多样，有的显得和缓，有的显得陡峭，还有的由于冰川作用而具有尖锐的角峰和锯齿形山脊等。

3）低山。海拔为 500～1000m、相对高度为 200～1000m、山坡坡度一般在 5°～10°之间的山地称为低山。有些切割较深的低山，坡度较大（常大于 10°）。

（2）高原

陆地表面海拔在 600m 以上、相对高度在 200m 以上、面积较大、顶面平坦或略有起伏，且耸立于周围地面之上的广阔高地称为高原。规模较大的高原顶部常形成丘陵与盆地相间的复杂地形。世界上最高的高原是我国的青藏高原，平均海拔高度超过 4000m。我国的内蒙古高原、云贵高原以及华北、西北地区的黄土高原等规模也都十分可观。高原上山区面积占 2/3。

（3）平原

陆地表面宽广平坦或切割微弱、略有起伏，并与高地毗连或为高地围限的平地称为平原。平原按海拔分为低平原（海拔小于 200m）和高平原（海拔大于 200m）两种，如华北大平原为低平原，河套平原、银川平原和成都平原都是高平原。

（4）盆地

陆地上中间低平或略有起伏、四周被高地或高原所围限的盆状地形称为盆地。盆地的海拔和相对高度一般较大，如我国的四川盆地中部的平均高程为 500m，青海柴达木盆地的平均高程为 2700。盆地规模大小不一，但依其成因分为构造盆地和侵蚀盆地两种。构造盆地常常是地下水富集的场所，蕴藏有丰富的地下水资源；侵蚀盆地中的河谷盆地即山区中河谷的开阔地段或河流交汇处的开阔地段，往往是修建水库的理想库盆。

（5）丘陵

丘陵是一种起伏不大、海拔一般不超过 500m、相对高度在 200m 以下的低矮山丘。丘陵多半由山地、高原经长期外力侵蚀作用而成。丘陵个体低矮、顶部浑圆、坡度平缓、分布零乱、无明显的延伸规律等，这些都是它的主要特征，如我国东南沿海一带的丘陵。

在公路工程中，丘陵可进一步划分为重丘和微丘，其中相对高度大于 100m 的为重丘，小于 100m 的为微丘。

3. 海底地形

海洋的面积约占地壳总面积的 71%，其平均深度为 3700 多 m。海洋地形的半数为表面平坦且无明显起伏的大洋盆地。海底的山脉称为海岭；而海底长条形的洼地则称为海沟，一般深度大于 6km，可谓地球表面最低洼地区，如马里亚纳海沟深度 11034m、菲律宾海沟深度 10540m。与陆地连接的浅海平台称为大陆架，大陆架外缘的斜坡称为大陆坡。

1.1.3 地球的物理性质

地球的物理性质反映了地球内部的物质组成和结构特征，其物理性质主要有以下几个方面。

1. 密度

地球的密度是地球的质量与体积之比。地球平均密度为 $5.52g/cm^3$，地表岩石的平均密度为 $2.7\sim2.8g/cm^3$。地球内部的密度随深度的增加而逐渐增大，至地心达最大值为 $13g/cm^3$。

2. 地压

地压是指地球内部的压力，主要是静压力，它是由上覆岩石的重量引起的，且随深度增加而逐渐增大。地压还包括由地壳运动引起的地应力。

3. 重力

重力是指地面某处所受地心引力与该处的地球自转离心力的合力。在赤道地心引力最小，离心力最大，故重力加速度值最小，两极附近重力加速度值最大。重力加速度 g 的变化范围为 $9.78\sim9.83cm/s^2$。

4. 地热

地热又称地温，指地球内部的热量。地热主要来自太阳的辐射热和地球内部放射性元素衰变所释放出的热能。由地表向地球深部，地温的特征有所不同，可分为以下三层：

1）变温层（外热层）：自地表向下 $15\sim30m$，其热量主要来自太阳的辐射热，温度从地表向下逐渐降低。

2）恒温层（常温层）：是变温层的下部界面，其温度常年保持不变，大致相当当地的年平均温度。

3）增温层（内热层）：在常温层下，温度来源于地球内部放射性元素衰变，随深度增加地温升高。

5. 地磁

地磁是指地球的磁性。地球是一个巨大的磁体，周围分布着磁力线，形成地磁场，有磁南极和磁北极之分。磁北极与地理北极交角 $11.5°$。地磁要素：①磁场强度；②磁倾角；③磁偏角。

1.2 地 质 年 代

地壳自形成以来经历了 30 亿～46 亿年的历史，在这漫长的地质历史发展过程中，地壳经历了多个发展阶段，并产生了巨大的变化。

地壳发展演变的历史简称地史，研究地壳的发展和变化历史的科学称为地史学。地史学研究的主要内容包括地壳的岩石生成顺序及年代、古生物的演化及发展、古地理的演变及海陆变迁、地壳的构造发展历史等。

1.2.1 地层年代的确定方法

地层是在地壳发展过程中于一定时期并在特定的地质环境条件下由地质作用形成的一套岩石的总称，它具有时代的新老概念。地层的上下或新老关系称为地层层序。要研究地层层序，就要确定地层年代。地层年代包括两方面的含义：一是指地质事件发生后距今的实际年数，称为绝对年代；二是指地质事件发生的先后顺序，称为相对年代。

1. 地层绝对年代的确定

根据岩层中放射性元素蜕变产物的含量，通过计算可求得地层的绝对年代，有铀铅法、钾氩法、铷锶法等。以铀铅法为例，岩石中的放射性元素铀在自然条件下按一定速度蜕变，最后形成铅和氦两种终结元素。若用专门的仪器测定出岩石放射性元素和终结元素的含量，可按下式计算岩层的绝对年代，即

$$N_0 = N_t e^{\lambda t} \tag{1.1}$$

式中，N_0——放射性物质形成时原子的原始数量；

N_t——放射性物质经过时间 t 后未蜕变的原子数量；

λ——放射性物质的蜕变常数（单位时间内有多少原子发生蜕变）；

e——自然对数的基数，e＝2.718 281 82…。

式（1.1）经改写并取对数，得

$$t = 1/\lambda \{2.3g[1+(N_0-N_t)/N_t]\} \tag{1.2}$$

已知 U^{235} 的蜕变常数 λ，如能测出岩石中 Pb^{207} 的含量（即 N_0-N_t）和 U^{235} 的保留含量（即 N_t），即可按式（1.2）求得岩石的绝对年龄 t。

2. 地层相对年代的确定

确定地层相对年代即判别地层的相对新老关系，一般可根据以下几种方法确定。

（1）古生物化石法

古生物化石法即利用地层中所含化石来确定地层的年代。

生物是由低级到高级、由简单到复杂而不断进化的。不同年代的地层含有不同的化石，而相同年代的地层保存相同或相近的化石，据此可以确定地层的顺序和年代，如在温暖的浅海环境中可以形成由珊瑚组成的石灰岩，在湿热的森林地区可以形成富

含植物化石的含煤地层。

根据地球上生物演化的阶段性和不可逆性，可认为一定种属的生物生活在一定的地质年代，即同一地质年代的地层必然保存有相同或相近种属的生物化石。因此，可以认为在同一地区含有相同生物化石的地层属于同一年代，用古生物标准化石（分布年代短、特征显著、数量众多而地理分布广泛的化石）便可确定该地层形成的地质年代。如南京蜓（Nankinella）为我国南方二叠纪的标准化石，在南方若发现某一地层中有南京蜓化石，则可确定该地层属于二叠系。目前，我国已经出版了有各个地质年代地层标准化石的手册，可十分方便地确定地层年代。

（2）地层层序法

根据沉积岩形成的原理，在沉积岩形成之后，若未经剧烈的构造变动使之倒转，则位于下面的地层年代较老，位于上面的地层年代相对较新，即下老上新。复杂情况下，按沉积韵律（颗粒下粗上细）确定地层相对年代。

（3）岩性对比法

一般在同一地质时期且在同一环境下形成的岩石，它们的矿物成分、结构和构造、岩性组合等特征都应该是相似的。如我国江苏省南部的宁镇山脉一带，泥盆系中广泛分布着厚层浅色石英砂岩，在此地区内确定地层年代时，凡是石英砂岩均可定为泥盆系中。又如华北奥陶纪中期普遍沉积的是质纯的石灰岩和白云质灰岩，并在很多地方都发现了化石。据此，可以将未知地质年代的地层岩性特征与已知地质年代的地层岩性特征进行对比，从而可以确定未知地层的地质年代。在进行对比时，既要对比本层的岩性特征，又要对比与之相邻的上下岩层组合的岩性特征，则结果更加可靠。

（4）接触关系法

由于地壳运动性质和特点的不同，反映在上下岩层之间的接触形式也不一样，大致有如下几种接触形式。

1）整合。上下地层连续沉积，互相平行，没有明显的沉积间断，代表沉积时地壳比较稳定或地壳连续下降。

2）假整合。假整合又称平行不整合，上下地层虽然平行，但中间有一明显的高低不平的侵蚀面（常夹一层砾岩），并缺失地层，表明上下两地层之间有一个沉积间断，见图 1.6（a）。

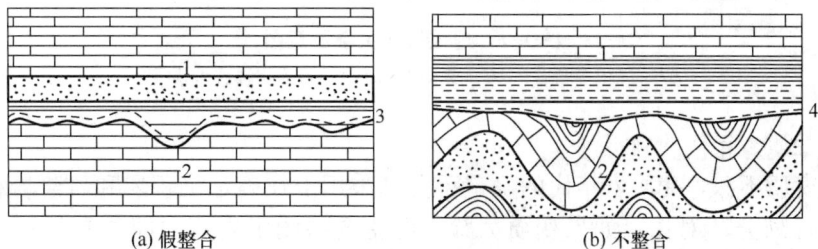

图 1.6　地层假整合和不整合

1. 上覆地层；2. 下伏地层；3. 假整合面；4. 不整合面

例如，华北奥陶系与中石炭统之间缺失志留系、泥盆系和下石炭统地层而显示平行不整合现象，这是因为奥陶纪之后华北地区上升为陆地，没有接受沉积，反而遭受剥蚀，形成了侵蚀面，直到中石炭世时地壳才再度下降，在侵蚀面上接受新的沉积，这个假整合面则成为划分华北奥陶系与中石炭统的分界线。

3）不整合。不整合又称角度不整合，上下地层之间有明显沉积间断，并以一定角度相接触，见图1.6（b），接触面起伏不平，往往保存着底砾岩和古风化痕迹。例如，我国南方在志留纪之后地壳发生剧烈运动，使寒武、奥陶、志留系地层发生褶皱并上升，遭受剥蚀，到泥盆纪时再次下降，重新接受沉积，因而造成泥盆系与下伏地层（寒武、奥陶、志留系）之间的角度不整合，这个不整合面则成为划分我国南方一些地区泥盆系与下伏地层的分界线。

（5）岩浆岩年代的确定

岩浆岩年代的确定一般利用其与上下沉积岩的接触关系进行。对于喷出岩，如果喷出岩夹于沉积岩之间，只要把喷出岩上下沉积岩的年代确定出来，喷出岩的年代就可判定。对于侵入岩体和脉状岩体的相对年代的确定，主要是依据它们与相邻沉积岩系的接触关系而定（图1.7）。如果岩浆岩在沉积岩形成之后侵入，则在侵入岩与沉积岩的接触带上沉积岩会出现烘烤现象，甚至出现蚀变变质现象，有时还被该侵入岩派生的岩脉所穿插，而侵入岩体则往往残留有围岩的捕虏体，这种接触关系称为侵入接触。侵入接触表示该侵入岩的年代较沉积岩为新。如果侵入岩冷却凝固，并上升至地表遭受侵蚀，在其上又形成新的上覆沉积岩层，则沉积岩底部往往还会有该侵入岩体的碎块，这种接触关系称为沉积接触。沉积接触说明该侵入岩体的年代较上覆沉积岩为老。如果有多次侵入，侵入体往往相互穿插，此时穿插其他岩体的侵入岩的年代较新，被穿插的侵入岩的年代较老。

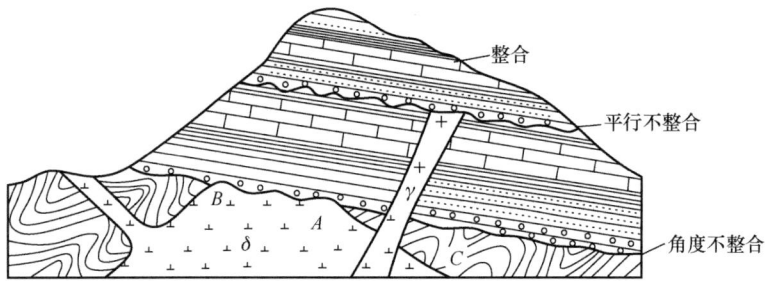

图1.7 地层接触关系示意图
AB. 沉积接触面；AC. 侵入接触面；δ. 侵入岩体；γ. 岩脉

（6）变质岩年代的确定

如果变质不深，变质岩年代的确定可分别采用上述确定沉积岩和岩浆岩相对年代的方法进行划分和对比；如果变质太深，则主要靠测定岩石中同位素年龄的方法来确定。

1.2.2 地质年代和地层划分

根据地壳运动及生物演化阶段等特征可以把地质历史划分为许多大小不同的年代单位。地质年代是指一个地层单位的形成时代或年代。最大的地质年代单位是（宙）代，通常把地质历史划分为太古代、元古代、古生代、中生代和新生代五个大的年代，在每个代中又划分出若干个纪，每个纪再分为几个世，世以下还可以再分出期。代、纪、世、期是地质历史的时间单位，相应于代、纪、世、期这些时期里形成的地层分别为界、系、统、阶，它们是地层单位。例如，古生代代表时间单位，古生界则表示古生代所沉积的地层；同样，寒武纪所沉积的地层就叫寒武系，其余类推。此外，在有些地层地质年代不确定、不含化石或化石稀少、不能定出正式地层单位的地区，可按照岩性特征来划分地层单位，称为岩石地层单位，按照级别由大到小分为群、组、段，一般限于区域性或地方性地层。

代、纪、世和与其相对应的界、系、统是国际性单位，全世界是统一的；期和与其相对应的阶是全国性或大区域的地质年代与地层单位。把地质年代单位和地层单位从老到新按顺序排列，就形成了目前国际上大致通用的地质年代表（表1.2）。

在地质年代表中还可列入地壳运动的几个主要构造期，即吕梁运动、加里东运动、海西运动、燕山运动、喜马拉雅运动。地壳运动是划分地层年代的分界标志，而次一级的地壳运动则往往作为纪的分界标志。

另外，在地质年代表中还简要地列出了不同历史发展阶段的生物演化及各地质时期盛行的动物和植物。

表 1.2　地质年代表

宙（字）	代（界）	纪（系）	世（统）	纪起始时间/百万年	主要生物及地质演化
显生宙	新生代 Kz	第四纪 Q	全新世 Q_h 更新世 Q_p	2.4	哺乳动物仍占主导地位，人类出现，北半球多次冰川活动
		新第三纪 N	上新世 N_2 中新世 N_1	23	陆地上哺乳动物为主，昆虫和鸟类都大大发展；被子植物兴盛。
		老第三纪 E	渐新世 E_3 始新世 E_2 古新世 E_1	65	印度板块于始新世碰撞到亚洲大陆上，非洲板块也靠向欧洲板块；渐新世开始全球造山运动，逐渐形成现代山系
	中生代 Mz	白垩纪 K	晚白垩世 K_2 早白垩世 K_1	135	脊椎动物鱼类、两栖类和爬行类得到大发展；晚三叠世出现哺乳类，侏罗纪出现始祖鸟；白垩纪末恐龙灭绝。
		侏罗纪 J	晚侏罗世 J_3 中侏罗世 J_2 早侏罗世 J_1	205	裸子植物以松柏、苏铁和银杏为主；被子植物出现。
		三叠纪 T	晚三叠世 T_3 中三叠世 T_2 早三叠世 T_1	250	晚三叠世，统一大陆分裂；古特提斯洋、古大西洋和古印度洋开始发育；印度大陆从南半球漂向亚洲大陆

宙（宇）	代（界）	纪（系）	世（统）	纪起始时间/百万年	主要生物及地质演化
显生宙	古生代 Pz	晚古生代 Pz₂	二叠纪 P	晚二叠世 P₂	290	脊椎动物在泥盆纪开始迅速发展；石炭纪开始出现两栖类和爬行类；陆上植物迅速发展，裸蕨类极度繁荣，还有少量石松类、楔叶类及原始的真蕨类植物；昆虫出现。 二叠纪末期发生了生物大量灭绝事件。 古生代末，南半球冈瓦纳大陆和北半球各大陆联合而成的劳亚大陆连接，形成称为潘加亚的统一大陆
				早二叠世 P₁		
			石炭纪 C	晚石炭世 C₃	350	
				中石炭世 C₂		
				早石炭世 C₁		
			泥盆纪 D	晚泥盆世 D₃	405	
				中泥盆世 D₂		
				早泥盆世 D₁		
		早古生代 Pz₁	志留纪 S	晚志留世 S₃	435	寒武纪开始出现带骨骼的生物：三叶虫、笔石和腕足类等；中奥陶纪出现珊瑚；志留纪出现原始的鱼类——棘鱼，植物主要是海洋中的藻类，志留纪末期陆地上出现裸蕨类；南半球各大陆加上印度半岛联合形成冈瓦纳大陆，北半球几个分开的大陆板块发生着碰撞和合并；北美板块与欧洲板块合并；古西伯利亚和古中国之间逐渐接近；奥陶纪晚期又出现一次大冰期
				中志留世 S₂		
				早志留世 S₁		
			奥陶纪 O	晚奥陶世 O₃	480	
				中奥陶世 O₂		
				早奥陶世 O₁		
			寒武纪 ∈	晚寒武世 ∈₃	570	
				中寒武世 ∈₂		
				早寒武世 ∈₁		
元古宙	新元古代 Pt₃		震旦纪 Z		1000	藻类大量发育，生物更多样化；震旦纪出现放射虫、海绵、水母、环节动物、节肢动物等。 古元古代后，所有的陆壳聚集在一起形成的大陆开始解体，震旦纪发生全球性冰期
			青白口纪 Pt₃q			
	中元古代 Pt₂		蓟县纪 Pt₂j		1700	
			长城纪 Pt₂ch			
	古元古代 Pt₁				2600	
太古宙	新太古代 Ar₂				>3800	出现藻类和菌类，最古老的生物遗迹为32亿年
	古太古代 Ar₁					

1.3 地 质 作 用

地球形成至今，经历了大约50亿年的发展历史，在这漫长的地质历史中，地球一直处于不停地运动、变化和发展中。例如，有些时候一些地方遭受挤压褶皱形成高山，而另一些地方就会凹陷形成海洋；高山不断遭受剥蚀被夷为平地，沧海又不断被泥土充填变成桑田；坚硬岩石破碎成为松软泥沙，而松软泥沙不断沉积形成新的岩石。这种由于自然动力引起地球发展变化的作用（或促使地壳的物质组成、内部结构及表面形态发生变化的各种作用）称为地质作用，由地质作用所引起的各种自然现象称为地质现象。

地质作用有的表现为短暂而迅速的突变，如火山喷发、地震、山洪等，而大多数地质作用则表现为长期缓慢的渐变，因而不易察觉，但长期地质作用往往造成更为惊人的后果，如高山被夷平、大海被填淤等。据观察，堆积 1m 厚的黄土需要 1000 年，而兰州附近的黄土厚约 200m，则需要 20 万年堆积而成。

地质作用是由各种自然力产生的，按照这些自然力的来源不同，地质作用可分为内力地质作用和外力地质作用。

1.3.1 内力地质作用

内力地质作用是指主要由地球内部能量引起地球发生变化的地质作用，它一般起源和发生于地球内部，但常常可以影响到地球的表层，对地球演化起着主导作用。它通过地壳运动、岩浆作用、变质作用等不断地改造地壳，并使地表产生大陆、海洋、山脉、平原等巨型地形起伏。

地壳运动：使地壳或岩石圈发生变形、变位以及洋壳增生和消亡的地质作用。

岩浆作用：指岩浆的形成、演化直至冷却成岩石的地质过程。

变质作用：地壳中的先成岩石由于构造运动和岩浆活动等原因所造成的物理、化学条件的变化，原来岩石的成分、结构、构造等发生一系列改变而形成新岩石的地质过程。

地震作用：指由地震引起的岩石圈物质成分、结构和地表形态变化的地质作用。

1.3.2 外力地质作用

1. 分类

外力地质作用是由地球外部能量引起地壳形态发生变化的地质作用。外力地质作用是对地球的进一步加工塑造，起着削高补低的作用。外力地质作用可分为：

1）风化作用：指岩石在太阳热能、大气、水分和生物等各种外力作用下不断发生物理和化学变化的过程。

2）剥蚀作用：指流水、风、冰川等在运动过程中对地表岩石产生的破坏并将它们搬离原地的作用。

3）搬运作用：指经过流水、风、冰川等剥蚀作用的产物被上述介质搬运到他处的过程。

4）沉积作用：指上述搬运介质动能减少或物理化学条件发生改变以及在生物的作用下被搬运的物质在新的场所堆积下来的作用。

5）成岩作用：指由松散状态的沉积物转变成为硬结的沉积岩的过程。

6）负荷地质作用：指松散堆积物、岩块等由于自身的重量并在其他动力地质作用触发下崩塌或沿斜坡滑动的过程。

2. 风化壳及其工程研究意义

岩石风化的程度和深度各地不一。风化作用在地表最明显，随着深度的增加，其影响就逐渐减弱，以至消失。

被风化了的岩石圈的疏松表层称为风化壳。岩石风化后的工程地质性质变化很大，为了选择合适的水工建筑场地、确定基础开挖深度和保证建筑物的稳定，对岩石风化程度、风化深度必须进行了解。岩石风化带界限的划分和风化带的命名，不同的工程实践有不同的划分依据和命名方法。一般根据岩石风化后的颜色、结构、矿物成分及物理力学性质等方面的变化，将风化岩石划分为全风化、强风化、弱风化和微风化四个带，见表1.3。表1.3中所列四个风化带不是在任何风化岩石的垂直剖面上都能见到的，由于水流冲刷等外力的影响，常保留其中2～3个带。

表1.3 岩石的风化程度分级（垂直分带）

风化分带 \ 主要特征	岩石颜色	矿物成分	岩体破碎特点	物理力学性质	声波特征	开挖技术特征
全风化带	原岩完全变色，常呈黄褐、棕红或红色	除石英外，其余矿物多已变异，形成绿泥石、绢云母、蛭石、滑石、石膏、盐类及黏土矿物等次生矿物	呈土状，或黏性土夹碎屑，结构已彻底改变，有时外观保持原岩状态	强度很低，浸水能崩解，压缩性增大，手指可捏碎	纵波声速值低，声速曲线摆动小	锤击声哑，锹镐可挖动
强风化带	大部变色，岩块中心部分尚较新鲜	除石英外大部分矿物均已变异，仅岩块中心变异较轻，次生矿物广泛出现	岩体破碎厉害，呈岩块、岩屑，时常夹黏性土	物理力学性质不大均一，强度较低，岩块单轴抗压强度小于原岩的1/3，风化较深的岩块手可压碎	纵波声速值较低，声速曲线摆动较大	锤击声哑，用锹镐开挖，偶须爆破开挖
弱风化带	岩体表面及裂隙面大部分变色，断口颜色较新鲜	沿裂隙面矿物变异明显，有次生矿物出现	岩体一般完好，原岩结构构造清晰，风化裂隙尚发育，时常夹少量岩屑	力学性质较原岩低，单轴抗压强度为原岩的1/3～2/3	纵波声速值较高，声速曲线摆动较大	锤击声不够清脆，必须爆破开挖
微风化带	仅沿裂隙面颜色略有变化	仅沿裂隙面有矿物轻微变异，并有铁质、钙质薄膜	岩体完整性较好，风化裂隙少见	与原岩相差无几	纵波声速值高，声速曲线摆动小	锤击发音清脆，须爆破开挖

综上所述，内力地质作用和外力地质作用的特征如图1.8所示。

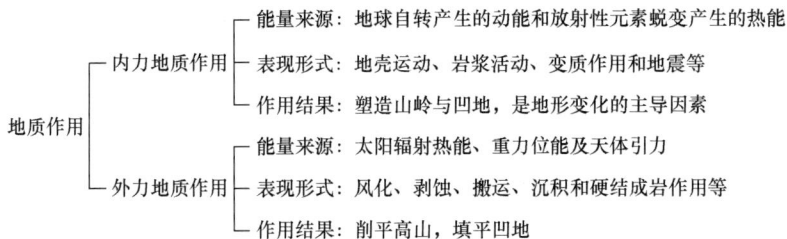

图1.8 内力地质作用和外力地质作用的特征

内力地质作用和外力地质作用在促使地球演化过程中既是相互联系又是互相矛盾的，内力地质作用处于主导的支配地位。地球在内力和外力地质共同作用下塑造着地壳的特征，使之不断地发展变化。

小　　结

地球具有圈层构造，地壳是固体地球最外部的圈层。塑造地壳面貌的自然作用称为地质作用。地球从诞生至今经历了近50亿年的演化过程。

1）地球的圈层构造。外部：大气圈、水圈和生物圈。内部：地壳、地幔及地核。

2）地球的地表形态。陆地表面形态极为复杂，按高程和起伏状况分为山地、丘陵、平原、高原和盆地等。海底地形有大洋盆地、海岭、海沟、大陆架、大陆坡等。

3）地球的物理性质主要有密度、地压、重力、地热、地磁等。

4）地质年代是一个地层单位的形成时代或年代，地质年代表是把地质年代单位和地层单位从老到新按顺序排列的表。

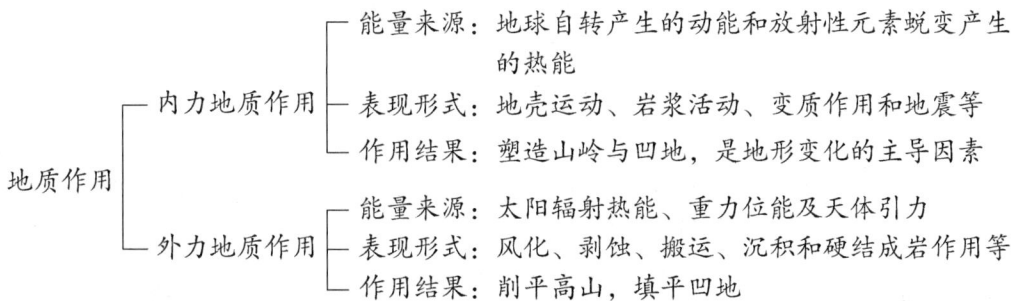

5）地质作用。

地质作用
- 内力地质作用
  - 能量来源：地球自转产生的动能和放射性元素蜕变产生的热能
  - 表现形式：地壳运动、岩浆活动、变质作用和地震等
  - 作用结果：塑造山岭与凹地，是地形变化的主导因素
- 外力地质作用
  - 能量来源：太阳辐射热能、重力位能及天体引力
  - 表现形式：风化、剥蚀、搬运、沉积和硬结成岩作用等
  - 作用结果：削平高山，填平凹地

6）岩石风化程度可分为全风化、强风化、弱风化和微风化四个级别。

思　考　题

1. 简述地球的外部圈层结构和内部圈层结构。
2. 简述地球的地表形态。
3. 简述地球的物理性质。
4. 简述地层相对年代的确定方法。
5. 地质年代单位和地层单位的含义及相互关系是怎样的？
6. 简述地质年代表。
7. 试述内力地质作用和外力地质作用特征及其相互关系。
8. 简述岩石风化程度分级。

任务 ②

认识造岩矿物与岩石

2.1 造 岩 矿 物

2.1.1 矿物的概念及类型

矿物是指地壳中的化学元素在地质作用下形成的具有一定化学成分和物理性质的单质或化合物。自然界中只有少数矿物是以自然元素形式出现的，如金刚石、自然金（Au）、硫磺（S）等；而绝大多数矿物是由两种或两种以上元素组成的化合物，如石英（SiO_2）、方解石（$CaCO_3$）、石膏（$CaSO_4 \cdot 2H_2O$）等。矿物绝大多数呈固态。固体矿物按其内部构造不同可分为晶质体和非晶质体两种。晶质体的内部质点（原子、离子、分子）有规律地排列，往往具有规则的几何外形，如岩盐，见图2.1。

但是矿物在岩石中受到许多条件和因素的控制，晶体常呈不规则几何形状。非晶质体的内部质点的排列则是杂乱无章没有规律的，因此不具有规则的几何外形，如蛋白石、玉髓（$SiO_2 \cdot nH_2O$）、褐铁矿（$Fe_2O_3 \cdot nH_2O$）等。地壳中的矿物绝大部分是晶质体。

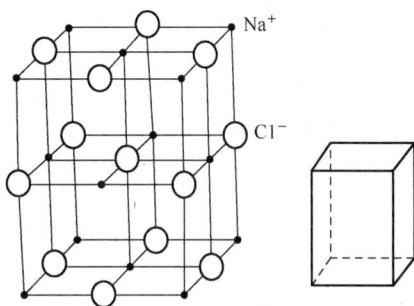

图2.1 岩盐的内部构造及晶体

自然界的矿物按其成因可分为三大类型：

1）原生矿物：在成岩或成矿的时期内，从岩浆熔融体中经冷凝结晶过程形成的矿物，如石英、长石等。

2）次生矿物：原生矿物遭受化学风化而形成的新矿物，如正长石经过水解作用后形成的高岭石。

3）变质矿物：在变质作用过程中形成的矿物，如区域变质的结晶片岩中的蓝晶石和十字石等。

目前已发现的矿物有3000多种，其中常见的不过200种。组成岩石的矿物称为造岩矿物，主要造岩矿物有20余种，其中又以长石、石英、辉石、角闪石、橄榄石、黑云母、方解石、白云石最为重要，它们的含量决定了岩石的名称及主要性质。

2.1.2 矿物的物理性质

矿物的物理性质主要决定于矿物的化学成分和内部构造。掌握矿物的物理性质是鉴别矿物的主要依据。在实际工作中，一般用肉眼观察并借助简单的工具（如硬度计、毛瓷板、放大镜和小钢刀等）和试剂鉴定矿物。

1. 矿物的形态

矿物的形态（或形状）是指矿物的单个晶体外形或集合体的状态。每种矿物一般都具有一定的形态，因而矿物的形态可以帮助识别矿物。常见的晶体形态（图2.2）有片状（如云母）、板状（如石膏）、柱状（如角闪石）、菱面体（如方解石）和粒状（如白云石）等。集合体的形态主要有纤维状（如纤维石膏）、钟乳状（如方解石）、鲕状（如赤铁矿）、土状（如高岭土）和块状（如石英）等。

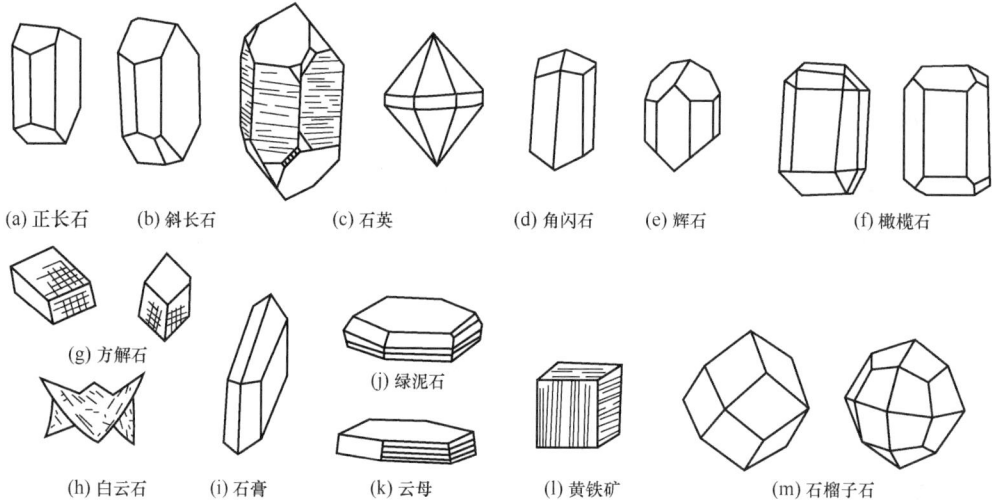

(a) 正长石　(b) 斜长石　(c) 石英　(d) 角闪石　(e) 辉石　(f) 橄榄石

(g) 方解石　(j) 绿泥石

(h) 白云石　(i) 石膏　(k) 云母　(l) 黄铁矿　(m) 石榴子石

图 2.2　常见矿物晶体的形态

2. 矿物的光学性质

矿物的光学性质是指矿物对自然光的吸收、反射和折射所表现出的各种性质。

（1）颜色

矿物的颜色指矿物对可见光中不同光波选择吸收和反射后映入人眼的现象，根据成色原因可分为如下几种：

1）自色。自色是指由于矿物本身的化学成分中含有带色的元素而呈现的颜色，即矿物本身所固有的颜色，例如赤铁矿多呈红色，黄铁矿多呈黄铜色等。

2）他色。他色是指当矿物中含有杂质时所出现的其他颜色。例如，石英一般为无色或白色，含杂质时可呈黄、红、棕、绿等色，一般无鉴定意义。

3）假色。假色是指矿物内部的某些物理原因所引起的颜色，比如光的干涉、内散射等。

有些矿物粉末的颜色与它呈块状时的颜色不同，且前者一般比较固定。例如赤铁矿，整块的颜色可呈红、黑、钢灰等色，但其粉末只是樱红色；黄铁矿的颜色为铜黄色，粉末为黑绿色，这种矿物粉末的颜色称为条痕色，简称条痕。矿物的条痕较固定，所以在鉴定矿物时它比颜色更可靠。观察矿物的条痕时，应将矿物放在白色无釉的素磁板（称为条痕板）上刻划，矿物留在素磁板上的颜色即为它的条痕色。

（2）光泽

光泽指矿物表面对光的反射能力。反射力强，光泽就强；反之，则弱。按照光泽强弱可分为金属光泽（如金、银、铜、辉锑矿等）、半金属光泽（如赤铁矿、褐铁矿等）和非金属光泽三种。造岩矿物一般呈非金属光泽。非金属光泽又可分为下列几种类型：

1）玻璃光泽。玻璃光泽是指矿物（如水晶）表面反射较弱，如同玻璃表面所呈现的光泽。

2）油脂光泽。油脂光泽是指某些透明矿物（如石英）断口上所呈现的如同油脂的光泽。

3）珍珠光泽。珍珠光泽是指如同蚌壳内表面珍珠层上所呈现的光泽。具极完全片状解理的浅色透明矿物（如云母等）常具有这种光泽。

4）丝绢光泽。丝绢光泽是一种较强的非金属光泽。纤维石膏及石棉等表面的光泽是最为典型的丝绢光泽。

此外，非金属光泽还有金刚光泽（闪锌矿）、树脂光泽（角闪石）、脂肪光泽（滑石）、蜡状光泽（叶蜡石）和无光泽（石髓）。

（3）透明度

透明度指矿物的透光程度。矿物根据透明度可分为透明的（如水晶、冰洲石）、半透明的（如石膏）和不透明的（如磁铁矿）矿物。一般规定以 0.03mm 的厚度作为标准进行对比。

3. 矿物的力学性质

矿物的力学性质是指矿物在受力后表现的物理性质。

（1）硬度

硬度指矿物抵抗外力刻划、压入或研磨的能力。德国矿物学家摩尔（F. Mobs）取自然界常见的 10 种矿物作为标准，将硬度分为 1～10 度 10 个等级，此即摩氏硬度，如表 2.1 所示。

表 2.1 摩氏硬度等级

相对硬度等级	1	2	3	4	5	6	7	8	9	10
标准矿物	滑石	石膏	方解石	萤石	磷灰石	长石	石英	黄玉	刚玉	金刚石

注：为记忆这 10 种矿物，可用顺口溜方法，即只记矿物的第一个汉字："滑石方萤磷；长石黄刚金"，或"滑石方、萤石长、石英黄玉、刚金刚"。

在野外工作中，常用随身携带的物品简便地确定矿物的相对硬度，这些物品相应的硬度等级分别为：软铅笔（1 度）；指甲（2～2.5 度）；小刀、铁钉（3～4 度）；玻璃棱（5～5.5 度）；钢刀刃（6～7 度）。

（2）解理和断口

矿物晶体在外力作用下沿一定方向裂开成光滑平面的性质称为解理。由此产生的光滑平面称为解理面。矿物在外力作用下沿不定方向破裂而形成的凹凸不平破裂面称为断口。

解理可根据解理面方向的数目分为一组解理（如云母）、两组解理（如长石）、三组解理（如方解石）及多组解理。根据解理面发育的完善程度，解理又可分为极完全解理（如云母）、完全解理（如方解石）、中等解理（如正长石）和不完全解理（如磷灰石）。断口的形态常具有一定的特征，如锯齿状（石膏）、贝壳状（石英）、平坦状（石引石）、土状（铝土矿）、粒状（大理石）等。

4．其他性质

有些矿物还具有独特的性质，如磁性（磁铁矿）、弹性（云母）、挠性（绿泥石）、滑感（滑石）、咸味（岩盐）、比重大（重晶石）、嗅味（硫磺）等，以及与冷稀盐酸发生化学反应而产生气泡（CO_2）（如方解石、白云石）。矿物的这些独特的性质对鉴别某些矿物有重要意义。

在鉴定矿物时，要善于抓住主要矛盾，注意比较各种矿物的异同点，找出各种矿物的特殊点。如表 2.2 所示为常见造岩矿物物理性质简表，这些物理性质可帮助进行造岩矿物的肉眼鉴定。应用表 2.2 鉴定造岩矿物时，首先应根据颜色确定被鉴定的矿物是属于浅色的（如石英、长石、白云母等）还是深色的（如橄榄石、黑云母、角闪石、辉石等），再以适当的物品确定出硬度范围，然后观察分析被鉴定矿物的其他特征，即可作出结论。常见造岩矿物的肉眼鉴定可在实验课上结合矿物标本进行学习。

表 2.2　常见造岩矿物物理性质

序号	矿物名称	硬度	形状	颜色	条痕	光泽	解理与断口	密度/(g/cm³)	其他
1	滑石 $Mg_3[Si_4O_{10}](OH)_2$	1	薄片状、鳞片状、致密块状	白、灰、淡黄、淡绿	白色	油脂光泽，解理面上呈珍珠光泽	一组完全或极完全解理	2.7～2.8	极软、手摸之有滑感；薄片可挠曲而无弹性
2	高岭石 $Al_4[Si_4O_{10}](OH)_8$	1～1.5	块状、土状	白色，因含杂质可呈黄、浅褐、浅蓝等色	白色	无光泽	土状断口	2.5～2.6	有滑感；干时易吸水，湿时具可塑性、黏着性
3	蒙脱石 $(Na \cdot Ca)(Al \cdot Mg)_2[Si_4O_{10}](OH)_2 \cdot nH_2O$	1	块状、土状	白色、有时为浅红、浅绿色	白色	无光泽	土状断口	2	吸水性强，吸水后体积能膨胀增大数倍以上
4	石膏 $CaSO_4 \cdot 2H_2O$	2	板状、条状或纤维状、粒状	白色，含杂质时为黄褐色、红色	白色	玻璃或丝绢光泽	一组完全解理	2.2～2.4	有的透明，可溶于盐酸和略溶于水
5	绿泥石 $(Mg,Fe)_5 \cdot Al[AlSi_2O_{10}] \cdot (OH)_8$	2.0～2.5	片状集合体或块状	浅绿至深绿色	绿色	珍珠或玻璃光泽	一组板状完全解理	2.6～2.9	薄片可挠曲，但无弹性
6	黑云母 $K\{(Mg,Fe)_3(OH)_2[AlSi_3O_{10}]\}$	2.5～3.0	片状、鳞片状集合体	黑色、深褐色	白色、淡绿色	珍珠或玻璃光泽	一组极完全解理	2.7～3.1	薄片透明，有弹性

续表

序号	矿物名称	硬度	形状	颜色	条痕	光泽	解理与断口	密度/(g/cm³)	其他
7	白云母 K{Al₂(OH)₂[AlSi₃O₁₀]}	2.5~3.0	片状、鳞片状集合体	无色、银白色、淡黄色	白色	珍珠或玻璃光泽	一组极完全解理	2.7~3.1	薄片透明，有弹性
8	方解石 CaCO₃	3	一般为菱形体，集合体有粒状、钟乳状、块状、晶簇等	白色、无色、因含杂质可具多种颜色	白色	玻璃光泽	三组完全解理	2.6~2.8	遇冷稀盐酸剧烈起泡
9	白云石 CaMg[CO₃]₂	3.5~4.0	菱面体，集合体为粒状	灰白色，有时为淡黄、淡红色	白色	玻璃光泽	三组完全解理	2.8~3.0	晶体只与热盐酸反应，粉末可与冷稀盐酸反应，但无嘶嘶声；解理面多弯曲呈鞍状，并具条纹
10	褐铁矿 Fe₂O₃·nH₂O	5.0~5.5	土状、块状；钟乳状、球状	黄褐色、黑褐色	黄褐色、棕褐色	半金属光泽	无	3.4~4.0	为含铁矿物的风化产物，呈铁锈状，易染手
11	角闪石 (Ca₂,Na)[Mg,Fe]₄(Al,Fe)[(SiAl)₄O₁₁]₂(OH)₂	5.0~6.0	长柱状、针状或纤维状集合体	褐色、绿色至黑色	灰白色、淡绿色	玻璃光泽	两组中等解理成124°或56°斜交	3.1~3.6	晶体横截面为六角菱形
12	辉石 Ca(Mg,Fe,Al)[(Si,Al)₂O₆]	5.0~6.0	短柱状、粒状集合体	绿色、褐色、黑色	白色、褐色	玻璃光泽	两组中等解理近于正交	3.2~3.5	晶体横截面为正八边形
13	赤铁矿 Fe₂O₃	5.5~6.5	多为块状，有的为面状、肾状、片状	赤红色、铁黑色、钢灰色	砖红色	半金属光泽	无	4.8~5.3	土状者硬度很低，可染手
14	正长石 K[Al·Si₃O₈]	6	短柱状、板状或粒状、块状集合体	多为肉红，也有灰白色、淡黄色	白色	玻璃光泽	两组完全解理成90°相交	2.5~2.6	有时呈双晶；易风化成高岭土

序号	矿物名称	硬度	形状	颜色	条痕	光泽	解理与断口	密度/(g/cm³)	其他
15	斜长石 $Na[AlSi_3O_8]$ $Ca[Al_2Si_2O_8]$	6	柱状、板状、粒状	灰白色、深灰色	白色	玻璃光泽	两组完全解理斜交	2.6～2.8	性脆，解理面上可见红、蓝、绿等各色条纹
16	黄铁矿 FeS_2	6.0～6.5	正立方体、五角十二面体或粒状、块状集合体	浅黄、铜色	绿黑色	金属光泽	参差状断口	4.9～5.2	晶面上常有三组正交条纹，在火成岩中可成细小的星点状存在
17	橄榄石 $(Mg,Fe)_2$ $[SiO_4]$	6.5～7.0	粒状集合体	橄榄绿色、淡黄绿色	无	玻璃光泽	贝壳状断口	3.2～3.5	性脆、在绿色矿物中硬度较大
18	石榴子石 (Ca,Mg) (Al,Fe) $[SiO_4]_3$	6.5～7.5	菱形十二面体、二十四面体或粒状	红、褐棕、黑色等	无	玻璃光泽、断口油脂光泽	参差状或贝壳状断口	3.5～4.3	多产于变质岩中
19	石英 SiO_2	7	块状、粒状、六方棱柱状、晶簇状	无色、因含杂质可有各种颜色	无	玻璃光泽，油脂光泽	贝壳状断口	2.67	质坚性脆，抗风化能力强；透明度好的晶体亦称水晶

2.2 岩 浆 岩

自然界的矿物多种多样，但很少单独存在，它们常常彼此结合或共生为复杂的集合体。在地质作用下形成的一种或多种矿物组成的具有一定结构和构造的自然集合体称为岩石。由于地质作用的性质和所处环境不同，不同的岩石的矿物成分、化学成分、结构和构造等内部特征也有所不同。

岩石是建造各种工程结构物及其地基的天然建筑材料，因此了解最主要类型岩石的特征和特性，无论对工程设计、施工还是地质勘测人员都是十分必要的。

在研究各种岩石时必须注意决定岩石物理力学性质的下列特征：

1）产状，即岩石在空间所占有的形状。

2）成分，即岩石的矿物成分和化学成分。

3）结构，即构成岩石的（单个）矿物的结晶程度、颗粒的大小和形态及彼此之间的组合方式。

4）构造，即构成岩石的矿物集合体之间或矿物集合体与岩石的其他组成部分之间的排列及充填方式，反映出岩石的外貌特征。

自然界岩石的种类很多，根据成因可分为三大类，即岩浆岩（火成岩）、沉积岩（水成岩）和变质岩。

2.2.1　岩浆岩的概念及产状

岩浆岩又称火成岩，是由侵入地壳内的岩浆及喷出地表的熔浆冷凝后形成的岩石。岩浆位于地壳深部和上地幔中，是以硅酸盐为主，和一部分金属硫化物、氧化物、水蒸气及其他挥发性物质（F、Cl、CO_2 等）组成的高温、高压熔融体。

岩浆具有流动性，岩浆流动是地球物质运动的一种重要形式，常与构造运动相伴发生。当地壳运动出现大断裂带或者岩浆的高度流动性和膨胀力超过了上覆岩层压力时，均衡条件被破坏。若岩浆向压力低的地方运动，沿断裂带或地壳薄弱地带侵入地壳上部岩层中则称为侵入作用；若岩浆沿一定通道运动直至喷出地表，称为喷出作用。因此，在地壳较深的地方（一般是距地表3km以下），由于侵入作用形成的岩石称为深成岩，在地表由于喷出作用形成的岩石称为喷出岩，在地壳浅处（通常是地表以下3km以内）形成的岩石称为浅成岩。

按照岩浆活动和冷凝成岩的情况，岩浆岩体具有各种复杂的产状，如图 2.3 所示。

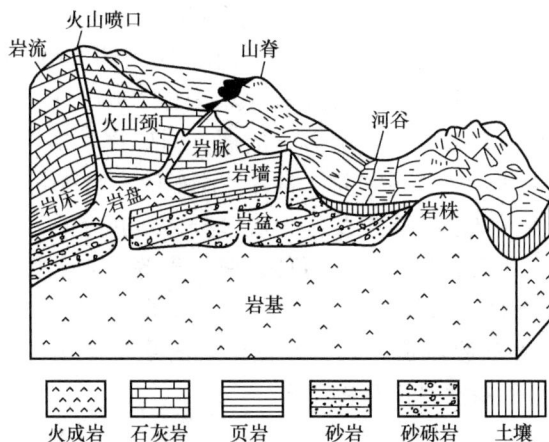

图 2.3　岩浆岩体的产状

1. 深成侵入岩体的产状——岩基和岩株

岩基是一种规模宏大的深成侵入岩体，下部直接与岩浆相连，分布面积一般大于 $60km^2$，如三峡坝址区就选定在面积约 $200km^2$ 的花岗岩-闪长岩岩基的南部。岩株出露面积一般小于 $60km^2$，平面形状多呈浑圆形，其下与岩基相连，常是岩性均一的良好地基。

2. 浅成侵入岩体的产状——岩脉、岩墙、岩床、岩盘

岩浆沿着围岩裂隙侵入并切断岩层所形成的厚度较小的脉状岩体称为岩脉；厚度较大且近于直立的岩脉称为岩墙；岩浆沿着围岩的层面侵入而形成的板状侵入岩体称

为岩床；若岩浆顺岩层侵入，使岩层隆起而成蘑菇状的岩体，称为岩盘（又称岩盖）。

3. 喷出岩体的产状——火山锥、熔岩流

岩浆沿火山颈喷出地表形成的圆锥状的岩体称为火山锥；岩浆喷出地表后沿着倾斜地面流动而形成的岩石称为熔岩流。

2.2.2 岩浆岩的化学成分及矿物成分

岩浆岩的化学成分几乎包括了地壳中所有的元素，但其含量却差别很大。若以氧化物计，则以 SiO_2、Al_2O_3、Fe_2O_3、FeO、CaO、MgO、Na_2O、K_2O、H_2O、TiO_2等为主，占岩浆岩化学元素总量的 99% 以上，其中以 SiO_2 含量最大，约占 59.14%，其次是 Al_2O_3，占 15.34%。SiO_2 的含量在不同的岩浆岩中有多有少，很有规律。因此，根据 SiO_2 含量的多少，可将岩浆岩分为酸性岩类（SiO_2 含量>65%）、中性岩类（SiO_2 含量 52%~65%）、基性岩类（SiO_2 含量 45%~52%）和超基性岩类（SiO_2 含量<45%）四类。

组成岩浆岩的矿物大约有 30 多种，其中主要是硅酸盐类矿物，含量最多的有石英、长石类、云母、角闪石、辉石和橄榄石等 10 余种。矿物按照在岩石中的相对含量及其在分类中所起的作用，分为主要矿物、次要矿物和副矿物三类。主要矿物是指岩石中含量多（一般超过 10%），并对岩石大类命名起决定性作用的矿物。次要矿物是指在岩石中含量较少（一般在 1%~10%）的矿物。次要矿物对岩石大类的划分虽不起决定性作用，但它的存在是岩石进一步定名的依据。副矿物是指岩石中含量极少（通常小于 1%）、对岩石定名不起作用的矿物。常见的副矿物有磷灰石、磁铁矿、独居石等。

岩浆岩中的矿物还可以按其颜色及化学成分分为浅色矿物和暗色矿物两类。浅色矿物富含硅、铝，如正长石、斜长石、石英、白云母等；暗色矿物富含铁、镁，如黑云母、辉石、角闪石、橄榄石等。但是对具体岩石来讲，并不是这些矿物都同时存在，而通常仅由 2~3 种主要矿物组成。例如，花岗岩的主要矿物是石英、正长石和黑云母，辉长岩的主要矿物是基性斜长石和辉石。

2.2.3 岩浆岩的结构和构造

在研究岩浆岩时，除了要鉴定其矿物成分外，还必须了解这些矿物是以什么样的方式组合构成岩石的。成分相同的岩浆在不同的冷凝条件下可以形成结构、构造不同的岩浆岩。岩浆岩的结构和构造反映了岩石形成环境和物质成分变化的规律性，与矿物成分一样，是区分、鉴定岩浆岩的重要标志，也是岩石分类和定名的重要依据之一，同时它还直接影响岩石强度的高低。

1. 岩浆岩的结构

（1）根据矿物结晶程度分类
根据矿物的结晶程度，岩石可分为如下几类，如图 2.4 所示。
1）全晶质结构。全晶质结构是指岩石全部由结晶矿物组成的结构。全晶质结构是岩浆在温度缓慢降低的情况下形成的，通常是侵入岩特有的结构。

2）半晶质结构。半晶质结构是指岩石由结晶矿物和非晶质矿物组成的结构。半晶质结构主要是浅成岩具有的结构，有时在喷出岩中也能见到。

3）非晶质结构。非晶质结构是指岩石全部由非晶质矿物组成的结构，又称玻璃质结构。非晶质结构是在岩浆喷出地表迅速冷凝来不及结晶的情况下形成的，为喷出岩特有的结构。

（2）根据矿物的晶粒大小分类

根据矿物的晶粒大小，岩石可分为如下几类：

1）显晶质结构。显晶质结构是指岩石全部由结晶较大的矿物组成的结构。显晶质结构用肉眼或放大镜即可辨认。

2）隐晶质结构。隐晶质结构是指岩石全部由结晶微小的矿物组成的结构。隐晶质结构用肉眼和放大镜均看不见晶粒，只有在显微镜下才可识别。

3）玻璃质结构。玻璃质结构是指岩石全部由非晶质矿物组成的均匀、致密似玻璃的结构。

（3）根据矿物颗粒的相对大小分类

根据矿物颗粒的相对大小，岩石可分为如下几类，如图 2.5 所示。

1）等粒结构。等粒结构是指岩石中的矿物全部是显晶质粒状，同种主要矿物结晶颗粒大小大致相等的结构。等粒结构是深成岩特有的结构。按矿物结晶颗粒大小，等粒结构可进一步划分为粗粒结构（矿物结晶颗粒平均直径大于 5mm）、中粒结构（矿物结晶颗粒平均直径 1～5mm）和细粒结构（矿物结晶颗粒平均直径小于 1mm）三类。

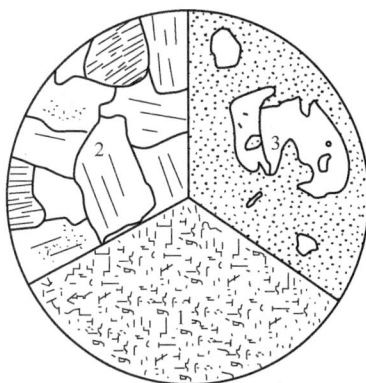

图 2.4　根据结晶程度划分的三种结构
1. 玻璃质（非晶质）结构；2. 全晶质结构；
3. 半晶质结构

2）不等粒结构。不等粒结构是指岩石中同种主要矿物结晶颗粒大小不等、相差悬殊的结构。不等粒结构中较大的晶体矿物叫斑晶，细粒的微小晶粒或隐晶质、玻璃质叫石基。不等粒结构按其颗粒相对大小又可分为斑状结构和似斑状结构两类。斑状结构是石基为隐晶质或玻璃质的结构，是浅成岩或喷出岩的重要特征。似斑状结构是石基为显晶质的结构。似斑状结构多见于深成岩体的边缘或浅成岩中。

一般侵入岩多为全晶质等粒结构。喷出岩多为隐晶质致密结构或玻璃质结构，有时为斑状结构。

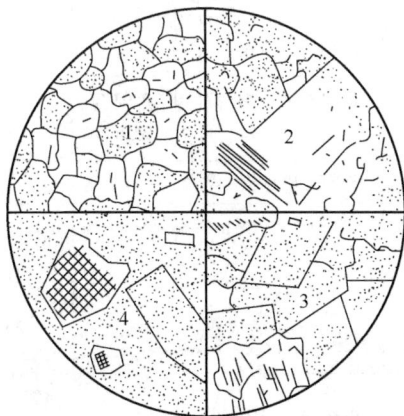

图 2.5　根据颗粒的相对大小划分的结构类型
1. 等粒结构；2. 不等粒结构；3. 似斑状结构；
4. 斑状结构

2. 岩浆岩的构造

岩浆岩常见的构造有以下几种：

1）块状构造：岩石中矿物颗粒均匀分布，无定向排列，称为块状构造。块状构造在侵入岩中最为常见。

2）流纹状构造：因岩浆边流动边冷凝，而在岩石中形成不同颜色和拉长的气孔，且呈定向排列的构造。这种构造多出现在喷出岩中，如流纹岩就具有典型的流纹状构造。

3）气孔状构造：指岩石中有很多气孔的构造。气孔状构造中的气孔由岩浆中的气体成分挥发而成。气孔状构造多出现在玄武岩等喷出岩中。

4）杏仁状构造：喷出岩中的气孔被后来的次生物质（如方解石、石英、蛋白石等）充填，形成形似杏仁的构造。某些玄武岩和安山岩的构造即为杏仁状构造。

2.2.4 岩浆岩的分类及鉴定方法

岩浆岩是构成地壳的主要岩石。按体积计，岩浆岩约占地壳的95%。但在地表岩浆岩出露不多（出露后遭到各种变化形成了别的岩石），和变质岩加在一起约占地壳表面积的25%。岩浆岩的分类方法很多，最基本的分类是按组成物质中SiO_2的含量多少将其分为酸性岩、中性岩、基性岩和超基性岩四大类，按岩石的结构、构造和产状又可将每类岩石划分为深成岩、浅成岩和喷出岩三种不同类型。如果给按上述方法分类的不同岩浆岩赋予相应的名称，则形成一种纵向与横向的双向分类法，如表2.3所示。

表 2.3 常见岩浆岩的分类及肉眼鉴定

岩石类型			酸性岩	中性岩		基性岩	超基性岩
SiO_2 含量/%			>65	52~65		45~52	<45
颜色			浅色（浅红、浅灰、灰绿等）			深色（深灰、黑色、暗绿等）	
矿物成分	主要矿物成分		正长石 石英	正长石	斜长石 角闪石	斜长石 辉石	辉石 橄榄石
	次要矿物成分		黑云母 角闪石	角闪石 黑云母	辉石 黑云母	角闪石 橄榄石	角闪石
岩石的成因及结构和构造	喷出岩 流纹状、气孔状、杏仁状或块状构造	玻璃质结构	玻璃质火山岩（浮岩、黑暗岩等）				
		隐晶质、细粒结构或斑状结构	流纹岩	粗面岩	安山岩	玄武岩	少见
	浅成岩 块状构造（少数气孔状构造）	斑状、显晶质细粒或隐晶质细粒结构	花岗斑岩	正长斑岩	闪长玢岩	辉绿岩	少见
	深成岩 块状构造	全晶质、均粒状结构或似斑状结构	花岗岩	正长岩	闪长岩	辉长岩	辉岩 橄榄岩

注：斑岩和玢岩都是具斑状结构的浅成侵入岩或部分喷出岩，长石类斑晶以斜长石为主时称玢岩，以正长石为主时称斑岩。

利用表 2.3 进行岩浆岩的肉眼鉴定时，首先观察新鲜岩石的颜色，估计所含暗色矿物的体积百分比，以确定岩石的化学类别；其次，观察岩石的结构和构造，确定岩石的成因类别；最后，根据岩石的矿物成分定出岩石名称。应该注意的是，在确定颜色时应把岩石放在一定的距离，观察它大致（平均）的颜色；观察矿物成分时只需鉴定其中显晶质或斑状结构中的斑晶成分即可，而对隐晶质和玻璃质则肉眼不易鉴定。

例如有一岩石标本，可按如下方法观察鉴定：岩石颜色较浅，为浅灰白色，应为酸性或中性岩。岩石为粗粒结构，全晶质，块状构造，据此推测应为深成岩。矿物成分以石英和正长石为主，斜长石为次之，暗色矿物为黑云母，含量超过 5%；根据岩石中大量石英，正长石多于斜长石，对照分类表的纵行和横行，推测应是花岗岩；又可据暗色矿物黑云母的含量超过 5%，故可定名为黑云母花岗岩。

2.2.5　常见的岩浆岩

1. 花岗岩——流纹岩类

（1）花岗岩

花岗岩为酸性深成岩，分布非常广泛，常为肉红色或灰白色，全晶质细粒、中粒或粗粒结构，块状构造。花岗岩含有大量石英（体积约占 30%），正长石多于斜长石，暗色矿物以黑云母为主，并有少量的角闪石（总计不超过 10%）。花岗岩的产状常呈巨大的岩基或岩株。花岗岩性质均一、坚硬，岩块抗压强度可达 120～200MPa，是良好的建筑物地基和天然建筑材料。但花岗岩易风化，风化深度可达 50～100m。

（2）花岗斑岩

花岗斑岩成分与花岗岩相同，为酸性浅成岩，斑状结构，斑晶由长石、石英组成，石基多由细小的长石、石英及其他矿物构成，块状构造。斑晶以石英为主时称为石英斑岩。

（3）流纹岩

流纹岩是酸性喷出岩，呈岩流状产出，颜色一般较浅，大多是灰、灰白、浅红、浅黄褐等色。流纹岩常具有流纹构造，斑状结构，细小的斑晶由长石和石英等矿物组成，石基多由隐晶质和玻璃质的矿物组成。流纹岩坚硬，强度高，可作为良好的建筑材料，但若作为建筑物地基时需要注意下伏岩层和接触带的性质。

2. 正长岩——粗面岩类

（1）正长岩

正长岩多为微红色、浅黄或灰白色，中粒、等粒结构，块状构造，主要矿物成分为正长石，其次为黑云母、角闪石等，有时含少量的斜长石和辉石，一般石英含量极少。其物理力学性质与花岗岩类似，但不如花岗岩坚硬，且易风化，常呈岩株产出。

（2）粗面岩

粗面岩呈浅红、浅褐黄或浅灰等色，斑状结构，斑晶为正长石，一般石英含量极少，石基很细，为隐晶质，具有细小孔隙，表面粗糙。若岩石中有石英斑晶，可称为石英粗面岩。

3. 闪长岩——安山岩类

（1）闪长岩

闪长岩是中性深成岩体，呈浅灰至深灰色，有时也呈黑灰色，主要矿物成分为斜长石、角闪石，其次为辉石、云母等，暗色矿物在岩石中占35%。闪长岩含石英时称为石英闪长岩，常呈细粒的等粒状结构，分布广泛，多为小型侵入体产出。其质地坚硬，不易风化，岩块抗压强度可达130～200MPa，可作为各种建筑物的地基和建筑材料。

（2）安山岩

安山岩为中性喷出岩，矿物成分与闪长岩相当，常呈深灰、黄绿、紫红等色，斑状结构，斑晶以斜长石和角闪石为主，有时为黑云母，无石英斑晶，基质为隐晶质或玻璃质，块状构造，有时具杏仁状构造，常以熔岩流产出。

4. 辉长岩——玄武岩类

（1）辉长岩

辉长岩为基性深成岩体，多呈黑色或灰黑色，矿物成分以斜长石、辉石为主，也含有少量的黑云母、角闪石。辉长岩具有中粒或粗粒结构，块状构造，常呈岩盘或岩基产出，岩石坚硬，抗风化能力强，具有很高的强度，岩块抗压强度可达200～250MPa。

（2）辉绿岩

辉绿岩多为暗绿色、黑绿色或暗紫色。其矿物成分与辉长岩相当，常含一些次生矿物，如方解石、绿泥石、绿帘石及蛇纹石等。辉绿岩为隐晶质致密结构，常具有杏仁状构造，多呈岩床或岩脉产出。辉绿岩具有良好的物理力学性质，抗压强度也很高，但因节理往往较发育，易风化破碎，使强度大大降低。

（3）玄武岩

玄武岩是岩浆岩中分布较广泛的基性喷出岩，呈黑色、褐色或深灰色。玄武岩主要矿物成分与辉长岩相同，但常含有橄榄石颗粒，呈隐晶质细粒或斑状结构，具有气孔状构造，当气孔中为方解石、绿泥石等所充填时即构成杏仁状构造，岩石致密、坚硬、性脆。玄武岩岩块抗压强度为200～290MPa，具有抗磨损、耐酸性强的特点。

5. 火山碎屑岩类

在火山活动时，除溢出熔岩流形成前述各类喷出岩外，还喷出大量的火山弹、火山砾、火山砂及火山灰等碎屑物质。这些物质堆积在火山口周围，固结成各种成分复杂的火山碎屑岩，如火山凝灰岩、火山角砾岩、火山集块岩等，其中火山凝灰岩最常见，分布最广泛。火山凝灰岩为具有火山碎屑结构、块状构造的岩石，一般由粒径小于2mm的火山灰和碎屑堆积而成，碎屑物质由岩屑、晶屑、玻璃质碎屑等组成，胶结物由火山灰等物质组成。火山凝灰岩岩石孔隙率大，容重小，易风化，风化后会形成斑脱土，抗压强度一般为8～75MPa。由于火山凝灰岩含有的玻璃质矿物较多，常用作水泥原料。

2.3　沉　积　岩

沉积岩是地表或接近于地表的岩石遭受风化剥蚀破坏的产物经搬运、沉积和固结成岩作用形成的岩石。

据统计，沉积岩仅占地壳的 5%（岩浆岩和变质岩共占 95%），但沉积岩在地表分布极广，出露面积约占陆地表面积的 75%，分布的厚度各处不一，且深度有限，一般不过几百米，仅在局部地区才有巨厚的沉积（数千米甚至上万米）。尽管沉积岩在地壳中的总量并不多，但各种工程建筑如道路、桥梁、水坝、矿山等几乎都以沉积岩为地基，同时沉积岩本身也是建筑材料的重要来源，因此研究沉积岩的形成条件、组成成分、结构和构造特征有重要的实际意义。

2.3.1　沉积岩的形成

沉积岩的形成过程是一个长期而复杂的外力地质作用过程，一般可分为四个阶段。

1. 松散破碎阶段

地表或接近于地表的各种先成岩石在温度变化、大气、水及生物长期的作用下，原来坚硬完整的岩石逐步破碎成大小不同的碎屑，甚至改变了原来岩石的矿物成分和化学成分，形成一种新的风化产物。

2. 搬运作用阶段

岩石经风化作用的产物，除少数部分残留原地堆积外，大部分被剥离原地，经流水、风及重力等作用搬运到低地。在搬运过程中，岩石的不稳定成分继续受到风化破碎，破碎物质经受磨蚀，棱角不断磨圆，颗粒逐渐变细。

3. 沉积作用阶段

当搬运力逐渐减弱时，被携带的物质便陆续沉积下来。在沉积过程中，大的、重的颗粒先沉积，小的、轻的颗粒后沉积，因此沉积物具有明显的分选性。最初沉积的物质呈松散状态，称为松散沉积物。

4. 固结成岩阶段

松散沉积物转变成坚硬沉积岩的阶段即为固结成岩阶段。固结成岩作用主要有三种。

（1）压实

压实即上覆沉积物的重力压固，导致下伏沉积物孔隙减小、水分挤出而变得紧密坚硬。

（2）胶结

胶结是指其他物质充填到碎屑沉积物的粒间孔隙中，使其胶结变硬。

（3）重结晶

重结晶是指新成长的矿物产生结晶质间的联结。

2.3.2 沉积岩的物质组成

沉积岩的物质成分主要来源于先成的各种岩石的碎屑、造岩矿物和溶解物质。组成沉积岩的矿物最常见的有 20 种左右，而每种沉积岩一般由 1～3 种主要矿物组成。组成沉积岩的物质按成因可分为四类。

1. 碎屑物质

碎屑物质是指原岩经风化破碎而生成的呈碎屑状态的物质，主要有矿物碎屑（如石英、长石、白云母等抵抗风化能力较强、较稳定的矿物颗粒）、岩石碎块、火山碎屑等。在岩浆岩中常见的橄榄石、辉石、角闪石、黑云母、基性斜长石等矿物形成于高温高压环境中，在常温常压条件下是不稳定的。岩浆岩中的石英大部分形成于岩浆结晶的晚期，在表生条件下稳定性较大，一般以碎屑物形式出现于沉积岩中。

2. 黏土矿物

黏土矿物主要是一些原生矿物经化学风化作用分解后所产生的次生矿物。这些矿物是在常温常压下且富含二氧化碳和水的表生环境条件下形成的，如高岭石、蒙脱石、水云母等。黏土矿物粒径小于 0.005mm，具有很大的亲水性、可塑性及膨胀性。

3. 化学沉积矿物

化学沉积矿物是从真溶液或胶体溶液中沉淀出来的或经生物化学沉积作用形成的矿物，如方解石、白云石、石膏、岩盐、铁和锰的氧化物或氢氧化物等。

4. 有机质及生物残骸

有机质及生物残骸是由生物残骸经有机化学变化而形成的矿物，如贝壳、珊瑚礁、硅藻土、泥炭、石油等。

在沉积岩的组成物质中还有胶结物，这些胶结物通过矿化水的运动被带到沉积物中，它们来自原始沉积物矿物组分的溶解和再沉淀的生物。常见的胶结物有以下几种：

1）硅质：胶结物成分为 SiO_2，颜色浅，岩性坚固，强度高，抗水性及抗风化性强。

2）铁质：胶结物成分为铁的氧化物和氢氧化物，颜色深，呈红色，强度仅次于硅质胶结物。

3）钙质：胶结物成分为 Ca、Mg 的碳酸盐，颜色浅，强度比较低，具有可溶性。

4）泥质：胶结物成分为黏土，多呈黄褐色，胶结松散，强度低，易湿软、风化。

5）石膏质：胶结物成分为 $CaSO_4$，硬度小，胶结不紧密。

2.3.3 沉积岩的结构

沉积岩的结构随其成因类型的不同而各具特点。沉积岩的结构主要有以下几种。

1. 碎屑结构

碎屑结构是指碎屑物质被胶结物胶结起来的一种结构，其特征有以下三点。

1）按碎屑颗粒大小分为砾状结构（粒径大于 2mm）、砂状结构（粒径为 0.05～2mm，其中粗砂结构的粒径为 0.05～2mm，中砂结构的粒径为 0.25～0.50mm，细砂结构的粒径为 0.05～0.25mm）和粉砂状结构（粒径为 0.005～0.05mm）。

2）根据颗粒外形分为棱角状结构、次棱角状结构、次圆状结构和滚圆状结构（图 2.6）。碎屑颗粒磨圆程度受颗粒硬度、相对密度及搬运距离等因素的影响。

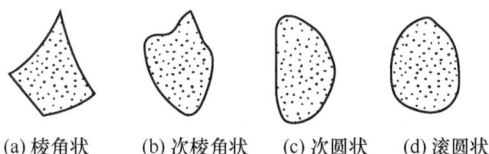

(a) 棱角状　　(b) 次棱角状　　(c) 次圆状　　(d) 滚圆状

图 2.6　碎屑颗粒磨圆分级

3）按胶结类型可分为基底胶结、孔隙胶结和接触胶结三种（图 2.7）。当胶结物含量较大时，碎屑颗粒孤立地分散于胶结物之中，互不接触，且距离较大，此时碎屑颗粒散布在胶结物的基底之上，故称为基底式胶结。当胶结物含量不大时，碎屑颗粒互相接触，胶结物充填在颗粒之间的孔隙中，则称为孔隙式胶结。当只在颗粒接触处才有胶结物，并且颗粒间的孔隙大都是空洞时，则称为接触式胶结。

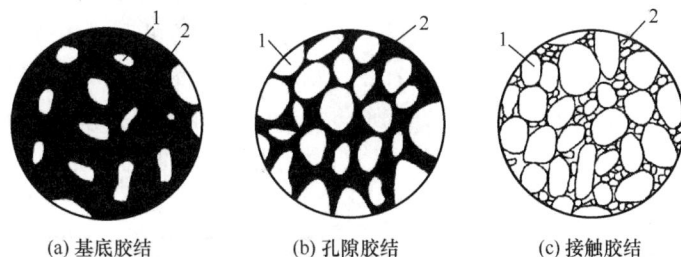

(a) 基底胶结　　　　　(b) 孔隙胶结　　　　　(c) 接触胶结

图 2.7　碎屑岩的胶结类型

1. 碎屑颗粒；2. 胶结物质

碎屑岩胶结物的种类和胶结类型与岩石的工程性质密切相关。硅质胶结的岩石坚硬，而泥质胶结的岩石松软；基底胶结牢固，而接触胶结的牢固程度最差。所以，研究碎屑结构时不仅要分析胶结物的成分，还应注意其胶结类型。

2. 泥质结构

由颗粒粒径大多小于 0.01mm 的细小碎屑和黏土矿物组成的一种结构。具有此种结构的岩石外观细腻、均一、致密。

3. 晶粒结构

由岩石中的颗粒在水溶液中结晶（如方解石、白云石等）或呈胶体形态凝结沉淀

（如燧石等）而形成的一种结构，可分为鲕状、结核状、纤维状、致密块状和晶粒结构等。

4. 生物结构

岩石几乎全部是由生物遗体与碎片组成的，这种结构称为生物结构，可分为生物碎屑结构、贝壳结构、珊瑚结构等。

2.3.4　沉积岩的构造和特征

1. 层理构造

沉积岩的原始产状一般呈层状分布，其上下为略平且平行的面所分界，上界面称上层面或顶板，下界面称下层面或底板，每层是广阔且厚度很小的板状均匀岩体（岩层）。但是由于沉积环境的变化，沉积岩也可能出现其他一些产状，如图2.8所示。

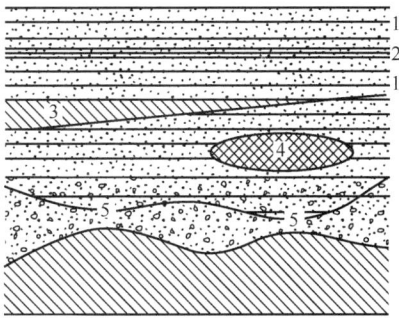

图 2.8　沉积岩的产状

1. 层状岩层；2. 夹层；3. 尖灭层；
4. 透镜体；5. 狭缩

沉积岩很重要的一个特征是具有层理构造。层理构造是指构成沉积岩的物质由于颜色、成分、颗粒粗细或颗粒特征的不同而产生的分层现象。层与层（由于季节和气候变化所形成的厚薄不同的成层单位称为层）之间的接触面称为层理面。但层与层之间结合得十分紧密，实际上并不真正存在分界面。层理面与层面不同，层面是由于岩石在原始形成过程中发生了沉积间断而造成的。层根据其厚度可分为巨厚层（厚度大于1m）、厚层（厚度为1～0.5m）、中厚层（厚度为0.5～0.1m）和薄层（厚度小于0.1m）。

层理面与层面的方向不一定一致，据此，根据层理的形态和成因可分为下列三种类型（图2.9）。

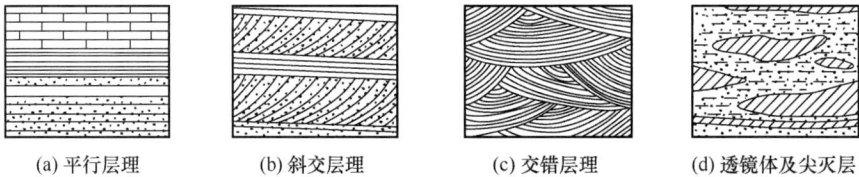

(a) 平行层理　　(b) 斜交层理　　(c) 交错层理　　(d) 透镜体及尖灭层

图 2.9　沉积岩层理形态示意图

（1）平行层理

平行层理的层理面与层面相互平行。这种层理主要见于细粒岩石（黏土岩、粉细砂岩等）中。平行层理是在沉积环境比较稳定的条件下，如广阔的海洋和湖底、河流的堤岸带等，从悬浮物或溶液中缓慢沉积而形成的。

（2）斜交层理

斜交层理的层理面向一个方向与层面斜交。这种层理在河流及滨海三角洲的沉积物中均可见到，主要是由单向水流造成的。

（3）交错层理

交错层理的层理面以多组不同方向与层面斜交。交错层理经常出现在风成沉积物（如沙丘）或浅海沉积物中，是由于风向或水流动方向变化而形成的。

有些岩层一端厚，另一端逐渐变薄以至消失，这种现象称为尖灭层。若岩层中间厚，向两端不远处的距离内尖灭，则称为透镜体。

2. 层面构造

层面构造指在岩层层面上由于水流、风、生物活动等作用留下的痕迹，如波痕（图 2.10）、泥裂（图 2.11）、雨痕等。

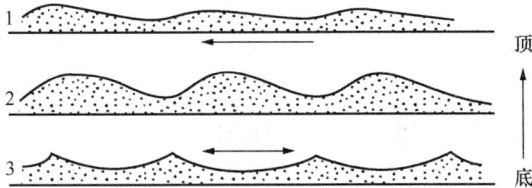

图 2.10　各种不同成因的波痕
1. 风成波痕；2. 水流波痕；3. 浪成波痕

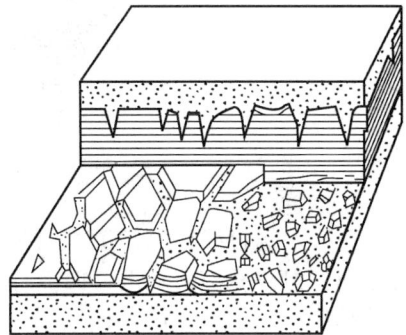

图 2.11　泥裂生成、掩埋示意图

（1）波痕

波痕是指沉积物在沉积过程中，由于风力、流水或海浪等的作用，在沉积岩层面上保留下来的波浪痕迹。

（2）泥裂

黏土沉积物表面由于失水收缩而开裂成不规则的多边形裂隙，称为泥裂。泥裂的裂缝上宽下合，常被泥砂等物质充填。

（3）雨痕

雨痕是指在沉积物表面经受雨滴打击遗留下来的痕迹。

3. 结核

岩层中所含的与围岩的成分、结构有明显差别的物质团块称为结核。结核由某些物质集中凝聚而成，外形常呈球形、扁豆状及不规则形状。如石灰岩中的燧石结核主要是 SiO_2 在沉积物沉积的同时以胶体凝聚方式形成的；黄土中的钙质结核是地下水从沉积物中溶解 $CaCO_3$ 后在适当地点再结晶凝聚形成的。

4. 生物成因构造

由于生物的生命活动和生态特征而在沉积物中形成的构造称为生物成因构造，如生物礁体、叠层构造、虫迹、虫孔等。

在沉积过程中，若有各种生物遗体或遗迹（如动物的骨骼、甲壳、蛋卵、粪便、足迹及植物的根、茎、叶等）埋藏于沉积物中，后经石化交代作用保留在岩石中，则称为化石（图2.12）。根据化石种类可以确定岩石形成的环境和地质年代。

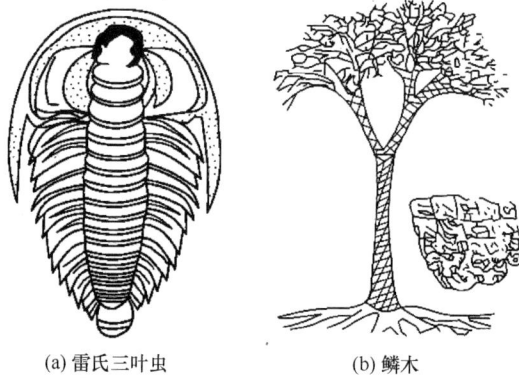

(a) 雷氏三叶虫　　　　　(b) 鳞木

图 2.12　几种典型化石

此外，缝合线等也是沉积岩形成条件的反映。化石、缝合线等不仅对研究沉积岩很重要，对研究地史和古地理也有重要意义。

2.3.5　沉积岩的分类及主要沉积岩

由于沉积岩的形成过程比较复杂，目前对沉积岩的分类方法尚不统一，通常主要依据沉积岩的组成成分、结构、构造和形成条件将沉积岩分为碎屑岩、黏土岩、化学岩及生物化学岩，见表2.4。

表 2.4　沉积岩分类简表

类型	岩石名称	岩构	主要成分	其他特征
（沉积）碎屑岩	砾岩	砾状（粒径＞2mm）	多为较坚硬岩石（如石英岩、部分火成岩）和硬度较高矿物（如石英）的碎屑	直径大于2mm的砾石占50%以上，砾石多为球状、次球状，成分较复杂，岩石的颜色变化大（与胶结物有关），岩石中层理多不清楚
	角砾岩	角砾状（粒径＞2mm）	成分复杂，变化较大	砾石多为棱角状，大小不等，形状各异；岩石厚度一般不大，且多不成层状
	砂岩	砂状（粒径0.05～2mm）	多为耐风化的矿物如石英、长石、白云母及部分岩石碎屑	岩石外表为灰白、红等浅色，由50%以上直径0.05～2mm的砂粒组成，按颗粒大小还可分为粗砂岩（0.5～2mm）、中砂岩（0.25～0.5mm）和细砂岩（0.05～0.25mm）；按岩石成分则可分为石英砂岩（含石英颗粒90%以上）、长石砂岩（含长石25%以上，并含石英颗粒）和硬砂岩（含50%左右的石英和长石颗粒，并含其他岩石碎屑）

续表

类型	岩石名称	岩构	主要成分	其他特征
（沉积）碎屑岩	粉砂岩	粉砂状（粒径 0.005~0.05mm）	多为石英，次为长石、白云母，很少岩石碎屑	由 50% 以上粒径 0.005~0.05mm 的粉砂组成，常呈棱角状，胶结物以钙、铁质为主
黏土岩	泥岩（黏土岩）	泥质（粒径<0.005mm）	主要为粒径<0.005mm 的黏土矿物（肉眼不易确定），并常含有其他矿物碎屑	厚层块状、固结程度较高，无清楚的层理，也可称为黏土岩
黏土岩	页岩	泥质（粒径<0.005mm）	主要为粒径<0.005mm 的黏土矿物（肉眼不易确定），并常含有其他矿物碎屑	具页片状层理或薄层状构造，颜色多变，因含杂质可具不同名称，如钙质页岩、炭质页岩、铁质页岩等
生物化学岩	石灰岩	隐晶质或结晶粒状	主要为方解石，并常混入白云石、黏土等杂质	多为浅色，因含杂质可有红、褐、灰、黑等色；性脆，遇冷稀盐酸可剧烈起泡；易被溶蚀形成各种喀斯特形态；按成因、结构的不同可有各种名称，如生物石灰岩、竹叶状石灰岩、面状石灰岩等
生物化学岩	白云岩	结晶粒状或隐晶质	主要为白云石，其次为方解石和黏土矿物	多为淡黄、淡褐、白色等浅色，遇稀盐酸不起泡或微弱起泡；风化面常有白云石粉末及纵横交错的网状溶沟
生物化学岩	泥灰岩	微粒状或泥质	除方解石、白云石外，黏土矿物含量达 25%~50%	浅黄、浅绿、浅灰等浅色，岩石致密，遇冷稀盐酸起泡，且有泥质残余物出现，为石灰岩和黏土岩间的过渡型岩石

在各种沉积岩中，分布最广、最常见的只有三种，即页岩、砂岩和石灰岩，这三种岩石约占全部沉积岩总量的 99%。此外，在地表常可见到砂、砾石、卵石和黏土等松散沉积物。

1. 碎屑岩类

（1）砾岩和角砾岩

碎屑岩中粒径大于 2mm 的碎屑颗粒称为砾石或角砾。圆状和次圆状且砾石含量大于 50% 的岩石称为砾岩。如果砾石为棱角状或次棱角状，则称为角砾岩。砾岩和角砾岩主要由岩屑组成，矿物成分多为石英、燧石，胶结物有硅质（成分为 SiO_2）、泥质（成分为黏土矿物）、钙质（成分为 Ca、Mg 的碳酸盐）或其他化学沉淀物。胶结物的成分与胶结类型对砾岩的物理力学性质有很大影响，若为基底胶结类型，且胶结物为硅质或铁质的砾岩，抗压强度可达 200MPa 以上，是良好的建筑物地基。

（2）砂岩

砂岩是由 50% 以上的砂粒胶结而成的岩石。根据颗粒大小、含量不同，砂岩可分为粗粒、中粒、细粒及粉粒砂岩。按颗粒的主要矿物成分，砂岩又可分为石英砂岩、长石砂岩、硬砂岩和粉砂岩等。石英砂岩（石英含量大于 95%）一般为硅质胶结，呈白色，质地坚硬。长石砂岩（长石含量大于 25%）呈浅红色或浅灰色，颗粒圆度、分选性都较差，中粗粒居多。硬砂岩成分复杂，色暗，表面粗糙，颗粒的圆度及分选性较差。粉砂岩中颗粒粒径在 0.005～0.05mm 之间的颗粒含量大于 50%，成分以石英为主，常含有云母，颗粒圆度差，泥质含量高，常有水平层理。砂岩中胶结物成分和胶结类型不同，抗压强度也不同。硅质砂岩抗压强度为 80～200MPa；泥质砂岩抗压强度较低，为 40～50MPa 或更低。

火山碎屑岩在成因上是喷出岩和碎屑岩的过渡类型，分为火山集块岩、火山角砾岩、凝灰岩（结构疏松，强度低，极易风化成蒙脱石，遇水易膨胀、软化）。

2. 黏土岩类

黏土岩主要是指由粒径小于 0.005mm 的颗粒组成的、含大量黏土矿物的岩石。此外，黏土岩还含有少量的石英、长石、云母。黏土岩一般都具有可塑性、吸水性、耐火性，有重要的工程意义。主要的黏土岩有两种，即泥岩和页岩。

（1）泥岩

泥岩是固结程度较高的一种黏土岩，以层厚和页状构造不发育为特征。泥岩一般为土黄色，常因混入钙质、铁质等而使颜色发生变化。

（2）页岩

页岩以具页片状构造为特征，很容易沿页片剥开，岩性致密均一，强度小，不透水，有滑感，颜色多为土黄色或黄绿色，如含较多的炭质或铁质，则岩石相应呈黑色或褐红色。页岩由于基本不透水，通常作为隔水层。但页岩质地软弱，抗压强度一般为 20～70MPa 或更低，浸水后强度显著降低，抗滑稳定性差。

3. 化学岩和生物化学岩类

（1）石灰岩

石灰岩简称灰岩，主要化学成分为碳酸钙，矿物成分以结晶的细粒方解石为主，含少量白云石等矿物，颜色多为深灰、浅灰，质纯灰岩呈白色，具有致密状、鲕状、竹叶状等结构。石灰岩一般遇酸起泡剧烈，而硅质石灰岩、泥质石灰岩遇酸反应较差。含硅质、白云质的石灰岩和纯石灰岩强度高，含泥质、炭质的石灰岩和贝壳状灰岩强度低。石灰岩一般抗压强度为 40～80MPa。石灰岩具有可溶性，易被地下水溶蚀，形成宽大的裂隙和溶洞，是地下水的良好通道。

（2）白云岩

白云岩主要由白云石组成，常含有少量的方解石、石膏、燧石、黏土等矿物，颜色多为灰白、浅灰色，含泥质时呈浅黄色，隐晶质或细晶粒状结构。白云岩与石灰岩的外貌很相似，但白云岩加冷稀盐酸不起泡或微弱起泡，在野外露头上常以许多纵横交叉似刀砍状的溶沟为其特征。

（3）泥灰岩

石灰岩中均含有一定数量的黏土矿物，若含量达 30%～50% 时则称为泥灰岩。泥灰岩颜色有灰色、黄色、褐色、红色等，区别它与石灰岩时，泥灰岩滴盐酸起泡后留有泥质斑点。泥灰岩致密结构，易风化，抗压强度低，一般为 6～30MPa。较好的泥灰岩可做水泥原料。在化学岩和生物化学岩类中，泥灰岩包括富含铝、锰、铁、磷的铝质岩、铁质岩、锰质岩、磷质岩、石膏、岩盐等。煤和油页岩等可燃性有机岩也属于泥灰岩。

2.4 变 质 岩

地壳中的先成岩石由于构造运动和岩浆活动等原因造成的物理、化学条件的变化，使原来岩石的成分、结构、构造等发生一系列改变而形成的新岩石称为变质岩。

2.4.1 变质作用的因素及类型

引起变质作用的因素有温度、压力及化学活动性流体。变质温度的基本来源包括地壳深处的高温、岩浆及地壳岩石断裂错动产生的高温等。引起岩石变质的压力包括上覆岩石重量引起的静压力、侵入于岩体空隙中的流体所形成的压力以及地壳运动或岩浆活动产生的定向压力。化学活动性流体则是以岩浆、H_2O、CO_2为主，还包含其他一些易挥发、易流动物质的流体。

根据变质作用的地质成因和变质作用因素，将变质作用分为以下几种类型（图 2.13）。

图 2.13 变质作用类型示意图

Ⅰ.岩浆岩；Ⅱ.沉积岩

1.动力变质作用；2.热接触变质作用；
3.接触交代变质作用；4.区域变质作用

1. 接触变质作用

接触变质作用是由于岩浆活动的侵入，在岩浆高温的影响下，使接触带的围岩发生重结晶或产生新矿物的作用。当地壳深处的岩浆上升侵入围岩时，围岩受岩浆高温的影响，或受岩浆中分离出来的挥发成分及热液的影响产生变质，所以这种变质作用仅局限在侵入体与围岩的接触带内。距侵入体越远，围岩变质程度越浅。

根据变质过程中侵入体与围岩间有无化学成分的相互交代，接触变质作用可分为热接触变质作用和接触交代变质作用两种类型。

（1）热接触变质作用

热接触变质作用也称热力变质作用，是由于岩浆侵入体释放的热能使接触带附近围岩的矿物成分和结构、构造等发生变化的一种变质作用。这种作用主要表现为原岩成分的重结晶，产生新的矿物组合和新的结构、构造，而化学成分基本上没有发生变化，如石灰岩变为大理岩、砂岩变为石英砂岩等。

（2）接触交代变质作用

接触交代变质作用是由于岩浆成分结晶晚期析出的大量挥发成分和热液，通过交代作用使接触带附近的侵入体与围岩在岩性和化学成分上均发生变化的一种变质作用。这种作用与热接触变质作用的区别在于围岩温度升高的同时还有化学成分的进入和带出。接触交代变质作用主要发生在酸性、中性侵入体与石灰岩的接触带，而且往往产生矽卡岩。

2. 动力变质作用

动力变质作用也称碎裂变质作用，是在构造运动产生的强应力作用下使原岩及其组成矿物发生变形、机械破碎及轻微的重结晶现象的一种变质作用。由于应力性质和强度的不同，这种作用可形成断层角砾岩、糜棱岩等，同时有蛇纹石、叶蜡石、绿帘石等变质矿物产生。动力变质作用主要发生在岩层的强烈褶皱带，或沿断裂带呈条带状分布（岩石因构造应力作用而产生的变质作用）。

3. 区域变质作用

区域变质作用是指由于大规模地壳运动和岩浆活动引起的高温高压作用使地下深处广大地区岩石发生的变质作用，如黏土质岩石可变为片岩或千枚岩。山东泰山、山西五台山、河南嵩山等地的古老变质岩都是由区域变质作用形成的。区域变质岩的岩性在很大范围内比较均一，其强度取决于岩石本身的结构、构造和矿物成分。

变质作用一般不改变原生岩石的产状，因此产状不能作为变质岩的特征。但是由于受到强烈的挤压，原生岩石的产状也可能发生某些变化，例如原生岩体在压力作用方向上受到强烈的压缩等。

2.4.2 变质岩的矿物成分

变质岩矿物成分的最大特征是具有变质矿物——变质作用中形成的矿物。变质矿物是鉴定变质岩的可靠依据。常见的变质矿物有石榴子石、红柱石、滑石、石墨、十字石、蓝晶石、硅线石等。除变质矿物外，变质岩的主要造岩矿物是石英、长石、云母、普通角闪石、普通辉石以及方解石、白云石等。有时绿泥石、绢云母、刚玉、蛇纹石和石墨等矿物在变质岩中大量出现，这也是变质岩的一个鉴定特征。同时，这些矿物具有变质分带指示作用，如绿泥石、绢云母多出现在浅变质带，蓝晶石代表中变质带，而硅线石则存在于深变质带中，因此把这类矿物称为标准变质矿物。

2.4.3 变质岩的结构

变质岩的结构按成因可分为变晶结构、变余结构和碎裂结构。

1. 变晶结构

变晶结构指原岩在固态条件下岩石中的各种矿物同时发生重结晶和变质结晶所形成的结构。因变质岩的变晶结构与岩浆岩的结构相似，为了区别起见，一般在岩浆岩结构名称前加"变晶"两字。

（1）根据变晶矿物的粒度分

变晶矿物按颗粒的相对大小可分为等粒变晶结构（图2.14）、不等粒变晶结构及斑

状变晶结构；变晶矿物按颗粒的绝对大小可分为
粗粒变晶结构（粒径大于 3mm）、中粒变晶结构
（粒径为 1～3mm）和细粒变晶结构（粒径小于
1mm）。

（2）根据变晶矿物颗粒的形状分

变晶矿物按颗粒的形状可分为粒状变晶结
构、纤维状变晶结构和鳞片状变晶结构等。

2. 变余结构

当岩石变质轻微时，重结晶作用不完全，变
质岩还保留有母岩的结构特点，即称为变余结
构。如泥质砂岩变质时，泥质胶结物变成绢云母
和绿泥石，而其中碎屑物质（如石英）不发生变
化，便形成变余砂状结构。还有其他的变余结
构，如与岩浆岩有关的变余斑状结构、变余花岗结构等。

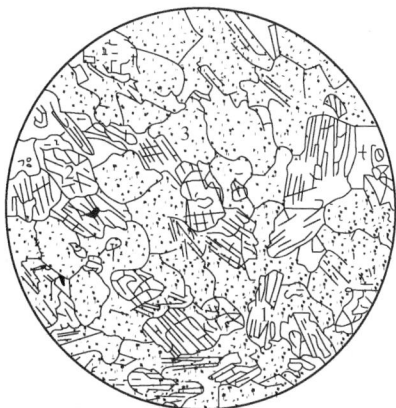

图 2.14 等粒粒状变晶结构
（黑云母斜长角闪岩，$d=2.5$mm）
1. 黑云母；2. 角闪石；3. 斜长石

3. 碎裂结构

局部岩石在定向压力作用下矿物及岩石本身发生弯曲、破碎，而后又被粘结起来
而形成的新结构，称为碎裂结构。这种结构常具条带和片理，是动力变质中常见的结
构，根据破碎程度可分为碎裂结构、碎斑结构、糜棱结构。

2.4.4 变质岩的构造

变质岩的构造与岩浆岩及沉积岩有着显著的区别，是鉴定变质岩的可靠特征。在
大多数情况下，构成变质岩的片状、板状及柱状矿物在定向压力作用下相互平行排列，
沿此排列方向易使岩石裂开成薄片，这种特性称为片理。裂开的面称为片理面。片理
延伸不远，片理面可能是平的、弯曲的或波状的，并且平滑光亮，据此可与沉积岩的
层理及层理面相区别。

根据片理面特征、变质程度等特点，片理构造可进一步分为片麻状构造、片状构
造、千枚状构造和板状构造。

（1）片麻状构造

片麻状又称片麻理，是指岩石中的粒状、片状和柱状矿物相间排列，形成深色与
浅色相间的断续条带。

（2）片状构造

片状是指岩石中大量片状或柱状矿物（如云母、绿泥石、滑石、绢云母、石墨等）
定向排列所形成的薄层状构造。片理薄而清晰，沿片理面易剥开成不规则的薄片。狭
义的片理构造即指片状构造。

（3）千枚状构造

千枚状构造的特点是片理面呈较强的丝绢光泽，有小的皱纹，由极薄的片组成，

易沿片理面劈成薄片状。

（4）板状构造

板状又称板理，指岩石中极细小的显微片状矿物平行排列而形成一组相互平行的破裂面，可沿其劈裂成薄板。岩石的成分重结晶作用不明显，颗粒极细，肉眼不能分辨。劈裂面光滑平整，但光泽暗淡或有微弱光泽。

（5）块状构造

当变质作用中没有定向、高压这些因素时，形成的变质岩中矿物排列无一定方向，结构均一，一般称为块状构造。部分大理岩和石英岩具此种构造。这种构造与火成岩的块状构造相似，但又不完全一样。

2.4.5 变质岩分类及主要变质岩

1. 变质岩分类

按照变质岩的成因可将变质岩分为接触变质岩、动力变质岩和区域变质岩三类。区域变质岩可首先按构造进行分类命名，然后可根据矿物成分进一步定名，如具片状构造的岩石叫片岩。若片岩中含绿泥石较多，则可进一步定名为绿泥石片岩。凡具有块状构造和变晶结构的岩石，首先按矿物成分命名，如石英岩；也有按地名命名的，如大理岩。动力变质岩则主要根据岩石结构分类定名。变质岩分类归纳于表2.5中。

表2.5 变质岩分类

岩石名称	构造	矿物成分	其他特征
片麻岩	片麻状	主要为长石和石英，两者含量之和＞50%，片状或柱状矿物可有云母、角闪石、辉石等，并可含硅线石、蓝晶石、石榴子石等变质矿物	外表颜色深浅不一，视矿物成分而定，矿物颗粒大小也不一样，但肉眼均能辨认；具明显的片麻状构造为该类岩石的主要特征
片岩	片状	主要为云母、绿泥石、滑石、角闪石等片状或柱状矿物，粒状矿物可有石英	具明显的片状构造，沿片理面易于裂开，岩石表面多具丝绢光泽或珍珠光泽；矿物颗粒呈定向排列，肉眼易于辨识；常为粗粒结晶状，故也称为结晶片岩
千枚岩	千枚状	主要为黏土矿物及绢云母、绿泥石、石英等，但肉眼较难辨认	多为黄绿、灰黑、青褐、红等色，岩石致密，一般具细粒鳞片变晶结构，表面具明显的丝绢光泽，千枚状构造明显
板岩	板状	肉眼难辨认；在板理面上可见有绢云母、绿泥石等变质矿物	具明显的板状构造，外表多为深灰至黑色，大多为隐晶质致密结构，可分裂成薄层的石板作屋瓦、铺路等建筑材料；敲击石板有清脆的声音
大理岩	块状	主要为方解石、白云石（碳酸盐矿物含量＞50%），有时含少量石墨、蛇纹石、橄榄石、石榴子石或石英、云母等	一般为白色，但因含杂质，可有各种不同的颜色和花纹；具粒状变晶结构；组成矿物的硬度较小，遇稀冷盐酸可起泡

续表

岩石名称	构造	矿物成分	其他特征
石英岩	块状	石英含量＞85%，并可含有少量云母、长石、绿泥石、石墨等	纯者为白色，因含杂质，可呈灰、黄、红等颜色；多具粒状变晶结构；断口平坦，具油脂光泽；岩性坚硬，抗风化能力强
碎裂岩	块状	主要由较小的岩石碎屑和矿物碎屑组成，其成分视原岩成分而定，有时有少量绢云母、绿泥石等变质矿物	为原岩经强烈挤压破碎形成的动力变质岩，由大小不一的各种棱角状碎屑经胶结而成，具碎裂结构；碎裂岩的分布常与断裂和褶皱作用有关，如断层角砾岩、压碎岩等
糜棱岩	块状	主要为石英、长石及少量变质矿物如绢云母、绿泥石等	为原岩经强烈挤压破碎后形成的一种粒状较细的动力变质岩；外表多为各种绿色，一般具有似流纹的条带，多出现在断层带内

2. 主要变质岩的特征

（1）片麻岩

片麻岩具有明显的片麻状构造，主要矿物为长石、石英，两者含量大于50%，且长石含量一般多于石英。片麻岩中片状或柱状矿物一般是云母、角闪石、辉石等，有时也含有硅线石、石榴子石、蓝晶石等特征变质矿物。片麻岩为中、粗粒鳞片状变晶结构，多呈肉红色、灰色、深灰色，且为变质程度较深的区域变质岩。岩石的物理力学性质视其含有矿物成分的不同而不同。一般抗压强度达 120～200MPa，若云母含量增多且富集在一起时则强度大为降低。由于片理发育，岩石较易风化。

（2）片岩

片岩具有典型的片状构造，主要由云母、石英矿物组成，其次为角闪石、绿泥石、滑石、石墨、石榴子石等，以不含长石区别于片麻岩。片岩依所含矿物成分不同可分为云母片岩、绿泥石片岩、角闪石片岩、滑石片岩等。片岩强度较低，且易风化，由于片理发育，易沿片理裂开。

（3）千枚岩

千枚岩是具典型千枚状构造的浅变质岩，多由黏土矿物、粉砂岩变质而成，主要由细小的绢云母、绿泥石、石英、斜长石等新生矿物组成，一般具细粒鳞片变晶结构，片理面上有明显的丝绢光泽和微细皱纹或小的挠曲构造。千枚岩性质软弱，易风化破碎，在荷载作用下容易产生蠕动变形和滑动破坏。

（4）板岩

板岩是页岩经浅变质而成，多为深灰至黑灰色，有时也呈绿色及紫色，主要成分为硅质和泥质矿物，肉眼不易辨别，结构致密均匀，具有板状构造，沿板状构造易于裂开成薄板状。通过击打，板岩会发出清脆声，可据此与页岩区别。板岩能加工成各种尺寸的石板，作为建筑材料。板岩透水性弱，可作隔水层，但在水的长期作用下会软化、泥化形成软弱夹层。

（5）石英岩

石英岩由石英砂岩和硅质岩变质而成，矿物以石英为主，其次为云母、磁铁矿、角闪石，一般呈白色，油脂光泽，具有变余粒状结构，块状构造，是一种极坚硬、抗风化能力很强的岩石，岩块抗压强度可达 300MPa 以上，可作为良好的建筑物地基。但因性脆，石英岩较易产生密集性裂隙，形成渗漏通道，所以应采取必要的防渗措施。

（6）大理岩

大理岩为石灰岩重结晶而成，具有细粒、中粒和粗粒结构，主要矿物为方解石和白云石，纯大理岩呈白色（故又称为汉白玉），含有杂质时带有灰色、黄色、蔷薇色，具有美丽花纹，是贵重的雕刻和建筑石料。大理岩硬度小，与盐酸作用起泡，所以很容易鉴别，具有可溶性。其强度随其颗粒胶结性质及颗粒大小而异，抗压强度一般为 50~120MPa。

岩浆岩、沉积岩和变质岩三大类岩石的肉眼鉴定应结合岩石标本在实验课中进行。

地壳是由各种各样的岩石组成的，而岩石是在地壳发展过程中内、外动力地质作用的必然产物。由于各类岩石形成条件不同，它们在产状、矿物组成、结构、构造等方面也各具特点。因此，可对三大类岩石进行属性比较和分类鉴定。图 2.15 基本上表明了三大类岩石之间的关系。

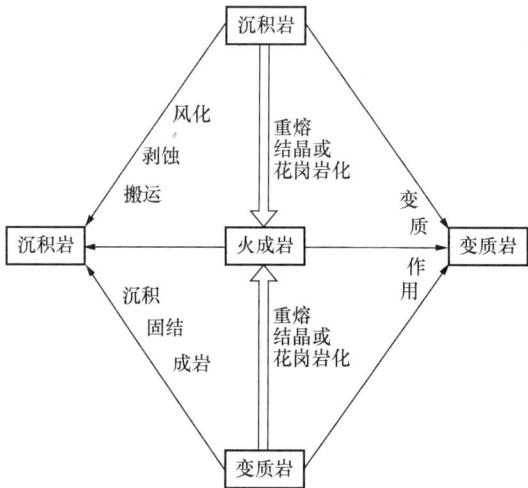

图 2.15　三大类岩石之间的关系

不同种类的岩石由于其成因、成分、结构和构造不同，岩石的工程地质性质差异很大，分析其工程地质性质时还应结合具体工程的要求来进行评价。

小　结

元素、矿物、岩石是组成地壳的基本单位。火成岩是岩浆作用的产物，变质岩是变质作用的产物，沉积岩是沉积作用的产物，它们都有各不相同的矿物成分、结构构造特征和代表性岩石。

1. 地壳物质的组成

基本物质：各种化学元素，如氧、硅、铝、铁等。

基本单位：岩石（岩浆岩、沉积岩、变质岩）和地层。

2. 造岩矿物的物理性质

造岩矿物的物理性质主要有形态、颜色、条痕、光泽、解理、断口、透明度、硬度以及特性等，它们是肉眼鉴定矿物的重要标志。通过学习，要认识常见的10多种造岩矿物。

3. 岩石

岩石是矿物的天然集合体。岩浆岩多为结晶结构，矿物颗粒紧密镶嵌，形成一种刚性的、主要是均质各向同性的岩石材料。沉积岩主要是由岩矿碎屑的机械沉积物和溶液的化学沉积物胶结、固结而成的，强度不高，尤其是未固结的松散沉积物，强度及坚固性较低，而且沉积物层理构造发育，使其力学性质各向异性显著。变质岩多为重结晶结构，强度一般较高，但受构造运动影响而片理构造发育，其岩性各向异性。

通过研究建筑物场地的地层岩性，可以了解岩石的形成时代、成因、产状、颜色、结构、构造和成分等自然属性特征，对岩石的工程地质性质作出定性评价；而岩石的物理性质、力学性质和水理性质指标则是定量评价岩石工程地质性质的可靠依据。

思 考 题

1. 什么是矿物？矿物有哪些主要物理性质？常见的造岩矿物有哪几种？

2. 试述原生矿物、次生矿物和变质矿物的本质区别。

3. 依次熟记"摩氏硬度计"的代表矿物，并掌握在野外鉴别矿物硬度的方法。

4. 对比下列矿物，指出它们之间的异同点：

    A. 正长石——斜长石——石英

    B. 角闪石——辉石——黑云母

    C. 方解石——白云石——石英

5. 由石膏、黑云母、绿泥石、黄铁矿及黏土矿物组成的岩石对工程建筑物有哪些影响？

6. 什么叫岩石？岩石都是由矿物组成的吗？建材上称呼的花岗石、石灰石、大理石是岩石还是矿物？如果是岩，为什么叫石？岩与石有什么区别？

7. 简述岩浆岩的颜色、矿物成分和化学性质之间的内在规律。

8. 酸性、中性、基性、超基性的岩浆岩矿物成分有何不同？

9. 试从深成岩、浅成岩、喷出岩的不同结构、构造来说明为什么岩浆岩的结构、构造特征是其生成环境的综合反映？

10. 试比较下列岩石间的异同点：

    A. 花岗岩——辉长岩

    B. 流纹岩——玄武岩

C. 闪长岩——安山岩

11. 试从颜色、盐酸反应、坚固程度三方面比较硅质、铁质、钙质和泥质胶结物的性质。

12. 简述沉积岩的形成过程。

13. 沉积岩区别于岩浆岩和变质岩的重要特征有哪些？为什么？

14. 试述解理、层理、片理之间的主要区别。

15. 分析变质岩在其矿物成分和结构上有何特性？

16. 对比区分下列名词：

A. 解理——断口——硬度

B. 斑状结构——半晶质结构

C. 流纹状构造——层理构造——片理构造

D. 结晶质——非晶质——隐晶质——玻璃质

17. 下列岩石之间有何区别及联系？

A. 花岗岩——花岗片麻岩

B. 页岩——千枚岩

C. 石英砂岩——石英岩

D. 石灰岩——大理岩

E. 片岩与黏土岩

18. 试述花岗岩、玄武岩、石灰岩、砂岩、页岩、片岩、片麻岩、大理岩的成因类型、主要矿物成分、结构和构造特征。

19. 分析三大岩石在成因上的关系。

任 务 ③

认识地质构造

学习目标与要求 ☞

1. 掌握地质构造的概念。
2. 掌握岩层产状及产状要素的含义，了解岩层产状的测定和表示方法。
3. 熟悉各种常见地质构造的含义、组成要素、分类及其特征，正确认识这些地质构造对工程建设的重要意义。
4. 理解活断层的含义特征。
5. 了解地质图的含义及类型。
6. 了解褶皱、断层、地层接触关系等在地质图上的表示方法及特征，能阅读和分析一般地质图。

任务重点 ☞

岩层产状及产状要素的含义；各种常见地质构造的含义及特征；地质图阅读和分析。

任务难点 ☞

岩层产状要素测量；常见地质构造的特征；地质图阅读。

由地壳运动导致组成地壳的岩层或岩体发生变形或变位的现象，以及残留于地壳中的空间展布和形态特征称为地质构造或构造形迹。地质构造不仅包括岩层的倾斜构造、褶皱构造和断裂构造三种基本形态，还包括隆起和凹陷等形态。这些形态都是地壳运动的产物，并与地震有着密切的联系。地质构造大大改变了岩层或岩体原来的工程地质性质，如褶皱和断裂使岩层产生弯曲、破裂和错动，破坏了岩层或岩体的完整性，降低了岩层或岩体稳定性，并增大了其渗透性，使建筑地区工程地质条件复杂化。因此，研究地质构造不但对阐明和探讨地壳运动发生、发展规律具有理论意义，而且对公路线路的布置、设计和施工，以及分析工程地质、水文地质条件、地震预测预报工作等都具有重要的实际意义。

3.1　地壳运动概述

地壳运动是指由内力地质作用引起的地壳结构改变和地壳内部物质变位的运动。地球自形成以来一直处于运动状态。随着现代科学技术的发展，通过对地质资料的分析和仪器的测定，已经证实地壳运动的主要形式有升降运动和水平运动两种。

3.1.1　升降运动（垂直运动）

组成地壳的物质沿着地球半径方向发生上升或下降的交替性运动，称为升降运动。升降运动主要表现为大面积的地壳上升或下降形成大规模的隆起或凹陷，从而引起地势的高低起伏和海陆变迁。如喜马拉雅山地区在 4000 万年前还是一片汪洋，近 2500 万年以来开始从海底升起，直至 200 万年前才初具山脉的规模。到目前为止，总的上升幅度已超过 10 000m，成为世界屋脊，并且仍以平均每年 1cm 以上的速度继续上升；而即使是"稳如泰山"的泰山，100 万年来也已上升了数百米。可见，地壳升降运动的速度虽然缓慢，但因经历的时间很长，造成地势的高低起伏是十分显著的。又如华北平原的部分沿海地区，近 100 万年以来下沉了 1000m 以上，只是因为下沉的同时由黄河、海河、滦河等带来的大量沉积物不断沉积，补偿了失去的高度，从而形成了现在的华北平原。地壳垂直运动的概念在我国古籍上早有记载，如北宋的沈括（1031～1095）在《梦溪笔谈》中写道："予奉使河北，山崖之间，往往衔螺蚌壳及石子如鸟卵者，横亘石壁如带。此乃昔之海滨，今东距海已近千里。所谓大陆者，皆浊泥所湮耳。"这说明我国古代科学家对"沧海桑田"、"海陆变迁"等自然现象早有唯物辩证的认识。

3.1.2　水平运动

组成地壳的物质沿着地球表面的切线方向发生相互推挤和拉伸的运动，称为水平运动。水平运动主要表现为地壳岩层的水平位移，它会造成各种形态的褶皱和断裂构造，从而加剧地表的起伏。

例如，昆仑山、祁连山、秦岭以及其他世界上的许多山脉都是由地壳的水平运动形成的褶皱山系。根据板块理论，美洲大陆和非洲大陆在 2 亿年前为一个大陆，后来由于地壳的水平运动，该大陆沿着一条南北方向的海底深沟发生破裂，一部分沿着地表向西移动，形成了今天的美洲大陆，另一部分成为今天的非洲大陆，两块大陆中间成了广阔的大西洋。研究资料表明，目前沿着非洲的东非裂谷，一个新的巨大的地壳变化过程正在发展中，裂谷北端的两个地块——阿拉伯和非洲已在分离，且以每年2cm的速度向两面移动，裂谷本身也以每年1mm的速度向两面裂开。美国西部的圣安得烈斯断层，从下中新世以来水平位移距离为260km，而1906年旧金山一次大地震就使这条断层错开6.4m，断层带增长430km以上。可见，地壳水平运动对地壳形变的影响也是十分显著的，它加剧了地球表面地势的高低起伏。

3.1.3 地壳运动的基本特征

1. 地壳运动的普遍性和长期性

地壳中的任何地方都会发生不同形式的地壳运动。地壳中的任何一块岩石，最古老的岩石和现代正在形成的岩石都不同程度地受到地壳运动的影响，这些岩石记录着地壳运动的痕迹和图像，所以说地壳运动是普遍的，地壳总是处于不断的运动之中。

2. 地壳运动速度和幅度的不均一性

地壳运动的速度不是始终如一的，有时表现为短暂快速的激烈运动，如火山活动和地震等。短暂快速的激烈地壳运动常常引起岩浆喷发、山崩、地陷和海啸等，是人们能够直接觉察到的地壳运动。1970年云南通海地震使一条NWW方向为60km的大断裂带水平位移达2.2m。地壳运动有时又表现为长期缓慢的和缓运动。即使是同一地区，在快速地激烈运动之后也可能长期平静下来，转变为慢速的和缓运动。另外，地壳运动的幅度也有大有小，在不同的时间和空间其幅度也不尽相同。

3. 地壳运动的方向性

地壳运动的方向常常是相互交替转换的，如有的地区为上升运动，有的地区为下降运动，而另一些地区则表现为水平运动。在地壳的同一地区也可能在某个地质历史时期为上升运动，而在另一个地质历史时期又变成为下降或水平运动，从而表现出有节奏的、而不是简单重复的周期性特征。在一定地区或一定地质历史时期中地壳运动可以是以水平运动为主，也可以是以垂直运动为主。但是从地壳的发展历史分析，地壳运动总是以水平运动为主，垂直运动往往是由水平运动派生出来的，这也已被愈来愈多的研究资料所证实。

地壳运动会导致地壳岩石产生变形和变位，并形成各种地质构造，如水平构造、倾斜构造、褶皱构造、断裂构造、隆起和凹陷等。因此，地壳运动又称为地质构造运动或地质构造变动。其中，地质构造运动按其发生的地质历史时期、特点和研究方法又分为以下两类：

1）古构造运动。古构造运动指发生在晚第三纪末以前各个地质历史时期的构造运动。

2）新构造运动。新构造运动指发生在晚第三纪末和第四纪以来的构造运动。其中，发生在人类有史以来的构造运动称为现代构造运动。新构造运动对于现代地形、地表水系的改造、海陆分布、沉积物性质起着主导作用，对工程建筑影响较大，对防震抗震的研究也有一定的指导意义。

3.2　水平构造和倾斜构造

3.2.1　水平构造

在地壳运动影响轻微、大面积均匀隆起或凹陷的地区，地层保持接近于成岩时水平状态的地质构造称为水平构造。

水平构造的地层经风化剥蚀可形成一些独特的地貌景观：层理面平直、厚度稳定的岩层往往形成阶梯状陡崖；交互沉积的软硬相间水平岩层经风化后可形成塔状、柱状、城堡状地形；若水平岩层的顶部为坚硬的厚岩层所覆盖，由于上部岩层抗风化侵蚀能力强，则可形成方山和桌状山地形。

3.2.2　倾斜构造

原来呈水平状态的岩层经构造变动成为与水平面成一定角度的倾斜岩层时，称为倾斜构造。在一定范围内，岩层倾斜方向和倾斜角度大体一致的单斜岩层可称为单斜构造。单斜构造的岩层，倾角较小（小于 35°）时在地貌上往往形成单面山，倾角较大（大于 35°）时在地貌上则往往形成猪背岭。

3.2.3　岩层产状

1. 岩层产状要素

岩层在地壳中的空间方位和产出状态称为岩层产状（图 3.1）。岩层产状以岩层面在空间的延伸方向和倾斜程度来确定，用走向、倾向和倾角表示，这三者称为岩层产状要素。在野外可用地质罗盘仪来测量岩层的产状要素。

（1）走向

岩层面与水平面交线的水平延伸方向称为岩层的走向。岩层走向用方位角表示。因此，同一岩层的走向可用两个方位角数值表示，如 NW300°和 SE120°，指示该岩层在水平面上的两个延伸方向。

（2）倾向

岩层面上垂直于走向线且沿层面倾斜向下所引的直线，叫做倾斜线（图 3.1 中垂直于走向线 acb 的 ce）。倾斜线在水平面上的投影线所指的层面倾斜方向为岩层的倾向（图 3.1 中的 cd）。因此，岩层的倾向只有一个方位角数值，并与同一岩层的走向方位角数值相差 90°。

（3）倾角

岩层面上的倾斜线与它在水平面上的投影线之间的夹角，即倾斜岩层面与水平面之间的二面角（图 3.1 中的 α），称为岩层的倾角。

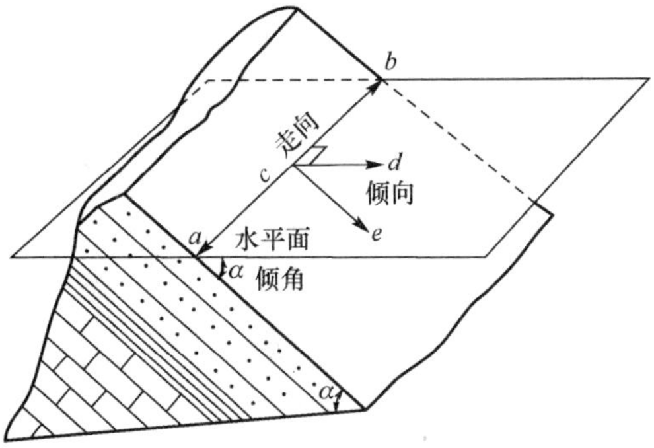

图 3.1　岩层产状要素

ab. 走向；*cd.* 倾向；*α.* 倾角

2. 岩层产状要素的测量方法

测量岩层的产状要素一般用地质罗盘。地质罗盘有矩形和八边形（圆形）两种，其主要组成部分有磁针、上刻度盘、下刻度盘、倾角指示针（摆锤）、水准泡等。

上刻度盘多按方位角分划，以北为零度，按逆时针方向分划为 360°；按象限角分划时，则北和南均为零度，东和西均为 90°。在刻度盘上用 4 个符号代表地理方位，即 N 代表北，S 代表南，E 代表东，W 代表西。当刻度盘上的南北方向和地面上的南北方向一致时，刻度盘上的东西方向和地面实际方向相反，这是因为磁针永远指向南北，在转动罗盘测量方向时只有刻度盘转动而磁针不动，即当刻度盘向东转动时磁针则相对地向西转动，所以只有将刻度盘上刻的东、西方向与实际地面东、西方向相反处理时，测得的方向才与实际相一致。

下刻度盘和倾角指示针是测倾角用的。下刻度盘的角度左右各分划为 90°，它没有方向，通常只刻在 W 边（即 E 边下刻度盘没有刻度）。

测走向时，将罗盘的长边（NS 边）与岩层层面贴紧、放平（水准泡居中）后，北针或南针所指上刻度盘的读数就是走向。

测倾向时，用罗盘的 N 极指着层面的倾斜方向，使罗盘的短边（EW 边）与层面贴紧、放平，北针所指的度数即为倾向。

测倾角时，将罗盘侧立，以其长边贴紧层面，并与走向线垂直，这时摆锤指示针所指下刻度盘的读数就是倾角，见图 3.2。有的罗盘倾角指示针是用水准泡来调正的，测倾角时要用手调背面的旋柄，使水准泡居中间位置，然后再进行读数。

3. 岩层产状记录方法

岩层产状的记录有两种方法。

（1）象限角表示法

以北或南的方向（0°）为准，一般记走向、倾角、倾向。如 N65°W/25°S，即走向北偏西 65°、倾角 25°、向南倾斜；N30°E/27°SE，即走向北偏东 30°、倾角 27°、倾向南东。

（2）方位角表示法

一般只记录倾向和倾角。如 205°∠25°，前者是倾向的方位角，后面是倾角，即倾向 205°，倾角 25°。已知倾向和倾角后，可用加或减 90°的方法计算出走向。

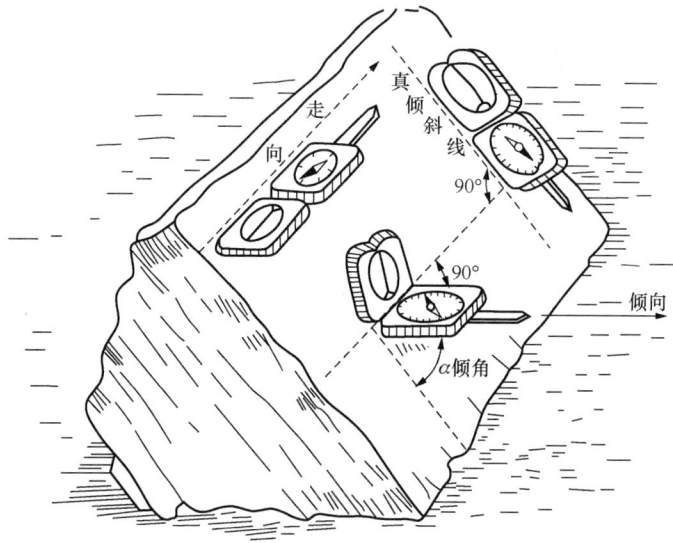

图 3.2　测量岩层产状要素

岩层的产状三要素在地质图上可用符号⊢25°来表示，其中长线表示走向，短线表示倾向，数字代表倾角。

3.3　褶皱构造

在地壳运动影响下，岩层受水平方向挤压力的长期作用而发生塑性形变，形成一系列连续波状弯曲，称为褶皱构造。褶皱构造中的一个弯曲称为褶曲，它是组成褶皱构造的基本单位。

3.3.1　褶曲的基本形态

褶曲的形状千姿百态，但基本形态只有两种，即背斜和向斜（图 3.3）。

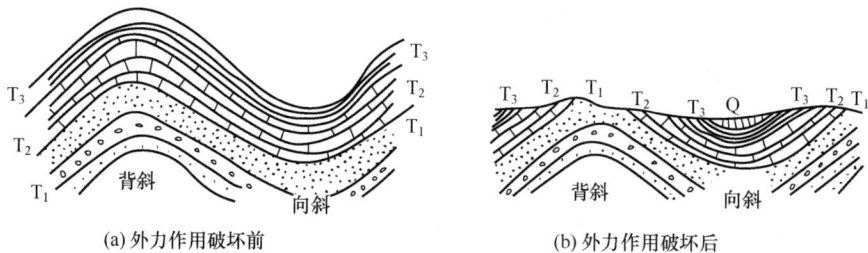

(a) 外力作用破坏前

(b) 外力作用破坏后

图 3.3　褶皱的基本形式

岩层向上弯曲，核心部分岩层较老的称为背斜；反之，岩层向下弯曲，核心部分岩层较新的称为向斜。褶曲的基本特征见表 3.1。

表 3.1 褶曲的基本类型及特征

	基本类型	岩层形态	岩层的新老关系	地形表现
褶曲	背斜	一般是岩层向上拱起,岩层自中心向外倾斜	中心部分岩层较老,两翼岩层较新	有时背斜成为山岭(年轻、顺地貌,外力侵蚀小于褶皱构造作用速度),(长期外力侵蚀)常被侵蚀成谷地(逆地貌,倒置地形,再长期剥蚀破坏,恢复一致,再顺地貌)
	向斜	岩层向下弯曲,岩层自两翼向中心倾斜	核心部分岩层较新,两翼岩层较老	有时向斜成为谷地,有时成为山岭

3.3.2 褶曲要素

褶皱的各个组成部分称为褶曲要素,任何褶曲都具有以下基本要素(图 3.4)。

(1)核部

核部是褶曲弯曲的中心部分,如背斜核部是较老岩层,而向斜核部则为较新岩层。

(2)翼

翼是指褶曲核部两侧的岩层。

(3)轴面

轴面为大致平分褶曲两翼的假想面,可为平面或曲面,它的空间位置和岩层一样可用产状表示,有直立的、倾斜的或水平的状态。

(4)轴线

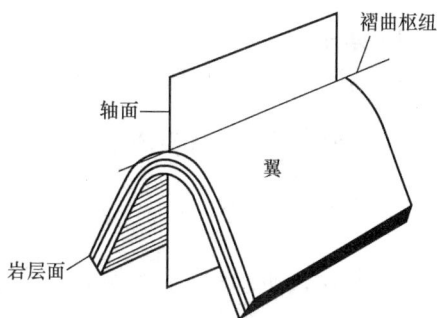

图 3.4 褶曲要素

轴线指轴面与水平面的交线,可以是水平的直线或曲线。轴线的方向表示褶曲的延长方向,轴线的长度反映褶皱在轴向上的规模大小。

(5)枢纽

褶曲岩层的层面与轴面相交的线叫枢纽。枢纽可以是水平的、倾斜的或波状起伏的,能反映褶曲在轴面延伸方向上产状的变化。背斜的枢纽称为脊线;向斜的枢纽称为槽线。

3.3.3 褶曲的形态分类

褶曲的基本形态只有背斜和向斜,但在自然界中背斜和向斜的形态又是多种多样的,根据它们在横剖面、纵剖面和平面上的形态特征可以作进一步分类。

1. 褶曲在横剖面上的形态分类

1)直立褶曲:轴面近于垂直,两翼岩层向两侧倾斜,倾角近于相等,见图 3.5(a)。

2)倾斜褶曲:轴面倾斜,两翼岩层向两侧倾斜,倾角不等,见图 3.5(b)。

3)倒转褶曲:轴面倾斜,两翼岩层向同一方向倾斜,其中一翼层位倒转,见

图 3.5（c）。

4）平卧褶曲：轴面水平或近于水平，一翼岩层层位正常，另一翼层位倒转，见图 3.5（d）。

5）翻卷褶曲：轴面翻转向下弯曲，通常是由平卧褶皱转折端部分翻卷而成。

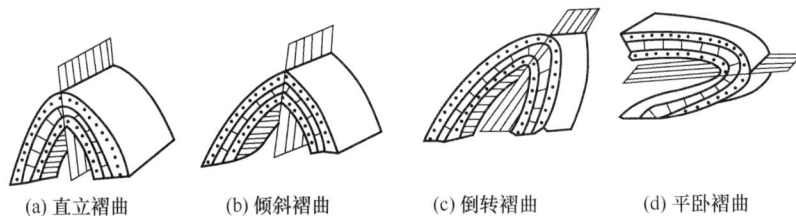

(a) 直立褶曲　　　(b) 倾斜褶曲　　　(c) 倒转褶曲　　　(d) 平卧褶曲

图 3.5　褶曲按轴面产状分类示意图

2. 褶曲在纵剖面上的形态分类

1）水平褶曲：枢纽水平，两翼同一岩层的走向基本平行。

2）倾伏褶曲：枢纽倾斜，两翼同一岩层的走向不平行而呈弧形变化。

3. 褶曲在平面上的形态分类

1）线状褶曲：同一岩层在平面上的纵向长度和宽度之比大于 10∶1 的狭长形褶曲。

2）短轴褶曲：同一岩层在平面上的纵向长度与横向宽度之比在（3∶1）～（10∶1）之间的褶曲。

3）穹窿和构造盆地：同一岩层在平面上的纵向长度与横向宽度之比小于 3∶1 的圆形或似圆形褶曲。背斜称为"穹窿"，向斜称为"构造盆地"。

3.3.4　褶皱的识别

在野外进行地质调查及地质图分析时，为了识别褶皱（图 3.6），首先可沿垂直于岩层走向的方向进行观察，查明地层的层序，确定地层的时代并测量岩层的产状要素，然后根据以下三点分析判断是否有褶皱存在，并确定是向斜还是背斜。

1）根据岩层是否有对称重复的出露，可判断是否有褶皱存在。若在某一时代的岩层两侧有其他时代的岩层对称重复出现，则可确定有褶皱存在。若岩层虽有重复出露现象，但并不对称分布，则可能是断层，不能误认为是褶皱。

2）对比褶皱核部和两翼岩层的时代新老关系，判断褶皱是背斜还是向斜。若核部地层时代较老，两侧依次出现渐新的地层，为背斜；反之，若核部地层时代较新，两侧依次出现渐老的地层，则为向斜。

3）根据两翼岩层的产状判断褶皱是直立的、倾斜的还是倒转的。

此外，为了对褶皱进行全面认识，除进行上述横向的分析外，还要沿褶曲轴线延伸方向进行平面分析，了解褶曲轴线的起伏情况及其平面形态的变化。若褶曲轴线是水平的，呈直线状，或在地质图上两翼岩层对称重复，并平行延伸，则称为水平褶皱；

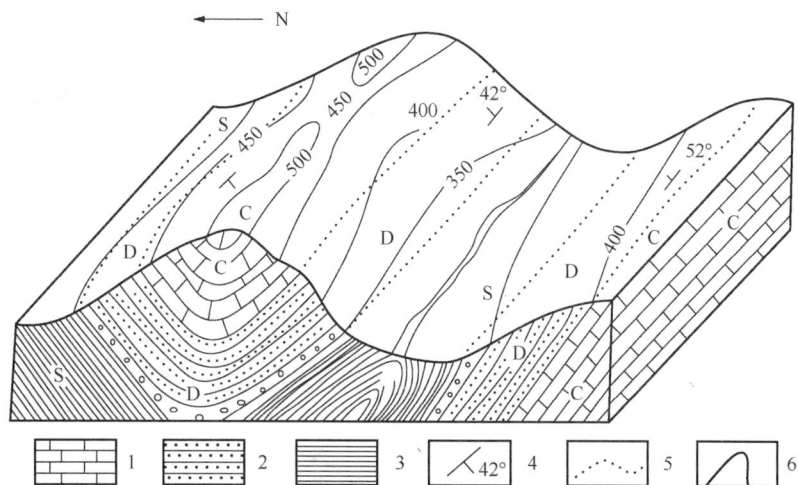

图 3.6　褶皱构造立体图

1. 石炭系；2. 泥盆系；3. 志留系；4. 岩层产状；5. 岩层界线；6. 地形等高线

若在地质图上两翼岩层对称重复，但彼此不平行，且逐渐折转会合，呈"S"形，则称为倾伏褶皱。

3.4　断　裂　构　造

岩层受力后发生变形，当作用力达到或超过其强度极限时岩层的连续完整性受到破坏，在岩层的一定部位和一定方向上产生断裂。岩层断裂后，其破裂面两侧的岩块无显著位移的称为裂隙（节理），有显著位移的称为断层，它们统称为断裂构造。

3.4.1　裂隙（节理）

1. 节理的成因类型

断裂两侧岩石仅因开裂而分离，并未发生明显相对位移的断裂构造称为裂隙（或节理）。裂隙往往是褶皱和断层的伴生产物，然而自然界中岩石的裂隙并非都是由于地质构造运动造成的。根据裂隙的成因可将其分为原生（成岩）裂隙和次生裂隙。

（1）原生（成岩）裂隙

原生（成岩）裂隙系指岩石在成岩过程中形成的裂隙。如沉积岩中的龟裂现象是沉积岩失去水分后干缩而成的，也是一种成岩节理。玄武岩中的柱状节理是其在形成时岩浆喷发至地表后冷却收缩而产生的六棱柱状、五棱柱状或其他不同形状的节理。

（2）次生裂隙

次生裂隙系指岩层形成后产生的裂隙，根据力的来源及作用性质不同又分为非构造裂隙和构造裂隙。

1）非构造裂隙，是指由外力地质作用或人为因素使岩石受力而生成的裂隙，如岩石风化、岩坡变形破坏、河谷边坡卸荷作用及人工爆破等外力作用而形成的裂隙（或节理）。非构造裂隙一般仅局限于地表，规模不大，分布也不规则。

2）构造裂隙，是指由地壳运动产生的构造应力作用而形成的裂隙。构造裂隙在岩石中分布广泛，延伸较深，方向较稳定，可切穿不同的岩层，按其力学性质可将其分为张节理和剪节理两种（图3.7）。

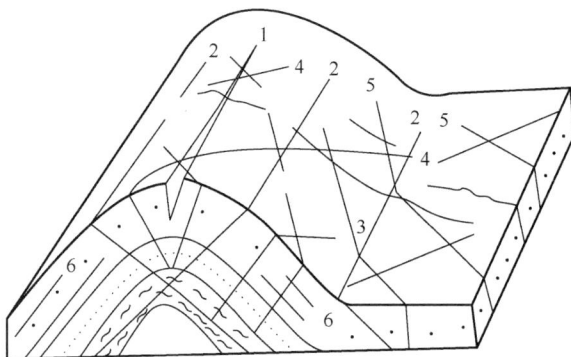

图3.7　节理的形态分类

1，2.走向节理或纵向节理；3.倾斜节理或横节理；

4，5.斜向节理或斜节理；6.顺层节理

① 张节理。张节理是岩石所受张应力超过其抗拉强度后岩石破裂而产生的裂隙。张节理多见于脆性岩石中，尤其是褶皱转折端等张应力集中的部位，其特点是具有张开的裂口，裂隙面粗糙不平，沿走向方向和沿倾向方向延伸均不远。砂岩和砾岩中的张节理，裂隙面往往绕过砾石或砂粒，呈现凹凸不平状。

② 剪节理。剪节理是岩石所受剪应力超过其抗剪强度后岩石破裂而产生的裂隙，一般发生在与最大压应力方向成45°左右夹角的平面上，在岩石中常成对出现，呈"X"形交叉，因而也可称为"X"形裂隙（或节理）。剪节理的特征是细密而闭合，裂隙面平直光滑，延伸较远，有时会出现擦痕。共轭砾岩或砂岩中的剪节理，裂隙面往往切穿砾石或砂粒。

张节理与剪节理比较见表3.2所示。

表3.2　张节理和剪节理比较

类型	作用力	裂面张开充填情况	裂隙面特征	裂隙间距	延伸情况	发育情况
张节理	张应力	裂缝张开，常被石英、方解石脉充填	弯曲粗糙不平，呈锯齿状，无擦痕	较大	走向变化大，延伸不远，常绕过砾石或砂粒	褶皱轴部成组出现，平行或垂直褶皱轴
剪节理	剪应力	裂隙紧闭或稍张开	平直光滑，有擦痕及镜面，两侧岩层有相对位移	较小	走向稳定，延深较长，常切岩石中的砾石或砂粒	一般同时出现两组，成"X"形，较密集

2. 节理统计及节理玫瑰图

在拟建建筑物地区进行节理的野外调查与统计，对研究拟建建筑物地区的地质构造、发育规律和分布特征以及评价地基岩体完整性与稳定性具有很重要的实际意义。

为了反映节理的发育程度和分布规律，分析其对拟建建筑物地区岩体的稳定性的影响，常采用图表的方法表示节理。

（1）节理观测统计

根据工程要求，在主要建筑物地段需选择节理比较发育、有代表性的岩体面积1～4m²，按节理观测记录所列内容进行观测、统计，并作好记录。

根据节理统计记录，将节理走向、倾向和倾角，每隔10°或5°为一区间进行分组，并统计每组节理的条数和走向、倾向、倾角的区间中值（或平均值），找出最发育的节理组。

（2）节理玫瑰图的绘制

应按下列步骤进行节理玫瑰图的绘制：

1）取适当值为半径作半圆，沿半圆周标出东、西、北三个方向。

2）将半圆周18等分，代表节理走向。

3）以最发育一组的节理条数等分半径，第一单位线段代表一条节理。

4）把每组节理走向区间中值点绘在玫瑰图的相应位置上。

5）连接各点成一闭合折线，即为节理走向玫瑰图，见图3.8（a）。

6）绘制节理倾向玫瑰图时先将测得的节理按倾向每隔10°或5°为一区间进行分组，并统计每组节理的条数和区间中值（或平均值），用绘制走向玫瑰图的方法在注有方位的圆周上根据平均倾向和节理条数定出各组相应的端点，然后用折线将这些点连接起来，即为节理倾向玫瑰图，如图3.8（b）所示。如果用平均倾角表示半径方向的长度，则用同样方法可以编制节理倾角玫瑰图。

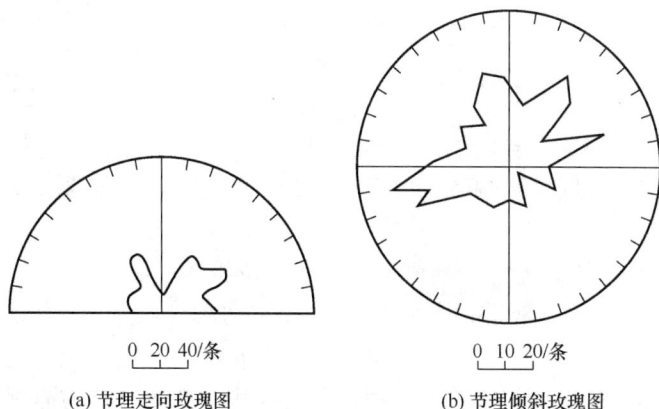

| (a) 节理走向玫瑰图 | (b) 节理倾斜玫瑰图 |

图 3.8   节理玫瑰图

3.4.2   断层

在构造应力作用下，岩层所受应力超过其本身的强度，使其连续性、完整性遭到破坏，并且沿断裂面两侧的岩体产生明显位移时称为断层。由于构造应力大小和性质的不同，断层规模差别很大，小的可见于一块小的手标本上，大的可延伸数百甚至上千公里，如我国的郯—庐大断裂，在1/1 000 000的卫星图像上都显示得很清楚。

1. 断层要素

断层的基本组成部分称为断层要素，它包括断层面、断层线、断层带、断盘、断距等，如图3.9所示。

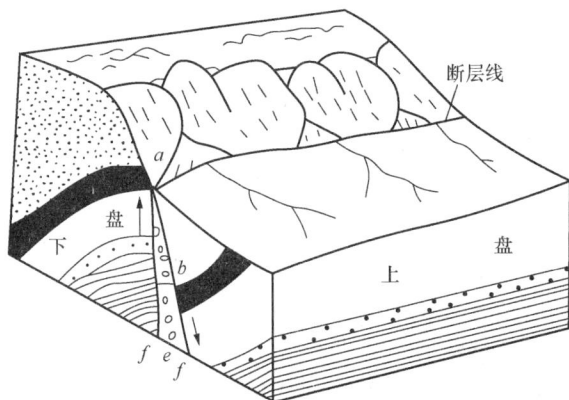

图3.9　断层要素图

ab. 总断距；*e.* 断层破碎带；*f.* 断层影响带

（1）断层面

岩层断裂错开，其中发生相对位移的破裂面称为断层面。断层面可以是直立的或倾斜的平面，也可以是波状起伏的曲面。断层面的空间位置用产状要素来表示。

（2）断层线

断层面与地面的交线称为断层线。断层线表示断层延伸的方向，其形状取决于断层面及地表形态，可以是直线，也可以是各种曲线。

（3）断层带

断层带包括断层破碎带和断层影响带，是指断层面之间的岩石发生错动破坏后形成的破碎部分，以及受断层影响使岩层裂隙发育或产生牵引弯曲的部分。

（4）断盘

断层面两侧岩体称为断盘。当断层面倾斜时，位于断层面以上的岩体叫上盘，位于断层面以下的岩体叫下盘。断层面直立时，则按方向可称为东盘、西盘或南盘、北盘。

（5）断距

断层两盘岩体沿断层面相对移动的距离称为断距。断距可分为总断距、铅直断距、水平断距、走向断距、倾向断距等。

2. 断层的分类

（1）按断层两盘相对位移方向分类

按断层两盘相对位移的方向可将断层分为正断层、逆断层和平移断层等（图3.10）。

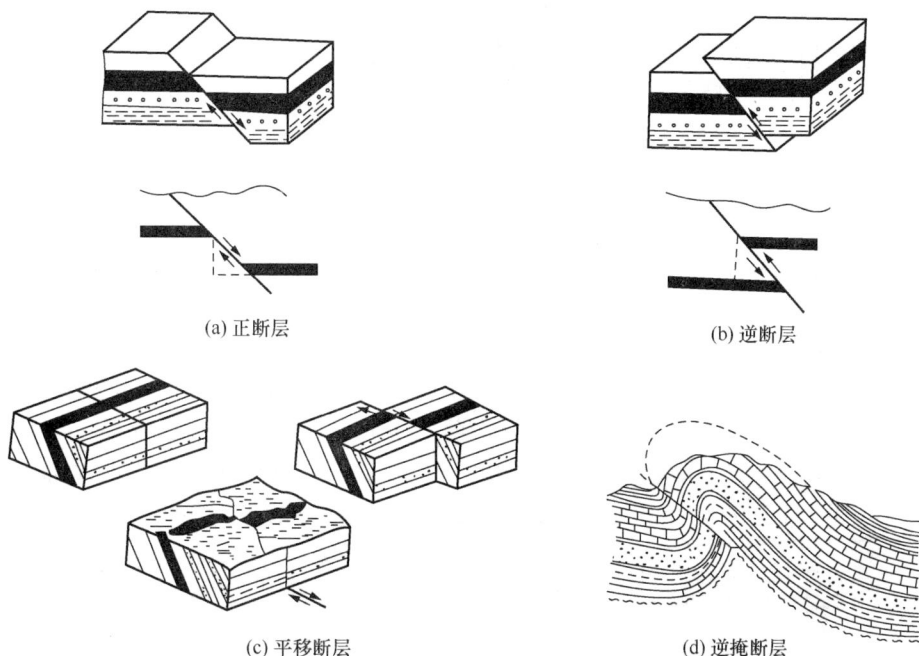

(a) 正断层　　　　　　　　　　(b) 逆断层

(c) 平移断层　　　　　　　　　(d) 逆掩断层

图 3.10　断层的类型

1) 正断层。由于张应力作用，岩层产生断裂，进而在重力作用下引起上盘沿断层面相对下降、下盘相对上升的断层，称为正断层。断层破碎带较宽时常为断层角砾或断层泥。

2) 逆断层。逆断层的上盘沿断层面上升，下盘相对下降，主要是水平挤压作用的结果，所以也称为压性断层。逆断层断裂带较紧密，断层面呈舒缓波状，常出现擦痕。逆断层按断层面倾角的不同又可分为以下三类：

① 冲断层。断层面倾角大于 45° 的高度角逆断层称为冲断层。

② 逆掩断层。断层面倾角为 25°~45° 的逆断层称为逆掩断层。逆掩断层往往是由倒转褶皱发展形成的，它的走向与褶皱轴大致平行，逆掩断层的规模一般都较大。

③ 辗掩断层。断层面倾角小于 25° 的逆断层称为辗掩断层。辗掩断层常是区域性的巨型断层，断层中一盘较老地层沿着平缓的断层面推覆在另一盘较新岩层之上，断距可达数公里，破碎带的宽度也可达几十米。

3) 平移断层。两盘沿断层面走向的水平方向发生相对位移的断层称为平移断层。平移断层一般是在剪切应力作用下沿平面剪切裂隙发育形成的，其断层面较为平直、光滑。根据断层走向与岩层走向的关系，平移断层可分为走向断层（与岩层的走向平行）、倾向断层（与岩层的走向垂直）及斜交断层（与岩层的走向斜交）。根据断层走向与褶皱轴向的关系，平移断层也可分为纵断层（与褶皱轴向一致）、横断层（与褶皱轴向正交）、斜断层（与褶皱轴向斜交）。

(2) 按断层面产状与岩层产状的关系分类

按断层走向与两盘岩层走向的关系断层可分为如下几类：

1）走向断层：断层走向与岩层走向基本平行。

2）倾向断层：断层走向与岩层走向基本垂直。

3）斜向断层：断层走向与岩层走向斜交。

4）顺向断层：断层面与岩层面大致平行。

3. 断层的组合形式

在自然界往往可以见到断层的组合形式（图 3.11），如地垒（两边岩层沿断层面下降，中间岩层相对上升，多构成块状山地，如泰山、天山、阿尔泰山均有地垒式构造）、地堑（两边岩层沿断层面上升，中间岩层相对下降，如东非大裂谷、汾河、渭河地堑谷地）、阶梯状构造（岩层沿多个相互平行的断层面向同一方向依次下降）和迭瓦式（推覆式）构造（一系列冲断层或逆掩断层，使岩层依次向上冲掩，如青藏高原、天山山脉）等。这种组合形态的断层在江西庐山一带表现得极为典型，庐山两侧为阶梯状断层，庐山上升为地垒。长江河谷两侧也是阶梯状断层，而长江河谷则是下陷的地堑。

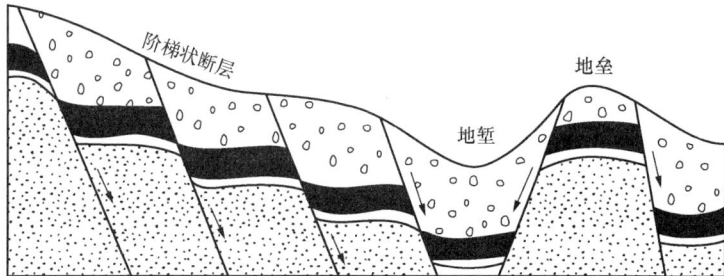

图 3.11 地垒、地堑、阶梯状断层

4. 断层的识别标志

断层的形态类型很多，规模大小不一，加之各种地质因素的影响，给在野外判断是否存在断层以及属于什么性质的断层带来一定困难。但由于断层面两侧岩体产生了相对位移，在地表形态和地层构造上反映出一定的特征和规律性，这就给在野外识别断层提供了依据（图 3.12）。

（1）构造上的特征

构造上的特征主要有擦痕、破碎带、构造上的不连续和牵引褶曲等。

1）擦痕。断层面上下盘错动摩擦而留下的痕迹称为断层擦痕。

2）破碎带。破碎带指断层两盘岩体相对运动而使断层面附近的岩石破坏成碎石和粉末的部分，其中碎石经胶结成断层角砾岩、糜棱岩，粉末为断层泥。

3）构造上的不连续。断层常常将岩层、岩墙或岩脉错断，造成构造上的不连续。同时，由于构造上的不连续，造成岩层产状的突然变化。

4）牵引褶曲。断层两盘相对位移时断层面两侧的岩石发生塑性变形，常形成小型牵引褶曲。利用牵引褶曲的方向可以判断上下盘移动的方向及断层的性质。

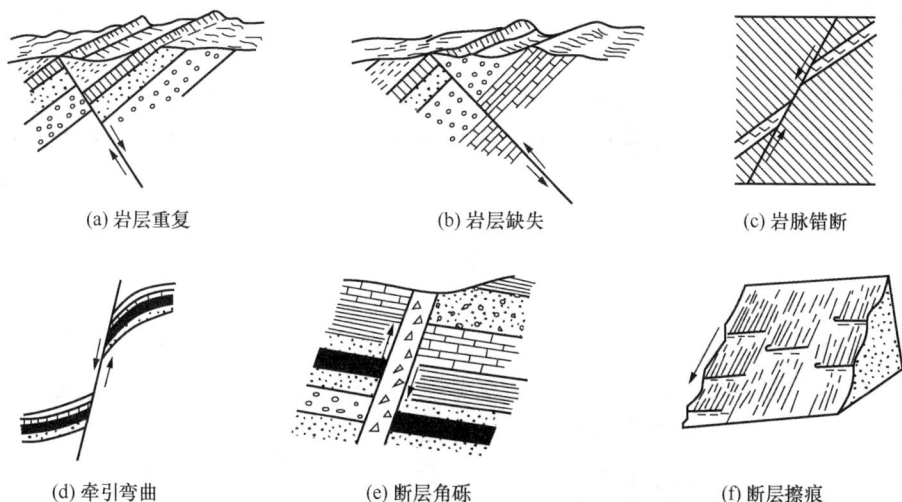

(a) 岩层重复　　　　　　　(b) 岩层缺失　　　　　　　(c) 岩脉错断

(d) 牵引弯曲　　　　　　　(e) 断层角砾　　　　　　　(f) 断层擦痕

图 3.12　断层现象

（2）岩层的特征

岩层特征主要有岩层中断、岩层的重复和缺失等。

1）沿走向方向岩层中断：在单斜岩层地区沿岩层走向观察，若岩层突然中断，呈交错的不连续状态，则往往是断层的标志。

2）岩层的重复和缺失：由于断盘的相对位移改变了岩层的正常层序，岩层产生不对称的重复或缺失。必须注意断层所产生的岩层重复是不对称的，岩层缺失不具有侵蚀面，这要与褶皱造成的岩层对称重复以及不整合形成的具有侵蚀面的岩层缺失加以区别。

（3）地形地貌上的特征

地形地貌特征主要有断层崖、断层三角面、河流纵坡的突变、河流及山脊的改向等。

1）断层崖。断层上升盘突露于地表形成的悬崖称为断层崖。

2）断层三角面。一些比较平直的断层崖经过流水的侵蚀作用形成一系列横穿崖壁的"V"形谷，谷与谷之间的三角面则称为断层三角面。

3）河流纵坡的突变。当断层横穿河谷时，可能使河流纵坡发生突变，造成河流纵坡的不连续现象。但河流纵坡的突变，不一定都是由于断层形成的，也可能是河床底部岩石抗侵蚀能力不同所致。

4）河流及山脊的改向。水平方向相对位移显著的断层可将河流或山脊错开，使河流流向或山脊走向发生急剧变化。

5）断陷盆地。断陷盆地是断层围限的陷落盆地，由不同方向断层所围或一边以断层为界，多呈长条菱形或楔形，盆地内有厚的松散物质。

（4）水文地质特征

断层的存在使岩层易风化侵蚀形成谷地，即"逢沟必断"，有利于地下水的富集、埋藏和运动。因此，在断层带附近往往可见到泉水、湖泊呈线状出露于地表、某些喜湿性植物呈带状分布。

以上是野外地质工作中认识判断断层的一些主要标志。但是由于自然界的事物是复杂的，其他因素也可能造成上述某些现象，因此不能孤立地根据某一标志来进行分析并确定断层的存在，而是要全面观察、细心研究、综合分析判断，才能得出可靠的结论。

3.5 地 质 图

用规定的符号、线条和色彩来反映一个地区的各种地质条件的图件叫做地质图。它是依据野外探明和收集的各种地质勘测资料，并按一定比例投影在地形底图上编制而成的，是地质勘察工作的主要成果之一。地质图的基本内容一般通过统一规定的图例符号来表示。工程建设中的规划、设计和施工阶段都需要以地质勘测资料为依据，而地质图是可直接利用和使用方便的主要图件资料。因此，初步学会编制、分析、阅读地质图的基本方法是很重要的。

3.5.1 地质图的基本知识

地质图的种类繁多，主要有用来表示一个地区的地形、地层岩性、地质构造、地壳运动及地质发展历史的地质图，称为普通地质图，简称地质图。还有许多用来表示某一项地质条件，或服务于某项国民经济的专门性地质图等。总之，一幅完整的符合标准的地质图应包括以下基本内容。

1. 平面图

平面图是地质图的主体部分，包括如下几点内容：

1）地理概况，包括图区所在的地理位置（经纬度、坐标线）、主要居民点位置（城镇、乡村所在地）、地形地貌的特征等。

2）一般地质现象，包括各种不同地质年代的地层种类、岩性、产状、分布规律及地层界线、各种地质构造类型等。

3）特殊的地质现象，包括崩塌、滑坡、泥石流、喀斯特、泉和重要的蚀变现象等。

2. 剖面图

在平面图上选择一至数条有代表性方向的图切剖面，以表示岩层、褶皱、断层的空间形态及产状和地貌特征。

3. 柱状图

柱状图主要综合反映一个地区各地质年代的地层特征、厚度、岩性变化及接触关系等。

4. 图例

图例主要说明地质图中所用线条符号和颜色的含义，按沉积地层层序、岩浆岩、地质构造及其他地质现象顺序排列。

5. 比例尺

比例尺的大小反映了图的精度。比例尺越大，图的精度越高，对地质条件的反映也越详细、越准确。一般地质图比例尺的大小是由工程的类型、规模、设计阶段和地质条件的复杂程度确定的。按工作的详细程度或工作阶段的不同，地质图可分为大比例尺[（1∶1000）～（1∶25 000）]地质图、中比例尺（1∶50 000～1∶100 000）地质图和小比例尺（1∶200 000～1∶1 000 000）地质图。工程建设地区的地质图一般是大比例尺地质图。

6. 责任栏

责任栏说明地质图的编制单位、编审人员、成图日期等。

3.5.2 地质情况在地质图上的表现

地质图所反映的地质内容如地层岩性、岩层产状、岩层接触关系、褶皱、断层及其他地质现象等是通过不同的线条符号和色彩表示在一幅相应比例尺的地形底图上的。现将主要的几种地质条件在图上的表示方法简述如下。

1. 水平构造

水平构造的地层界线与地形等高线平行或重合，呈封闭的曲线，如图 3.13 所示。

2. 直立构造

直立构造的地层界线不受地形的影响，呈直线沿岩层的走向延伸，并与地形等高线直交。

3. 单斜构造

单斜构造的地层界线与地形等高线斜交，呈"V"字形弯曲的曲线状，见图 3.14。地层界线的弯曲程度与岩层倾角和地形起伏有关，

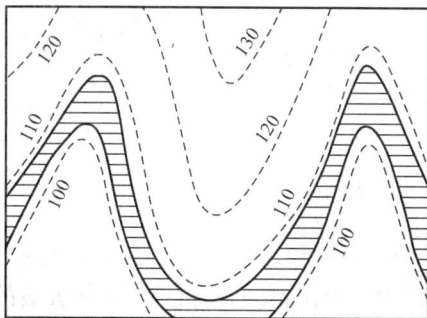

图 3.13 水平岩层在地质图上的表现

一般岩层倾角越小，"V"字形越紧闭；倾角越大，"V"字形越开阔。按岩层产状与地形的关系，则有以下几条规律，称为"V"字形法则。

1）岩层倾向与地形坡向相反时，地层界线的弯曲方向（即"V"字形的尖端，下同）和地形等高线的弯曲方向相同，但地层界线的弯曲度比地形等高线的弯曲度小[图 3.14（a）]。

2）岩层倾向与地形坡向相同且岩层倾角大于地面坡度时，地层分界线的弯曲方向和地形等高线的弯曲方向相反［图 3.14（b）］。

3）岩层倾向与地形坡向相同而岩层倾角小于地面坡度时，地层分界线的弯曲方向和地形等高线的弯曲方向相同，但地层界线的弯曲度比地形等高线的弯曲度大［图 3.14（c）］。

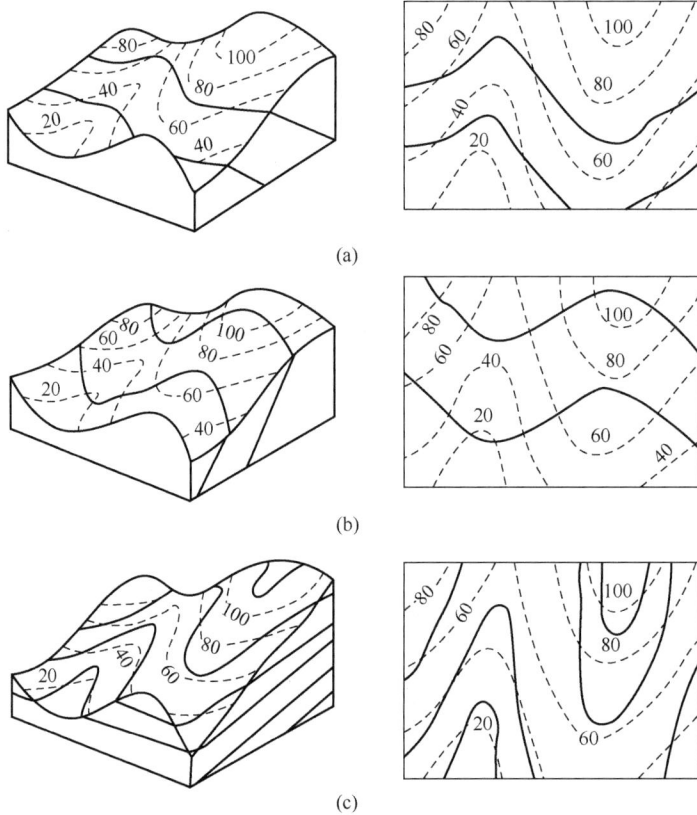

图 3.14　倾斜岩层在地质图上的表现

4. 褶曲

褶曲在地质图上主要通过地层的分布规律、年代新老关系和岩层产状综合表示出来。为了突出褶皱轴部的位置及褶皱的形态类型，常在褶皱核部地层的中央用下列符号加重表示："━┿━"表示背斜；"━┿━"表示向斜。

5. 断层

断层在地质图上也是通过地层分布的规律和特征，结合规定的符号来表示的。在断层出露的位置用下列红线符号加重表示断层的性质和类型。

"╥╥▼╥╥"代表正断层，其中长线表示断层出露位置和断层线延伸的方向，带箭头的短线表示断层面倾向，数字为断层面倾角，不带箭头的短线所在的一侧为断层的下降盘。

"┬┴┬" 代表逆断层，其中不带箭头的双短线所在的一侧为断层的下降盘，其他符号含义同上。

"⇌" 代表平移断层，其中箭头表示两盘相对滑动的方向，其他符号含义同上。

6. 地层接触关系

1）整合接触：在地质图上表现为两套地层的界线大体平行，较新地层只与一个较老地层相邻接触，而且地层年代连续，用实线表示为"————"。

2）平行不整合接触：在地质图上表现为两套地层的界线大体平行，较新地层也只与一个较老地层相邻接触，但地层年代不连续。用虚线表示为"— — —"。

3）角度不整合接触：在地质图上表现为两套地层的界线不平行，呈角度交截，一种较新地层同多种较老地层相邻接触，产状不同，地层年代不连续，用波浪线"～～～～～"表示。

4）沉积接触：在地质图上表现为岩浆岩的界线被沉积岩界线截断。

5）侵入接触：在地质图上表现为沉积岩的界线被岩浆岩界线截断。

3.5.3　地质图的阅读分析

掌握了上述地质图的基本知识后，即可进行地质图的阅读和分析，了解工程建筑地区的区域地层岩性分布和地质构造特征，分析其有利与不利的地质条件，这对建筑物的设计具有很重要的实际意义。

1. 阅读地质图的方法步骤

1）先看图和比例尺，以了解地质图所表示的内容、图幅的位置、地点范围及其精度。如图中比例尺是 1∶5000 时，图上 1cm 相当于实地距离 50m。

2）阅读图例，了解图中有哪些地质时代的岩层及岩层的新老关系，并熟悉图例的颜色及符号；在附有地层柱状图时，可与图例配合阅读，综合地层柱状图较完整、清楚地表示地层的新老次序、分布程度、岩性特征及接触关系。

3）分析地形地貌，了解本区的地形起伏、相对高差、山川形势、地貌特征等。

4）阅读地层的分布、产状及其与地形的关系，分析不同地质年代的分布规律、岩性特征及新老接触关系，了解区域地层的基本特点。

5）阅读地质构造，了解图上有无褶皱以及褶皱类型、轴部、翼部的位置，了解有无断层以及断层性质、分布及断层两侧地层的特征，分析本地区地质构造形态的基本特征。

6）综合分析各种地质现象之间的关系、规律性及其地质发展简史。

7）在上述阅读分析的基础上，对图幅范围内的区域地层岩性条件和地质构造特征，结合工程建设的要求进行初步分析评价。

2. 宁陆河地区地质图的阅读分析

如图 3.15 和图 3.16，根据上述读图步骤，现以宁陆河地区地质图为例分析读图。

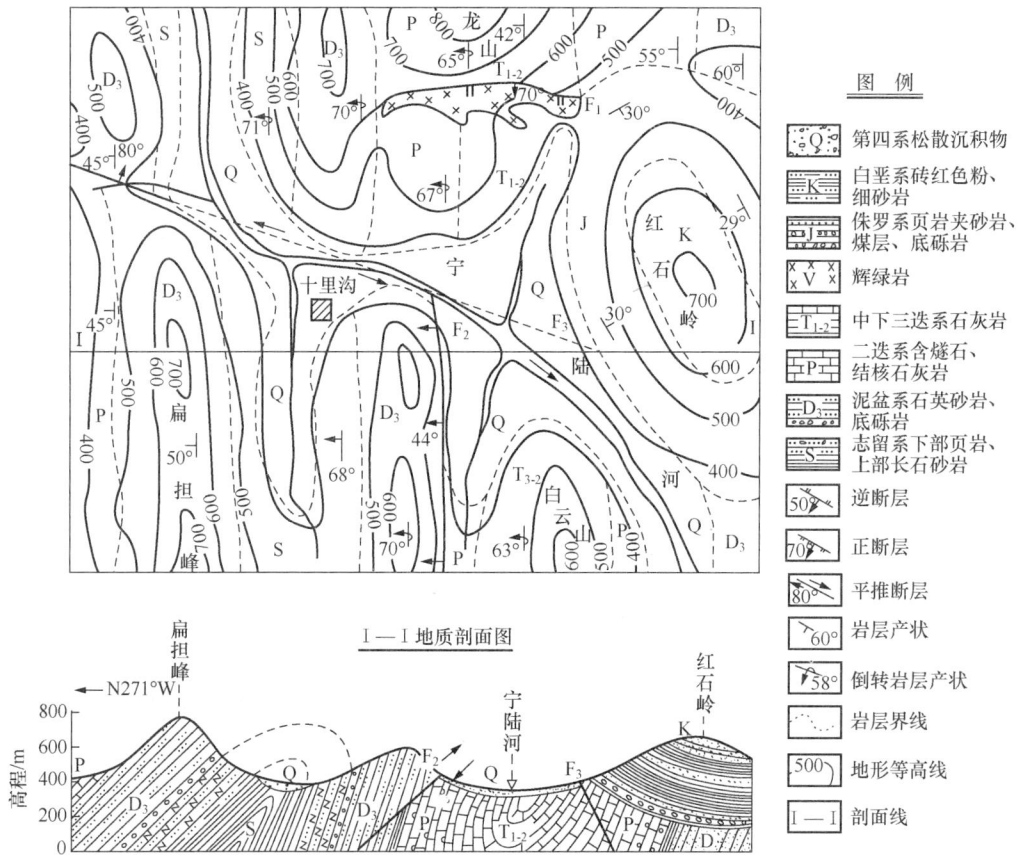

图 3.15　宁陆河地区地质图

（1）比例尺

该地质图比例尺为 1 : 25 000，即图上 1cm 相当于实际距离 250m。

（2）地形地貌

本区东部为红石岭，西南为扁担峰，高程均在 700m 以上；图幅北部为二龙山，南部为白云山，中部地势较低，宁陆河自西北流向东南，全区最高点的二龙山（高程 800m 多）与最低点的河谷（高程 300m 多）最大相对高差约 500m。区内地形明显受地层、构造、岩性的控制，山脉延伸与地层走向一致，大体作南北向延伸。石灰岩、石英砂岩及白垩纪细砂岩常形成高山，宁陆河沿断层带发育。

（3）地层岩性

本区出露地层包括志留系（S）、泥盆系上统（D_3）、二叠系（P）、中下三叠系（T_{1-2}）、侏罗系（J）、白垩系（K）及第四系（Q）。其中泥盆系主要分布在西部扁担峰一带，侏罗系与白垩系分布在东部红石岭周围，第四系主要沿河谷发育。

区内泥盆系上统与志留系地层产状一致，但其间缺失泥盆系下中统沉积，且在泥盆系上统底部有底砾岩存在，二者呈假整合接触。二叠系与泥盆系之间缺失石炭系地层，二者也为假整合接触。图上侏罗系与下伏 D_3、T_{1-2}、P 三个时代地层相接触，故

地层单位				代号	层序	柱状图 (1:25000)	厚度/m	地质描述及化石	备注
界	系	统	阶						
新生界	第四系			Q	7		0~30	松散沉积层	
								角度不整合	
							111	砖红色粉砂岩、细砂岩，钙质和泥质胶结，较疏松	
中生界	白垩系			K	6		370	整合	
								浅黄色页岩夹砂岩，底部有一层砾岩，靠下部有一层厚达50m的煤层	
	侏罗系			J	5			角度不整合	
	三叠系	中下统		T$_{1-2}$	4		400	浇灰色质纯石灰岩，夹有泥夹岩及鲕状灰岩	
古生界	二叠系			P	3		520	整合	
								黑色含燧石结核石灰岩，底部有页岩、砂岩夹层，有珊瑚化石	
								顺张性断裂辉绿岩呈岩墙侵入，围岩中石灰岩有大理岩化现象	
	泥盆系	上统		D$_3$	2		400	平行不整合	
								底砾岩厚度2m左右，上部为灰白色、致密坚硬石英岩，有古鳞木化石	
	志留系			S	1		450	平行不整合	
								下部为黄绿色及紫红色页岩，可见笔石类化石，上部为长石砂岩，有王冠虫化石	
审查				校核			制图	描图	日期	图号

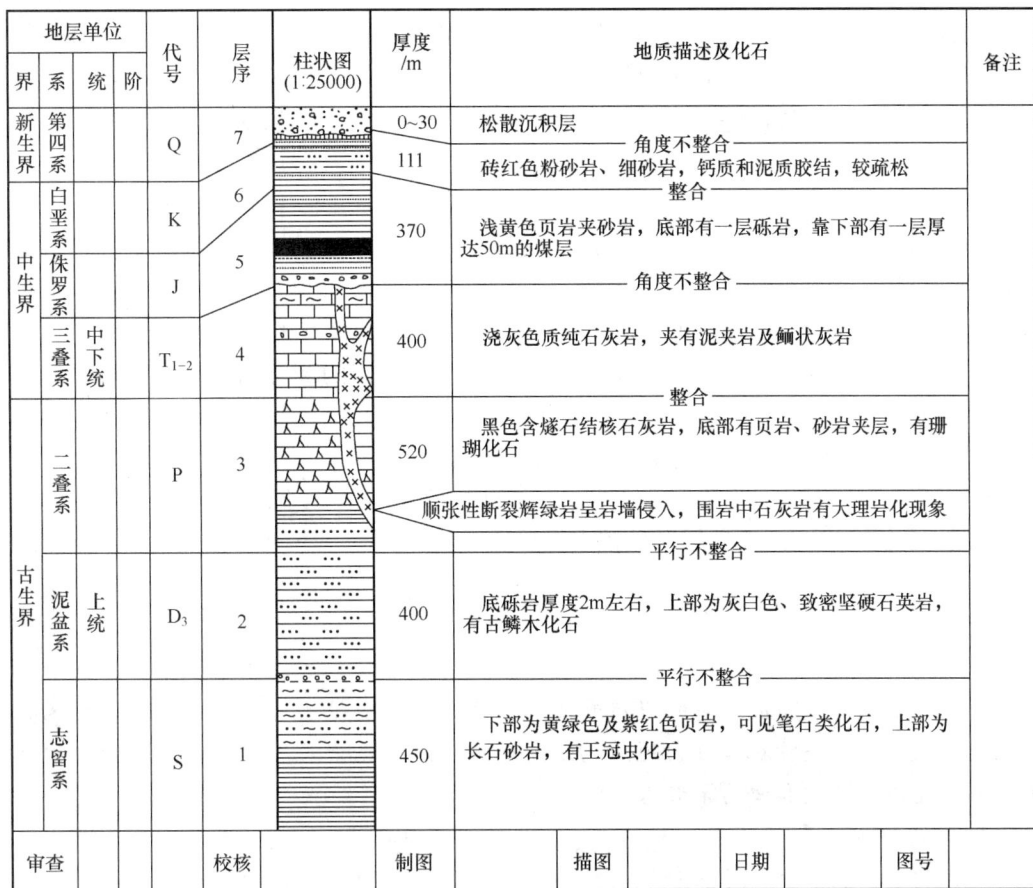

图 3.16 宁陆河地区综合地层柱状图

为不整合接触，第四系与下伏地层也为不整合接触。其余地层均为整合接触。

北部出露的辉绿岩体因受 F_1 断层控制，大体作东西向延伸，侵入于 P 与 T_{1-2} 石灰岩中，而伏于侏罗系之下，故其侵入时代应在三叠纪以后、侏罗纪之前。

（4）地质构造

1）褶皱构造。十里沟至扁担峰一带为一倒转背斜，大致作南北向延伸，轴部出露地层为志留系页岩及长石砂岩，两翼由上泥盆系及二叠系石英砂岩、石灰岩组成。两翼地层对称分布，均向西倾，西翼倾角约45°；东翼倒转，倾角较陡（约70°）。

图幅东南部为白云山倒转向斜，轴向接近南北，轴部由中下三叠系石灰岩组成，两翼为二叠系、上泥盆系地层组成。西翼倒转，倾角稍陡；东翼倾角较缓。

上述倒转向斜之东为红石岭向斜，大体呈西北—东南向延伸，两翼相向倾斜，倾角约30°，为一直立向斜褶曲，由侏罗系、白垩系地层组成。

2）断裂构造。本区较大断层有三条，其中 F_1 断层大致呈东西向延伸，断层面倾向为南，倾角约70°，沿断层有辉绿岩体侵入，断层南盘（上盘）相对下降，北盘（下盘）相对上升，故为一正断层。

F_2 断层大致呈南北向延伸，断层面倾向为西，倾角 $44°$，由断层两盘出露地层时代可以看出，西盘属上升盘，东盘属下降盘，故断层为一逆断层，该断层与倒转背斜轴向基本一致，由于断层影响，下盘地层明显变窄。

F_3 断层大体呈北西—南东向延伸，断层倾角近于直角。又从断层两侧志留系与上泥盆系地层界线可以看出，东北盘地层界线明显向西错动，故为一平移断层。

（5）地质发展简史

本区地质发展历史的分析如下：从区内地层、岩性、地层接触关系及地质构造等地质特征分析，本区经受多次构造运动，其中以发生在 T_{1-2} 之后、J 之前的一次构造运动规模最大（相当于印支运动），使全区褶皱隆起，升出海面。由于受构造运动所产生的水平挤压力的影响，褶皱形态较为复杂，形成了一系列的倒转褶曲及断层，并沿断层有岩浆侵入活动。

从 D_3 与 S 之间、P 与 D_3 之间存在的假整合接触关系来看，本区这个时期地壳运动主要表现为升降运动；T 末期地壳又复下降，沉积了 J 与 K 陆相沉积；K 之后本区受构造运动的影响，J、K 地层形成较为舒缓的褶皱。

小　结

由地壳运动导致组成地壳的岩层或岩体发生变形或变位的现象，以及残留于地壳中的空间展布和形态特征，称为地质构造。地质构造包括岩层的倾斜构造、褶皱构造和断裂构造以及隆起和凹陷等形态。

1. 地壳运动

地壳运动控制着地表海陆分布的轮廓，影响着各种地质作用的发生和发展，同时改变着岩层的原始产状和地层的接触关系，并形成了各种各样的构造形态。岩层的构造变动和构造形态都是地壳运动的结果，从这个意义上讲，地壳运动又称为地质构造运动或地质构造变动。地震是地壳的一种快速运动，由于它具有独特的性质，一般不把它归并到地壳运动中，而是单独研究。

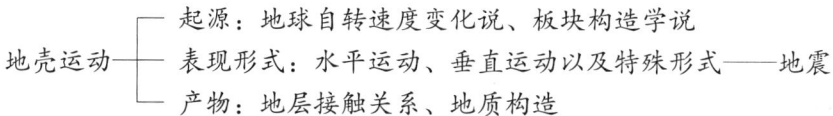

地壳运动 ┬ 起源：地球自转速度变化说、板块构造学说
　　　　 ├ 表现形式：水平运动、垂直运动以及特殊形式——地震
　　　　 └ 产物：地层接触关系、地质构造

2. 地质构造

地质构造是最重要的工程地质条件之一，它对地层岩性也有很大影响。

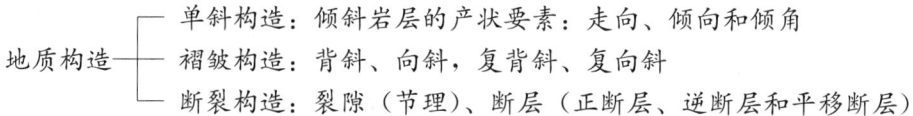

地质构造 ┬ 单斜构造：倾斜岩层的产状要素：走向、倾向和倾角
　　　　 ├ 褶皱构造：背斜、向斜、复背斜、复向斜
　　　　 └ 断裂构造：裂隙（节理）、断层（正断层、逆断层和平移断层）

倾斜构造往往是褶皱和断裂构造的一部分，因此野外观测倾斜岩层的产状及其出露分布特征是研究地质构造的基础。

野外识别褶皱构造的地层依据是岩层呈有规律地对称重复出现，识别断层的地层依据是岩层中断、重复和缺失。

3. 地质图

地质图是反映各种地质现象及地质条件的图件。在工程建设中常需沿建筑物轴线绘制地质剖面图,以了解地下的地层岩性和地质构造条件。

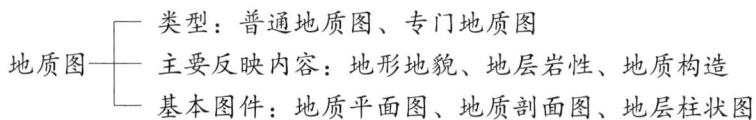

地质图 ┬ 类型:普通地质图、专门地质图
　　　　├ 主要反映内容:地形地貌、地层岩性、地质构造
　　　　└ 基本图件:地质平面图、地质剖面图、地层柱状图

思 考 题

1. 什么是地质构造?

2. 什么叫岩层的产状要素?请绘图并详述。

3. 什么是褶皱构造?什么是褶曲?试绘图说明褶曲的基本类型、形态分类及其特征。在野外怎样识别褶皱构造?

4. 褶皱与断层形成的地表地层重复出露现象有何区别?

5. 怎样在野外识别张节理与剪节理?

6. 什么是断层?试绘图说明断层的基本类型及其组合形式的特征。在野外怎样识别断层?为什么重要的建筑物都要避开断层破碎带?

7. 什么叫地质图?地质图有哪些主要类型?怎样阅读地质图?

8. 如何在地质图上区分向斜构造与背斜构造?

9. 为什么说在地质图上老的岩层包着新的岩层就是向斜构造,反之是背斜构造?

10. 如何鉴别地质图上的曲线是断层线还是层面?

11. 如何在地质图上确定断层的类型?

12. 各种岩层的接触关系在平面图上是如何反映的?

任 务 ④

认 识 地 貌

学习目标与要求 ☞

1. 了解地貌的形成、发展、分类、分级。
2. 掌握山岭地貌、平原地貌、河谷地貌特征。

任务重点 ☞

地貌的分类；山岭地貌、平原地貌、河谷地貌特征。

任务难点 ☞

山岭地貌、平原地貌、河谷地貌特征。

地貌与工程的建设及运营有着密切的关系。许多工程建筑常穿越不同的地貌单元，地貌条件是评价工程地质条件的重要内容之一。各种不同的地貌都关系到工程勘测设计、位置选择的技术经济问题和养护工程等。为了处理好工程建筑与地貌条件之间的关系，就必须学习和掌握一定的山岭地貌、平原地貌、河谷地貌知识。

4.1　地貌概述

4.1.1　地貌

地貌是指在内、外地质应力作用下形成的地球表面各种形态外貌的总称。地貌形态大小不等、千姿万态、成因复杂。总的来说，地貌形态是内外地质应力相互作用的结果，大如大陆、洋盆、山岳、平原，其形成主要与地球内力地质作用有关；小如冲沟、洪积扇、溶洞和岩溶漏斗，主要由外力地质作用塑造而成。现代地表上不同规模、不同成因的地貌处于不同发展阶段，且按不同规律分布于不同地段，使大地呈现一幅极其复杂的"镶嵌"图案。

地貌学是研究地表各种起伏形态的形成、发展和空间分布规律的科学。地貌学的研究是不平衡的，一般说来，陆地地貌（包括沿岸地带）要比海洋地貌研究程度高，外应力地貌要比内应力地貌研究详细，应用地貌则正在兴起。

4.1.2　地貌类型

1. 地貌的形态分类

地球的表面是高低不平的，而且差距较大，总的来说可划分为大陆和海洋两部分。大陆的平均海拔为 800m 以上，按高程和起伏状况，大陆表面可分为山地（33%）、丘陵（10%）、平原（12%）、高原（26%）和盆地（19%）等地貌形态（表 4.1）。

表 4.1　大陆地貌的形态分类

形态类型		绝对高度/m	相对高度/m	平均坡度/(°)	举　例
山地	高山	>3500	>1000	>25	喜马拉雅山
	中山	1000~3500	500~1000	10~25	庐山、大别山
	低山	500~1000	200~500	5~10	川东平行岭谷
	丘陵	<500	<200		闽东沿海丘陵
平原	高原	>600	>200		青藏、内蒙、黄土、云贵高原
	高平原	>200			成都平原
	低平原	0~200			东北、华北、长江中下游
	洼地	<海平面高度			吐鲁番盆地

海洋表面的高低错落大大超过陆地。按高程和起伏状况可将海底分为大陆架、大陆坡、大陆基、大洋盆地、洋中脊等。

（1）大陆边缘

大陆边缘是大陆与大洋的过渡地带，在地质上直接与大陆相连接，具有陆壳或接近陆壳的特征，它包括大陆架、大陆坡、大陆基。

1）大陆架：指紧邻大陆的浅海海底。其地势平坦，坡度小于0.1°；水深一般不超过200m，平均133m；平均宽度74km。

2）大陆坡：指位于大陆架外缘的倾斜部分。其平均坡度4.3°，最大坡度达20°以上；宽度为20～90km不等，平均28km；基部水深为1400～3200m。在许多地方大陆坡被两侧陡峭、高差很大的凹槽横切。

3）大陆基：指由大陆坡基部至大洋盆地之间的平坦地带。其坡度很缓，小于1/400；宽度不等，最大可达1000km。

（2）大洋盆地

大洋盆地是海洋深部的宽阔洋底，位于大陆基或海沟与大洋脊之间，约占海洋面积的45%，为海洋的主体。水深一般为4000～5000m，平均为3700m。大洋盆地中的平坦部分称为深海平原。此外，大洋盆地中还可见到深海丘陵、孤立海山和海峰。

（3）洋中脊

洋中脊又称洋脊或中央海岭，是大洋底部呈线状分布的隆起地带。其一般位于大洋中间，由火山岩组成，是火山上涌的通道。

2. 地貌的成因分类

按地貌形成的地质作用因素可将地貌划分为内力地貌和外力地貌两大类。再根据内、外力地质作用中的不同性质进一步将两大类地貌分为若干类型。

（1）内力地貌

1）构造地貌。构造地貌是由地壳的构造运动所造成的地貌，其形态能充分反映原来的地质构造形态。如高地常见于构造隆起和以升运动为主的地区，盆地则常见于构造凹陷和以下降运动为主的地区。褶皱构造山、断层断块山等皆为构造地貌。

2）火山地貌。由火山喷发出来的熔岩和碎屑物质堆积所形成的地貌为火山地貌，如熔岩盖、火山锥等。

（2）外力地貌

以外力作用为主形成的地貌为外力地貌（图4.1）。

图4.1 垂直节理风化形成的地貌

根据外力的不同，外力地貌又分为以下几种类型：

1）水成地貌。水成地貌以水的作用为地貌形成和发展的基本因素。水成地貌又可分为面状洗刷地貌、线状冲刷地貌、河流地貌、湖泊地貌与海洋地貌等。

2）冰川地貌。冰川地貌以冰雪的作用为地貌形成和发展的基本因素。冰川地貌可分为冰川剥蚀地貌与冰川堆积地貌，前者如冰斗、冰川槽谷等，后者如侧碛、终碛等。

3）风成地貌。风成地貌以风的作用为地貌形成和发展的基本因素。风成地貌又可分为风蚀地貌与风积地貌，前者如风蚀洼地、蘑菇石等，后者如新月形沙丘、沙垄等。

4）岩溶地貌。岩溶地貌以地表水与地下水的溶蚀作用为地貌形成和发展的基本因素。岩溶地貌所形成的地貌如溶沟、石芽、溶洞、峰林、地下暗河等。

5）重力地貌。重力地貌以重力作用为地貌形成和发展的基本因素。重力地貌所形成的地貌如崩塌、滑坡等。

此外，还有黄土地貌、冻土地貌等。

4.2 山岭地貌

4.2.1 山岭地貌的形态要素

山岭地貌具有山顶、山坡、山脚等明显的形态要素。

山顶是山岭地貌的最高部分，山顶呈长条形延伸时称山脊。山脊标高较低的鞍部，即相连的两山顶之间较低的部分称为垭口。

山坡是山岭地貌的重要组成部分。在山岭地区，山坡分布的面积最广。山坡的形状有直线形、凹形、凸形以及复合形等多种。

山脚是山坡与周围平地的交接处。

4.2.2 山岭地貌的类型

山岭地貌可以按形态或成因分类。按形态分类一般是根据山地的海拔高度、相对高度和坡度等特点进行划分；按地貌成因可以将山岭地貌划分为以下几种类型。

1. 构造变动形成的山岭

（1）平顶山

平顶山是由水平岩层构成的一种山岭，多分布在顶部岩层坚硬和下卧层软弱的软硬互层发育地区，在侵蚀、溶蚀和重力崩塌作用下使四周形成陡崖或深谷，由于顶面硬岩抗风化能力强而兀立如桌面。

（2）单面山

单面山是由单斜岩层构成的沿岩层走向延伸的一种山岭。与岩层倾向相反的一坡短而陡，称为前坡；与岩层倾向一致的一坡长而缓，称为后坡。单面山的发育主要受构造和岩性控制。

（3）褶皱构造山

褶皱构造山是岩层受构造作用发生褶皱而形成的山。根据褶皱构造形态及褶皱山

图 4.2　背斜山

发育的部位不同，褶皱构造山又可分为背斜山（图 4.2）和向斜山。

（4）断层断块山

断层断块山是因断层使岩层发生错断并相对抬升而形成的山。断层断块山垂直位移愈大，山势也就越陡，如陕西境内的秦岭就是典型的断层断块山。

（5）褶皱断块山

褶皱断块山是由褶皱与断层两种作用组合而形成的山地。褶皱断块山其基本地貌特征由断层形式决定，具有高大而明显的外貌。

2. 火山作用形成的山岭

由火山喷发出来的熔岩和碎屑物质堆积所形成的山岭，常见的有锥形火山与盾形火山。锥形火山是多次火山活动造成的，其熔岩黏性较大、流动性小，冷却后便在火山口附近堆积，形成坡度较大的锥形外貌。盾形火山是由黏性较小、流动性大的熔岩冷却形成，故其外形呈基部较大、坡度较小的盾形。

3. 剥蚀作用形成的山岭

这种山岭是在山体地质构造的基础上经过长期外力剥蚀作用所形成的。如地表流水侵蚀作用形成的河间分水岭，冰川剥蚀作用形成的刃脊、角峰、冰斗，地下水溶蚀作用形成的峰林等。由于此类山岭的形成是以外力剥蚀作用为主，山体的构造形态对地貌形成的影响已退居不明显地位，此类山岭的形态特征主要取决于山体的岩性、外力的性质及剥蚀作用的强度和规模。

4.2.3　垭口和山坡

1. 垭口

垭口是指相连的两山顶之间较低的部分。从地质作用看，可以将垭口分为以下三种基本类型。

（1）构造型垭口

主要由构造破碎带或软弱岩层经过外力剥蚀形成。常见的有断层破碎带型垭口、背斜张裂带型垭口、单斜软弱层型垭口三种。

（2）剥蚀型垭口

主要以外力强烈剥蚀为主所形成的垭口，其特点是松散覆盖层很薄，基岩多半裸露。

（3）剥蚀——堆积型垭口

主要是在山体地质结构的基础上以剥蚀和堆积作用为主导因素所形成的垭口。这

类垭口外形浑缓，垭口宽厚，松散覆盖层较厚。

2. 山坡

山坡是山岭地貌形态的基本要素之一，山坡的外部形态特征包括山坡的高度、坡度和纵向轮廓等。根据山坡的纵向轮廓和山坡的坡度将山坡分为以下几种类型。

1）按山坡的纵向轮廓分为直线形坡、凸形坡、凹形坡、阶梯形坡。

2）按山坡的纵向坡度分为微坡（小于 15°）、缓坡（16°～30°）、陡坡（31°～70°）、垂直坡（大于 70°）。

4.3　平　原　地　貌

平原地貌是在地壳升降运动微弱或长期稳定的前提下经过风化剥蚀夷平或岩石风化碎屑经过搬运而在低洼地面堆积所形成的。其特点是地势平坦开阔，地形起伏不大。平原按高程分为高原、高平原、低平原和洼地，按成因平原分为构造平原、剥蚀平原和堆积平原。

1. 构造平原

构造平原是由地壳构造运动形成，其特点是微弱起伏的地形面与岩层面一致，堆积物厚度不大。构造平原地下水一般埋藏较浅，在干旱或半干旱地区若排水不畅，易形成盐渍化，在多雨的冰冻地区则易造成道路的冻胀和翻浆。

2. 剥蚀平原

剥蚀平原是在地壳上升微弱、地表岩层高差不大的条件下经过外力的长期剥蚀夷平所形成的。其特点是地形面与岩层面不一致，上覆堆积物常常很薄，基岩常裸露于地表，只是在低洼地段有时才覆盖有厚度稍大的残积物、坡积物、洪积物等。剥蚀平原工程地质条件一般较好。

3. 堆积平原

堆积平原是在地壳缓慢而稳定下降的条件下经过各种外力作用的堆积填平所形成的。其特点地形开阔平缓，起伏不大，往往分布有很厚的松散堆积物。按外力作用的性质不同又可分为山前洪积冲积平原、河流冲积平原、三角洲平原、湖积平原、冰积平原和风积平原。

4.4　河　谷　地　貌

4.4.1　河谷地貌的形态要素

河流是沿着槽形凹地经常性或周期性的流水。河流所流经的槽状地形称为河谷，它是在流域地质构造的基础上经过河流的长期侵蚀、搬运及堆积作用逐渐形成和发展起来的一种地貌。路线沿河流布设，具有线形舒顺、纵坡平缓、工程量小等优点，所以河谷通常是山区公路争取利用的一种好的地貌类型。

受基岩性质、地质构造和河流地质作用等因素的控制，河谷的形态是多种多样的。在平原地区，由于水流缓慢，多以沉积作用为主，河谷纵横断面均较平缓，河流在其自身沉积的松散沉积层上发育曲流和岔道，河谷形态与基岩性质、地质构造等关系不大；在山区，由于复杂的地质构造和软硬岩石性质的影响，河谷形态不单纯由水流状态和泥沙因素所控制，地质因素起着更重要的作用，因此河谷纵横断面比较复杂，具有波状与阶梯状的特点。

典型的河谷地貌一般都具有如图 4.3 所示的几个形态部分。

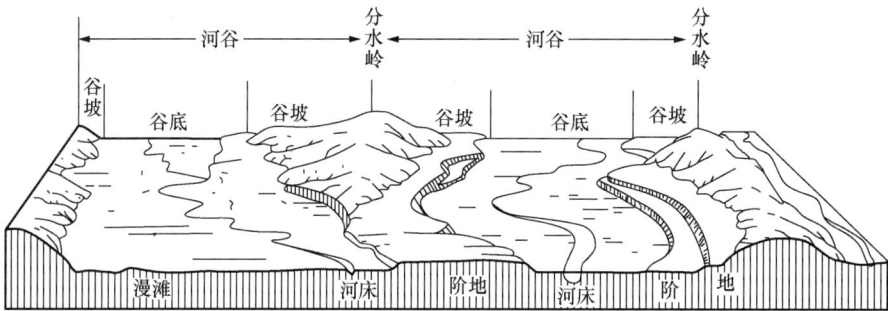

图 4.3　河谷要素

1. 谷底

谷底是河谷地貌的最低部分，地势一般比较平坦，包括河床及河漫滩。河床是指平水期流水占据的谷底，或称河槽；河漫滩是河床两侧只有在洪水时才能淹没的谷底部分，枯水时则露出水面。

2. 谷坡

谷坡是河谷两侧的岸坡，谷坡上部常年洪水不能淹没并具有陡坎的沿河平台叫阶地，但并不是所有的河段均有阶地。

3. 阶地

阶地是指超出洪水位、有台面和陡坎的呈阶梯状分布于河谷两侧谷坡上的地貌形态（图 4.4）。

阶地的平台面叫阶地面，陡坎叫阶地斜坡，阶地前边部分叫阶地前缘，后边部分叫阶地后缘，阶地面与河流平水位之间的垂直距称为阶地高度。一般河谷中常出现多级阶地，从高于河漫滩或河床算起，向上依次称为一级阶地、二级阶地……一级阶地形成的时代最晚，一般保存较好，越老的阶地形态相对保存越差。

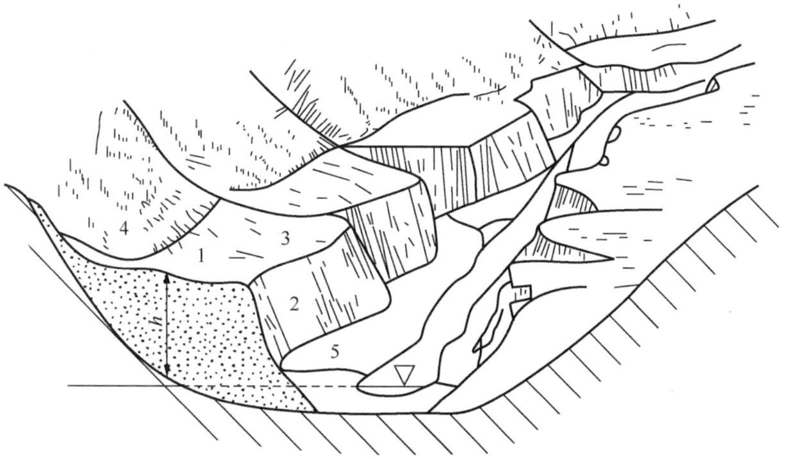

图 4.4 阶地形态要素示意图
1. 阶地面；2. 阶地斜坡；3. 前缘；4. 后缘；5. 坡脚

4.4.2 河谷地貌的类型

1. 按发展阶段分类

河谷的形态多种多样，按其发展阶段可分为未成形河谷、河漫滩河谷和成形河谷三种类型。

（1）未成形河谷

在山区河谷发育的初期，由于地壳的迅速上升，河流深切侵蚀作用剧烈，大多形成狭窄的"V"形河谷。"V"形河谷谷坡陡峭，河流纵剖面陡而倾斜，起伏不匀，谷底几乎全被河床所占据。

（2）河漫滩河谷

河流进入壮年期后，水流均匀而平静，基本上无急流瀑布，河流纵剖面上的明显起伏也已消失。随着河流侧蚀作用的加强，河谷逐渐拓宽，谷坡平缓，山脊浑圆，地势起伏缓和，由原来的坡峰深谷演变为低丘宽谷。

（3）成形河谷

河流发展到老年阶段后，地质作用以侧向侵蚀作用和堆积作用为主，下蚀作用已很微弱，河水流速缓慢，堆积作用旺盛，形成宽广的河漫滩，使河床深度逐渐淤浅，滩上湖泊、沼泽密布，汊河发育，河流在自身的堆积物上迂回摆动，形成河曲。

2. 按公路工程角度分类

（1）宽谷与峡谷

山区河流常是宽谷与峡谷交替分布。在岩石性质比较坚硬的河段常形成峡谷，峡谷的横断面明显呈"V"形，谷坡陡峭，谷内的河漫滩和阶地均不发育；在岩石性质比较软弱的河段，则常形成开阔的宽谷，其横断面为梯形，谷内有河漫滩或阶地分布。

横穿背斜或地垒等构造的河流也常形成峡谷，如四川省北碚附近的嘉陵江河段，横切三个背斜形成了著名的"小三峡"。反之，横穿向斜和地堑等构造的河流就常形成宽谷。

在地壳上升强烈地区，河流的下蚀作用强烈，也常常形成峡谷。举世闻名的长江三峡地区，其上升的幅度和速度都比其上、下游地区大得多。

（2）对称谷与不对称谷

流经块状岩层和厚层状岩层地区的河流，由于岩层岩性比较均一，河流侧向侵蚀的差异性小，形成两岸谷坡坡角大致相等的对称河谷，特别是在直流段。如果河谷两侧岩层较薄，岩性软硬不一，则河谷易向软弱岩层一岸冲刷，从而形成一岸边陡、另一岸坡缓的不对称河谷。

顺着直立向斜和背斜轴部以及地堑等发育的河流，由于具有大体对称的地质构造条件，相应形成的向斜谷、背斜谷和地堑谷常是对称河谷；反之，则多为不对称河谷，如河流沿着断层或单斜构造岩层的走向发育时，相应形成了断层谷和单斜谷。断层谷下降盘一侧常形成缓坡，上升盘一侧形成陡坡；单斜谷一般顺岩层倾向的一侧形成缓坡，反岩层倾向的一侧形成陡坡，使河谷形态不对称。长江在四川省东部的不对称河谷主要是由单斜构造形成的。

另外，在层状岩层地区，根据河谷延伸方向与构造线走向的关系，可将河谷划分为纵向谷、横向谷和斜向谷三种。图4.5中所示各类河谷因与构造线方向一致，均属纵向谷。纵、横、斜三类河谷，结合岩石性质和地质构造条件，便组合成了各种具有不同地质结构类型的河谷，从而具有不同的工程地质特征，对公路工程有着不同的影响。

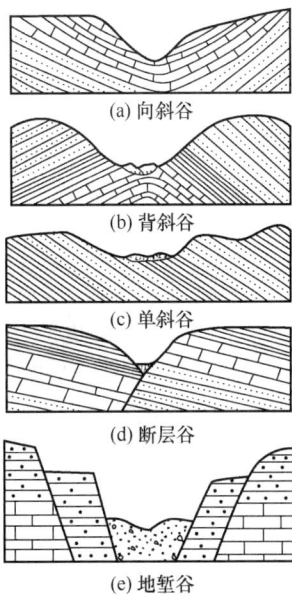

图4.5 河谷发育与地质构造的关系

4.4.3 河流阶地

1. 阶地的成因

河流阶地是在地壳的构造运动与河流的侵蚀、堆积作用的综合作用下形成的。基本上经历了两个阶段，首先是在一个相当稳定的大地构造环境下，河流以侧蚀作用和堆积作用为主，形成宽阔的河谷；然后地壳上升，河流下切，又经过了一段相对稳定阶段而形成了阶地面。由此反复作用，便形成了数级阶地，一般地壳上升越强烈的地区阶地也越高。

2. 阶地的类型

根据成因和阶地组成物质的不同，可以把阶地分为侵蚀阶地、基座阶地和堆积阶地三种类型（图4.6）。

（1）侵蚀阶地

阶地表面由河流侵蚀而成，表面只有很少的冲积物，

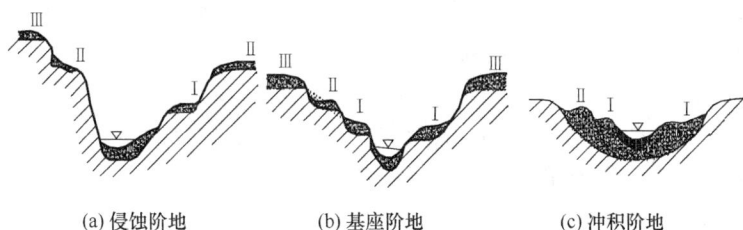

(a) 侵蚀阶地   (b) 基座阶地   (c) 冲积阶地

图 4.6   河流阶地主要类型

主要由被侵蚀的岩石构成。侵蚀阶地多位于山区，是由于地壳上升很快、河流下切极强造成的。

（2）基座阶地

阶地表面有较厚的冲积层，但地壳上升、河流下切较深，以致切透了冲积层，切入了下部基岩以内一定深度。从阶地斜坡上明显地看出，阶地由上部冲积层和下部基岩两部分构成。

（3）冲积阶地

整个阶地在阶地斜坡上出露的部分均由冲积层构成，表明该地区冲积层很厚，地壳上升引起的河流下切未能把冲积层切透。根据下蚀深度不同，堆积阶地又可分为上迭阶地和内迭阶地，内迭阶地套置在先成的阶地之内。

由于阶地是由老的河漫滩形成的，它应由黏性土、砂、卵石等冲积层组成。就侵蚀阶地而言，在基岩表面上也应或多或少地保留冲积物。因此，冲积物是阶地物质组成中最重要的物质特征。

小   结

本任务阐述了地貌的形成、发展、分类、分级及山岭地貌、平原地貌、河谷地貌特征。

1. 地貌

地貌是指在各种地质应力作用下形成的地球表面各种形态外貌的总称。地貌形态大小不等、千姿万态、成因复杂。总的来说，地貌形态是内外地质应力相互作用的结果。地貌按形态分为大陆地貌（山地、丘陵、平原、高原、盆地）和海洋地貌（大洋盆地、海岭、海沟、大陆架、大陆坡）；按成因分为内力地貌（如构造地貌中的褶皱构造山、断层断块山和火山地貌中的熔岩盖、火山锥等）和外力地貌（如水成地貌、冰川地貌、风成地貌、岩溶地貌、重力地貌、黄土地貌、冻土地貌等）。

2. 山岭地貌

山岭地貌具有山顶、山坡、山脚等明显的形态要素。山岭地貌可以按形态或成因分类。按形态分类一般是根据山地的海拔高度、相对高度和坡度等特点进行划分。根据地貌成因可以将山岭地貌划分为构造变动形成的山岭（如平顶山、单面山、褶皱构造山、断层断块山、褶皱断块山）、火山作用形成的山岭、剥蚀作用形成的山岭。从地质作用看，可以将垭口分为构造型垭口、剥蚀型垭口、剥蚀—堆积型垭口。山坡的外部形态特征包括山坡的高度、坡度和纵向轮廓等。

3. 平原地貌

平原地貌特点是地势平坦开阔，地形起伏不大。平原地貌按高程分为高原、高平原、低平原和洼地，按成因平原分为构造平原、剥蚀平原和堆积平原。

4. 河谷地貌

河流所流经的槽状地形称为河谷，一般包括谷底、谷坡、阶地。河谷地貌按发展阶段分为未成形河谷、河漫滩河谷和成形河谷，按公路工程角度分为宽谷与峡谷、对称谷与不对称谷。在层状岩层地区，根据河谷延伸方向与构造线走向的关系可分为纵向谷、横向谷和斜向谷三种。河流阶地是在地壳的构造运动与河流的侵蚀、堆积作用的综合作用下形成的。根据成因和阶地组成物质的不同，可以把阶地分为侵蚀阶地、基座阶地和堆积阶地。

思 考 题

1. 简述地貌概念。
2. 简述地貌类型的划分情况。
3. 简述山岭地貌特征。
4. 简述平原地貌特征。
5. 简述河谷地貌特征。

任务 ⑤

认识地下水

学习目标与要求 ☞

1. 掌握地下水的概念和类型。
2. 了解地下水主要的化学成分。
3. 掌握潜水、上层滞水、承压水的形成条件及主要工程特征。
4. 了解孔隙水、裂隙水、岩溶水的形成条件及特征。
5. 理解地下水与工程的关系。
6. 了解地下水运动的基本规律。

任务重点 ☞

潜水、上层滞水、承压水的形成条件及特征；地下水与工程的关系。

任务难点 ☞

潜水、承压水的形成条件及特征；地下水运动的基本规律。

5.1 地下水概述

地下水是指埋藏在地表下岩土中孔隙、岩石裂隙和溶隙中的水。它可以呈各种物理状态存在，但大多呈液态。地下水主要是由大气降水、融雪水和地表水（河水、湖水、海洋水等）沿着地表岩土中孔隙、岩石裂隙和岩溶空洞渗入地下而形成的。

按照水循环的范围不同，水的循环可分为大循环和小循环。大循环是指在全球范围内水分从海洋表面蒸发，上升的水气随气流运移到陆地上空，凝结成雨点降落到陆地表面，又以地表或地下径流的形式最终流入海洋，再度受到蒸发。小循环是指从海洋表面蒸发，遇冷后又降落到海洋表面；或者水从陆地上的湖泊与河流表面、地面及植物叶面蒸发，遇冷又降落到原地。因此，地下水是整个自然界不断循环着的水的一部分。在降水量很小的干旱地区，空气中的水蒸气进入岩土的孔隙和裂隙中凝结成水滴，水滴在重力作用下向下流动，也可聚积成地下水。

一般把包含地下水的岩层叫含水层，能使水通过的岩层叫透水层，透水性很小或不透水的岩层叫隔水层。在含水层中地下水能形成一定的统一的水面，叫地下水面，地下水面的高程叫地下水位。地面以下、地下水面以上的岩石空隙中含有气态和其他状态的水，也含有空气和其他气体，地壳的这一部分称为包气带。地下水面以下的岩石空隙中充满了水，称为饱水带。在包气带与饱水带之间有一个毛细水带，是二者的过渡带（图 5.1）。

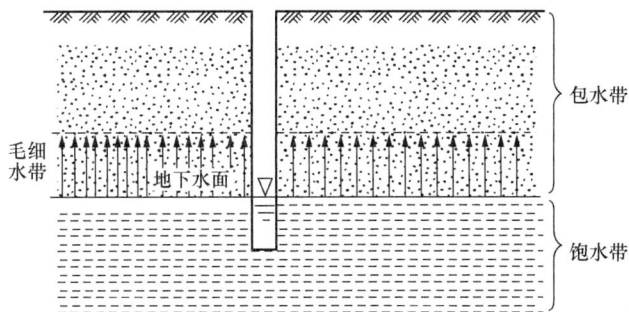

图 5.1　地下水的垂直分带

地下水在地壳中分布十分普遍，储藏量很大。据估计，地下水的总量约为 4 亿 km³，如果把这些水平均铺在地球表面上，则水深可达 750m。因此，地下水无论是对人民生活还是对工程建设都有着重要的意义。

地下水对工程建设有很大的影响，为了充分合理地利用地下水和有效地防治地下水的不良影响，就必须对地下水的成分、性质、埋藏和运动规律等进行充分的研究。

5.2　地下水的物理性质和化学成分

地下水在由地表渗入地下的过程中就聚集了一些盐类和气体，形成以后又不断地在岩石空隙中运动，经常与各种岩石相互作用，溶解和溶滤了岩石中的某些成分，如各种可溶盐类和细小颗粒，从而形成了一种成分复杂的动力溶液，并随着时间和空间的变化而变化。

5.2.1 地下水的物理性质

地下水的物理性质包括温度（受气温、地热控制）、透明度（分为透明、微混浊、混浊、极混浊）、颜色、嗅、味（取决于盐分和气体，如含 NaCl 时有咸味、含 $MgCl_2$、$MgSO_4$ 时有苦味、含 CO_2 时清凉可口、含铁时带铁腥味、含有机质时具甜味）、比重、导电性（取决于所含电解质的种类和数量）和放射性（放射性矿床和酸性火成岩）等，这些性质常常反映出地下水的化学成分。没有溶解物和胶体的纯净地下水是透明、无味、无色的，比重为1，其导电性和放射性很小，可作各种用水。地下水含氧化铁时呈褐红色；含氧化亚铁时呈浅蓝绿色，并带铁腥气味；含硫化氢时呈翠绿色，并带臭鸡蛋气味；含腐殖质时呈带有荧光的浅黄色，具甜味。地下水含的杂质越多时比重越大，含的电解质越多时导电性越大，含有放射性成分越多时放射性越强。具有各种颜色、味和嗅的水以及比重和放射性大的水一般不宜饮用。

5.2.2 地下水的化学成分及化学性质

地下水的化学成分可呈离子、分子、化合物和气体状态，而以离子状态者为最多。常见的离子有 Cl^-、SO_4^{2-}、HCO^-、K^+、Na^+、Ca^{2+}、Mg^{2+} 等七种。化合物有：Fe_2O_3、Al_2O_3、H_2SiO_3 等；气体有：O_2、N_2、CO_2、CH_4、H_2S 等；有机质和细菌成分。

在工程建设中进行地下水的水质评价时，下列成分具有重要的意义。

（1）H^+

它的含量决定了地下水的酸碱反应和酸碱程度，一般以 pH 表示 H^+ 的含量。pH是以10为底的 H^+ 浓度的负对数，即 $pH=-lg[H^+]$。当 pH=7 时，地下水为中性；pH<7 时为酸性；pH>7 时为碱性；pH<6 的水能腐蚀铁。

（2）Ca^{2+} 和 Mg^{2+}

它们的含量决定地下水的硬度，决定地下水作为技术用水的条件。地下水中的 Ca^{2+}、Mg^{2+} 的总量称为总硬度。将地下水煮沸时，使水中重碳酸离子破坏而呈现为碳酸盐沉淀的 Ca^{2+}、Mg^{2+} 的含量称为暂时硬度。水沸腾后仍余留在水中的 Ca^{2+}、Mg^{2+} 的含量称为永久硬度。总硬度等于暂时硬度与永久硬度之和。过去常以德国度表示硬度的大小。1 德国度相当于 1L 含 10mg 的 CaO 或 7.2mg 的 MgO，也相当于 1L 水中含 7.1mg Ca^{2+} 或 4.3mg Mg^{2+}。这种表示法较麻烦，目前一般直接用每升水中所含 Ca^{2+} 或 Mg^{2+} 的毫克当量数表示水的硬度。1 毫克当量硬度等于 2.8 德国度，即相当于 1L 水中含 20.04mg Ca^{2+} 或 12.16mg Mg^{2+}。根据硬度将地下水分为极软水（<4.2 度）、软水（4.2～8.4 度）、微硬水（8.4～16.8 度）、硬水（16.8～25.2 度）和极硬水（>25.2 度）五类。蔬菜和肉类在硬水中很难煮烂，硬水不易使肥皂起泡，硬水在锅炉中会形成锅垢而影响锅炉的正常工作。

（3）CO_2

它在地下水中可呈三种状态存在，即游离状态（气体）、重碳酸状态（HCO_3^-）、碳酸状态（CO_3^{2-}）。含有游离 CO_2 的地下水与混凝土接触时将产生如下反应，即

$$CaCO_3 + CO_2 + H_2O \Longleftrightarrow Ca^{2+} + 2HCO_3^{2-}$$

这是一个可逆反应。当反应达到平衡时，水中的游离 CO_2 称为平衡 CO_2；当水中游离 CO_2 的含量大于平衡时，反应向右进行，此时 $CaCO_3$ 将被溶解而遭受侵蚀。这部分具有侵蚀性的 CO_2 称为侵蚀性 CO_2。但一般认为当水中侵蚀性 CO_2 含量小于 15mg/L 时实际上无侵蚀性；而当水的暂时硬度小于 1.5 度，且含 HCO_3^- 时，或游离 CO_2 的含量小于 0.6mg/L 时（相当于大气中的含量），部分混凝土也会被侵蚀破坏。当暂时硬度＞2.4 度，pH＜6.7 时，石灰岩便被溶解。

（4）SO_4^{2-}

含有 SO_4^{2-} 的地下水超过规定值，侵入到混凝土的裂缝中时，SO_4^{2-} 将与混凝土中的 Ca^{2+} 发生作用，生成 $CaSO_4$ 盐，再结晶成石膏（$CaSO_4 \cdot 2H_2O$）。结晶时其体积膨胀1~2倍，可使混凝土（结构）破坏，这称为地下的硫酸盐侵蚀性（或结晶性侵蚀）。一般认为，当地下水中 SO_4^{2-} 的含量大于 300mg/L 时即具有硫酸盐侵蚀性。

（5）矿化度

地下水中所含各种离子、分子或化合物的总量称为总矿化度，以 g/L 表示。它说明地下水中含盐量的多少，即水的矿化程度，简称矿化度，通常根据在 105~110℃ 时将水蒸发干后所得的干涸残余物质重量来确定。根据总矿化度，地下水分为淡水（总矿化度＜1g/L）、微咸水（1~3g/L）、咸水（3~10g/L）、盐水（10~50g/L）和卤水（＞50g/L）五类。

水的矿化度与水的化学成分有着密切的关系。淡水和微咸水常以 Ca^{2+}、Mg^{2+}、HCO_3^- 为主要成分，称重碳酸盐型水；咸水常以 Na^+、Ca^{2+}、SO_4^{2-} 为主要成分，称硫酸盐型水；盐水和卤水则以 Na^+、Cl^- 为主要成分，称氯化物型水。一般饮用水的总矿化度不宜超过 10g/L，灌溉用水的总矿化度不宜超过 17g/L。

（6）地下水的化学成分分析表示方法

在工程地质勘察中一般均需采取地下水样，进行水化学分析，以确定其是否具有侵蚀性。当拟利用地下水作饮用水或技术用水时，则须进行专门的水质分析和评价。

水质分析分为简易分析和全分析两种。简易分析法精度较低，但可以快速地在现场试验求得；全分析法则需要在实验室进行，一般是在简易分析的基础上进行的。

水质分析成果主要用以下两种方法表示：

1）离子毫克当量数表示法。以每升水中的当量数（毫克当量/L）表示水的化学成分，离子当量和毫克当量数用下式表示，即

$$离子当量 = 离子量（原子量）/ 离子价$$
$$离子的毫克当量数 = 离子的毫克数 / 离子当量$$

2）库尔洛夫表示法。以数学分式的形式表示化学成分，用下式表示，即

$$H^2SiO_{0.7}^3 H^2S_{0.021} CO_{0.031}^2 M_{3.21} \xrightarrow{Cl_{84.76} SO_{14.74}^4} t_{52}^0$$
$$\overline{Na_{71.63} Ca_{27.78}}$$

在分子位置上表示各阴离子及其毫克当量的百分数,而在分母位置上表示各阳离子及其毫克当量的百分数,都是按其值的递减顺序排列。含量小于 10％的则不表示。横线前表示矿化度(M)、气体成分和特殊成分(H_2S 等)及含量。横线后为水温(t)。公式中的总矿化度、气体成分和特殊成分的单位均为 g/L,水温的单位是℃。各离子的原子数标于上角,各种成分的含量一律标于成分符号的右下角。

利用此公式表示水的化学成分比较简明,能反映地下水的基本特征,并且可以直接确定地下水的化学类型。

5.3　地下水类型

5.3.1　地下水的存在状态

岩土空隙中存在着各种形式的水,按其物理性质的不同可以分为气态水、液态水(吸着水、薄膜水、毛管水和重力水)和固态水。

1. 气态水

以水蒸气状态和空气一起存在于未被水饱和的岩土空隙中,常由水蒸气压力大的地方向水蒸气压力小的地方运移,当温度降低到露点时气态水便凝结成液态水。

2. 液态水

(1) 结合水

由于土颗粒以分子吸引力和静电引力将液态水牢固吸附在颗粒表面,这种水称为吸着水;在吸着水膜的外层,水分子仍受静电引力的作用,被吸附在颗粒表面构成的水膜称为薄膜水。吸着水和薄膜水统称结合水,它们具有一定的抗剪强度,必须施加一定的外力才能使其发生变形。结合水的抗剪强度由内层向外层减弱。

(2) 毛细水

在岩、土体细小孔隙、裂隙中,由于受表面张力和附着力的支持而充填的水称毛细水。当两者的力量超过重力时,毛细水能上升到地下水面以上的一定高度,毛细水对土体的性质影响较大。

(3) 重力水

当岩、土体中较大孔隙、裂隙完全被水填充饱和时,在重力作用下能够自由运动的水称为重力水。井中抽取的和泉眼流出的地下水都是重力水。重力水是水文地质研究的主要对象。

3. 固态水

固态水指埋藏在常年温度低于 0℃以下的冻土中的冰。土中水的冻结与融化影响着土的工程性质。

5.3.2　地下水分类

由于地下水本身非常复杂，而且其影响因素多种多样，地下水的分类方法很多，但归纳起来有两种分类法：一是按地下水的某一特征进行分类，如上节所述按硬度的分类、按矿化度的分类等；二是综合考虑地下水的若干个特征进行分类，如表5.1所列，按埋藏条件和含水层空隙性质的分类法，这是目前比较普遍采用的分类法。首先按埋藏条件可将地下水分为上层滞水、潜水、承压水（图5.2），另外根据含水层空隙的性质又可分为孔隙水、裂隙水、岩溶水。

表5.1　地下水分类

含水介质类型 埋藏条件	孔隙水	裂隙水	岩溶水
上层滞水	局部黏性土隔水层上季节性存在的重力水（上层滞水）	裂隙岩层浅部季节性存在的重力水及毛细水	裸露的岩溶化岩层上部岩溶通道中季节性存在的重力水
潜水	各类松散堆积物浅部的水	裸露于地表的各类裂隙岩层中的水	裸露于地表的岩溶化岩层中的水
承压水	山间盆地及平原松散堆积物深部的水，向斜构造的碎屑岩孔隙中的水	组成构造盆地、向斜构造或单斜断块的被掩覆的各类裂隙岩层中的水	组成构造盆地、向斜构造或单斜断块的被掩覆的岩溶化岩层中的水

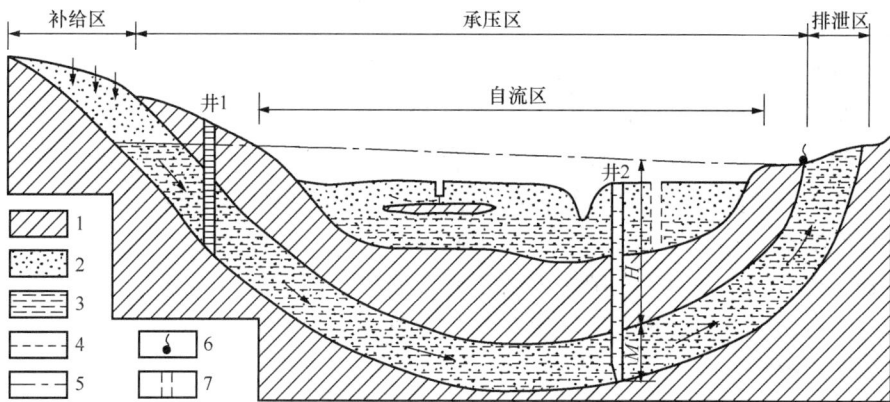

图5.2　潜水、承压水和上层滞水

1. 隔水层；2. 透水层；3. 饱水部分；4. 潜水位；5. 承压水侧压水位；6. 上升泉；
7. 水井；H. 承压水头；M. 含水层厚度；井1. 承压井；井2. 自流井

5.3.3　各类地下水特征

1. 包气带水

（1）土壤水

土壤水是埋藏在包气带土层中的水，主要以结合水和毛管水形式存在，靠大气降水的渗入、水气的凝结及潜水由下而上的毛细作用补给。大气降水或灌溉水向下渗入必须通过土壤层，这时渗入水的一部分保持在土壤层中，成为所谓的田间持水量，多余部分呈重力水下渗补给潜水。土壤水主要消耗于蒸发过程，水分变化相当剧烈，并受大气条件的制约。当土壤层透水性很差，气候又潮湿多雨或地下水位接近地表时，易形成沼泽，称沼泽水。当地下水面埋藏不深，毛细水带可达到地表时，由于土壤水分强烈蒸发，盐分不断积累于土壤表层，会造成土壤盐渍化。

（2）上层滞水

当包气带存在局部隔水层时，在局部隔水层之上积聚具有自由水面的重力水，称为上层滞水。上层滞水的特点是：分布范围有限，补给区与分布区一致；直接接受当地的大气降水或地表水补给，以蒸发或逐渐向下渗透的形式排泄；水量不大且随季节变化显著，雨季出现，旱季消失，极不稳定；水质变化亦大，一般较易污染。上层滞水由于水量小且极不稳定，只能做临时性的水源。

在建筑工程中，上层滞水的存在是不利的因素。基坑开挖工程中经常遇到这种水，这种水可能突然涌入基坑，妨碍施工，应注意排除；但由于其水量不大，因此易于处理。

2. 潜水

（1）潜水的概念

饱水带中第一个稳定隔水层之上、具有自由水面的含水层中的重力水称为潜水，一般多贮存在第四纪松散沉积物中，也可形成于裂隙性或可溶性基岩中，其基本特点是与大气圈和地表水联系密切，积极参与水循环。

潜水的自由表面称潜水面。潜水面上任一点的高程称该点的潜水位。潜水面到地表的铅直距离称潜水埋藏深度。潜水面到隔水底板的铅直距离称潜水含水层厚度。当大面积不透水底板向下凹陷，潜水面坡度近于零，潜水几乎静止不动时，称潜水湖；潜水在重力作用下从高处向低处流动时，称潜水流；在潜水流的渗透途径上，任意两点的水位差与该两点之间的水平距离之比称潜水流在该段的水力坡度。

（2）潜水的主要特征

潜水通过包气带接受大气降水、地表水等补给，一般情况下潜水分布区与补给区一致，潜水的动态有明显的季节变化。

潜水在重力作用下由水位高的地方向水位低的地方径流。潜水面的起伏变化比地形的起伏小。

潜水的排泄通常有两种方式：一种是水平排泄，以泉的方式排泄或流入地表水等；另一种是垂直排泄，通过包气带蒸发进入大气，在干旱、半干旱地区，由于地下水的蒸发，地表土易于盐渍化。

（3）潜水等水位线图及埋藏深度图

潜水面反映了潜水与地形、岩性和气象水文等之间的关系，同时能表现出潜水的埋藏、运动和变化的基本特点。因此，为能清晰地表示潜水面的形态，通常采用两种图示方法，并相互配合使用。

　　一种方法是以平面图表示，即将潜水面上各测点（井、孔、泉等）的水位高程标在地形图上，画出一系列水位相等的线，这种图称为等水位线图（图5.3），其绘制方法与绘制地形等高线图一样。由于潜水面经常发生变化，绘制等水位线图时各测点水位资料的时间应大致相同，并应在等水位线图上注明。通过不同时期等水位线图的对比，有助于了解潜水的动态。一般在一个地区应绘制潜水的最高水位和最低水位时期的两张等水位线图。

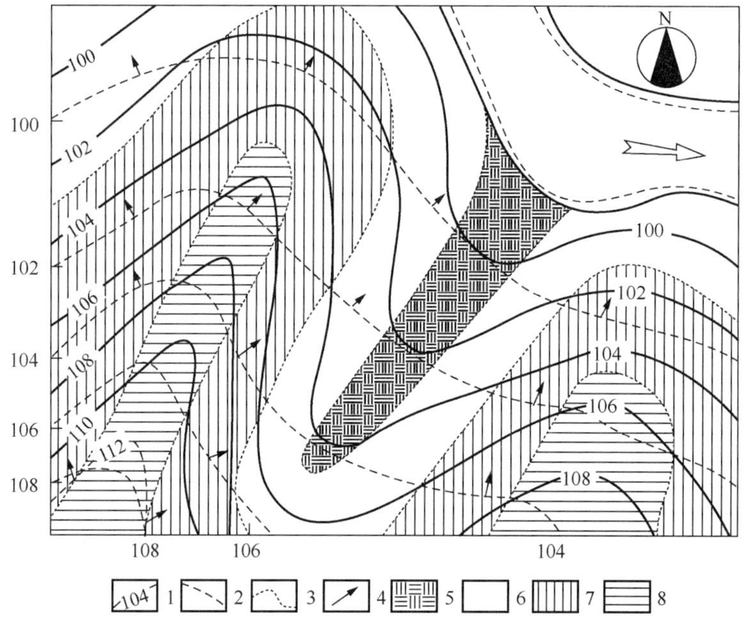

图 5.3　潜水等水位线及埋藏深度图

1. 地形等高线；2. 等水位线；3. 等埋深线；4. 潜水流向；5. 埋深为 0m 区（沼泽地）；
6. 埋深为 0～2m 区；7. 埋深为 2～4m 区；8. 埋深大于 4m 区

　　根据等水位线图可以了解以下情况：

　　1）确定潜水的流向及水力坡度。垂直于等水位线且自高等水位线指向低等水位线的方向即为流向。图5.3中箭头方向即为潜水流向。在流动方向上，取任意两点的水位高差，除以两点间在平面上的实际距离，即此两点间的平均水力坡度。

　　2）确定潜水与河水的相互关系。潜水与河水一般有如下三种关系：河岸两侧的等水位线与河流斜交，锐角都指向河流的上游，表明潜水补给河水〔图5.4（a）〕，这种情况多见于河流的中、上游山区；等水位线与河流交的锐角在两岸都指向河流下游，表明河水补给两岸的潜水〔图5.4（b）〕，这种情况多见于河流的下游；等水位线与河流斜交，表明一岸潜水补给河水，另一岸则相反〔图5.4（c）〕，一般在山前地区的河流有这种情况。

　　3）确定潜水面埋藏深度。潜水面的埋藏深度等于该点的地形高程与潜水位之差。根据各点的埋藏深度值可绘出潜水等埋深线。

　　4）确定含水层厚度。当等水位线图上有隔水层顶板等高线时，同一测点的潜水水

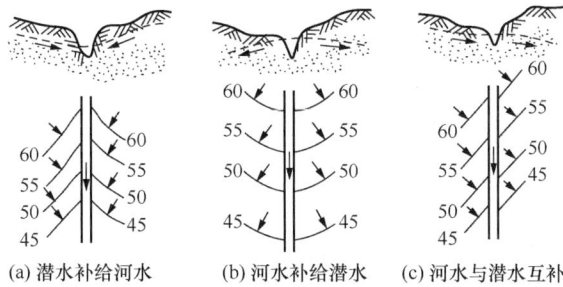

(a) 潜水补给河水　　(b) 河水补给潜水　　(c) 河水与潜水互补

图 5.4　潜水与河水补给关系

位与隔水层顶板高程之差即为含水层厚度。

另一种方法是以剖面图的形式表示，即在地质剖面图的基础上绘制出有关水文地质特征的资料（如潜水位和含水层厚度等）。在水文地质剖面图上，潜水埋藏深度、含水层厚度、岩性及其变化、潜水面坡度、潜水与地表水的关系等都能清晰地表示出来。

3. 承压水

（1）承压水及其特征

充满于两个隔水层之间，含水层中具有水头压力的地下水称为承压水。由于隔水顶板的存在，承压含水层能明显地划分出补给区、承压区和排泄区三部分（图 5.2）。

承压区中地下水承受静水压力，当钻孔打穿隔水顶板时所见的水位称为初见水位。随后，地下水上升到含水层顶板以上某一高度稳定不变，这时的水位（即稳定水面的高程）叫承压水位。承压水位如高出地面，则地下水可以溢出或喷出地表，如图 5.2 中井 2 位置，所以通常又称承压水为自流水。承压水位与隔水层顶板的距离称为水头，水头高出地面者称为正水头，低于地面者称为负水头。承压水与潜水相比具有以下特征：

1）承压水具有静水压力，承压水面（实际并不存在）是一个势面（水压面的深度不能反映承压水的埋藏深度）。

2）承压水的补给区和承压区不一致。

3）承压水的水位、水量、水质及水温等受气象水文因素的影响较小。

4）承压含水层的厚度稳定不变，不受季节变化的影响。

5）水质不易受污染。

基岩地区承压水的埋藏类型主要决定于地质构造，即在适宜的地质构造条件下，孔隙水、裂隙水和岩溶水均可形成承压水。最适宜形成承压水的地质构造有向斜构造和单斜构造两类。

向斜储水构造又称为承压盆地，其规模差异很大，四川盆地是典型的承压盆地。小型的承压盆地一般面积只有几平方公里，它由明显的补给区、承压区和排泄区组成（图 5.2）。

单斜储水构造又称为承压斜地，它的形成原因可以是含水层岩性发生相变或尖灭，也可以是含水层被断层所切（图 5.5）。

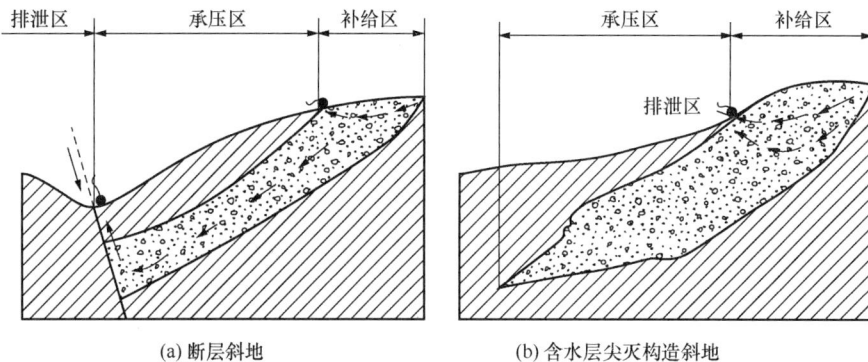

(a) 断层斜地　　　　　　　　(b) 含水层尖灭构造斜地

图 5.5　承压斜地

（2）等水压线图

等水压线图就是承压水面的等高线图（图 5.6），这是根据相近时间测定的各井孔的承压水位资料绘制的。如果在图中同时绘出含水层顶板及底板等高线，这样就和等

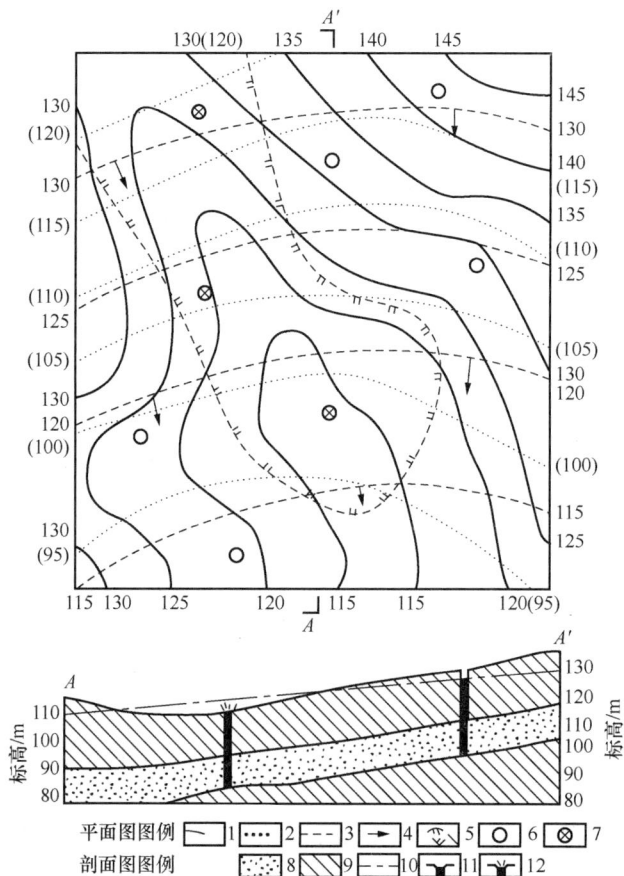

图 5.6　承压等水压线图

1. 地形等高线；2. 含水层顶板等高线；3. 等水压线；4. 地下水流向；5. 承压水自溢区；
6. 钻孔；7. 自喷钻孔；8. 含水层；9. 隔水层；10. 承压水位线；11. 钻孔；12. 自钻孔

水位线图一样，可以确定承压水的流向、计算水力坡度、确定承压水位和承压水含水层的埋深、明确水头的大小以及含水层的厚度等。

例如，根据图 5.6 可确定地面绝对高程、承压水位、含水层顶板绝对高程、含水层距地表深度（地面绝对高程减含水层顶板绝对高程）、稳定水位距地表深度（m）（地面绝对高程减承压水位）、水头（m）（承压水位减含水层顶板绝对高程）。

（3）承压水的补给、径流和排泄

承压水的补给方式一般为：当承压水补给区直接出露于地表时，大气降水是主要的补给来源；当补给区位于河床或湖沼地带，地表水可以补给承压水；当补给区位于潜水含水层之下，潜水便直接排泄到承压含水层中。此外，在适宜的地形和地质构造条件下承压水之间还可以互相补给。

承压水的排泄有如下形式：承压含水层排泄区裸露于地表时，承压水以泉的形式排泄，并可能补给地表水；承压水位高于潜水位时，承压水排泄于潜水并成为潜水补给源；在某些地形或负地形条件下，承压水也可以形成向上或向下的排泄。

承压水的径流条件决定于地形、含水层透水性、地质构造及补给区与排泄区的承压水位差。承压含水层的富水性则同承压含水层的分布范围、深度、厚度、空隙率、补给来源等因素密切相关。一般情况下，若承压水分布广、埋藏浅、厚度大、空隙率高，水量就较丰富且稳定。

承压水径流条件的好坏及水交替的强弱决定了水质的优劣及其开发利用的价值。

4. 孔隙水

孔隙水分布于第四纪各种不同成因类型的松散沉积物中，其主要特点是水量在空间分布上相对均匀，连续性好，多呈层状，同一含水层的孔隙水具有密切的水力联系，具有统一的地下水面。

（1）冲积层中的地下水

冲积物（层）是经常性流水形成的沉积物，它分选性好，层理清晰。在河流上、中、下游或河漫滩、阶地的岩性结构、厚度各不相同，决定了其中孔隙水的特征和差异。

1）河流中、上游冲积层中的地下水。河流上游峡谷内冲积砂砾、卵石层分布范围狭窄，但透水性强、富水性好、水质优良，是良好的含水层，因此冲积层中的地下水位和水量随河水与季节的变化而变化。河流中游河谷两侧的低阶地，尤其是一级阶地与河漫滩是富水区。

2）河流下游平原冲积层中的地下水。冲积平原上常埋藏有由颗粒较粗的冲积砂组成的古河道，其中贮存有水量丰富、水质良好且易于开采的浅层淡水。

河流下游平原的冲积层常与不同时期和不同成因的其他砂砾石沉积组合成统一的、巨厚的砂砾——砂质含水岩系，构成规模大、水量多的地下水盆地，且具良好的水质，常成为不可多得的灌溉或供水水源地。

（2）洪积层中的地下水

洪积层广泛分布于山间盆地和山前的平原地带，常呈扇状，故又称洪积扇。

根据地下水埋深、径流条件及化学特征可将洪积扇中的地下水大致分为三个带（图5.7）：深埋带，又称径流带，在顶部靠近山区，地形坡度较陡，粗砂砾石层堆积，有良好渗透性和径流条件，水的矿化度低（小于1g/L），为重碳酸盐型水，故又称地下水盐分溶滤带，埋深十几到几十米以上；溢出带，地形变缓，细纱、亚砂、亚黏土等交错沉积，渗透性变弱，径流受阻，形成壅水，出露成泉，水的矿化度增高，为重碳酸—硫酸盐型水，故又称盐分过路带；下沉带，由黏土和粉砂夹层组成，岩层渗透性极弱、径流很缓慢，蒸发强烈，以垂直交替为主，由于河流排泄作用，地下水埋深比溢出带稍有加强，又称潜水下沉带，因地下水埋深仍很浅，在干旱、半干旱条件下蒸发强烈进行，水的矿化度急剧增加（大于3g/L），为硫酸—氯化物或氯化物型水，地表盐渍化，又称盐分堆积带。

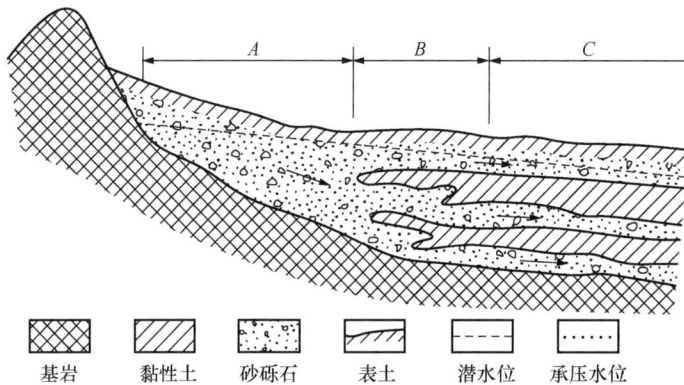

图 5.7　山前洪积扇地下水分带
A. 只有潜水位区；B. 潜水位与承压水位重合区；C. 承压水位高于潜水位区

上述洪积层中的地下水分带规律，在我国北方具有典型性；而南方多雨，缺少水质的明显分带性，地下水多为低矿化度的重碳酸盐型水。

5. 裂隙水

裂隙水是埋藏于基岩裂隙中的地下水。岩石中的裂隙的发育程度和力学性质影响着地下水的分布和富集。在裂隙发育地区含水丰富，反之含水甚少。所以，在同一构造单元或同一地段内，富水性有很大变化，因而形成了裂隙水分布的不均一性。由于上述特征，相距很近的钻孔水量常常一方较另一方大数十倍。

（1）裂隙水的划分

裂隙水按其埋藏分布特征可划分为面状裂隙水、层状裂隙水和脉状裂隙水。面状裂隙水又称风化裂隙水，贮存于山区或丘陵区的基岩风化带中，一般在浅部发育。层状裂隙水贮存于成层的脆性岩层（如砂岩、硅质岩及玄武岩等）中；原生裂隙和构造裂隙构成的层状裂隙中的水一般是承压水（玄武岩台地中的层状裂隙水是潜水）。脉状裂隙水亦称构造裂隙水，它贮存于断裂破碎带和火成岩体的侵入接触带岩脉的节理之中，脉状裂隙水具承压水的特点，含水一般较均匀。

（2）裂隙水富集的特点

裂隙水的富集受诸多地质因素的影响，具体有如下几点：

1）不同岩性的岩层富水性不同。岩石（软、硬等）性质不同，影响着裂隙的发育程度，导致地下径流强弱差别和分布的贫富不均。

2）不同力学性质的结构面富水性不同，一般情况是张性结构面富水性强，压性结构面富水性弱，扭性结构面居中。

3）不同构造部位的富水性不同。通常在背斜或向斜轴部、岩层挠曲部位、穹窿顶部等处的裂隙较其他部位发育且具张性，往往成为富水地段。此外，断裂多次活动的部位由于多次作用的叠加，岩石破碎，裂隙发育，有利裂隙水的富集和贮存；断裂构造新近活动的地方也易于地下水富集。

4）不同地貌部位的富水性不同。地形地貌控制地下水的补给和汇水条件，洼地、盆地、沟谷低地汇水条件好，往往为富水的有利地带。

6. 岩溶水

储存和运动于可溶性岩石中的地下水称为岩溶水。岩溶水在空间的分布变化很大，甚至比裂隙水更不均匀。有的地方水汇集于溶洞孔道中，形成富水区（岩溶水常常富集在质纯厚层的可溶岩分布地带、断层带或节理密集带、褶曲轴部和岩层急转弯处、可溶岩与非可溶岩的接触部位）；而在另一地方，水可沿溶洞孔隙流走，造成一定范围严重缺水。

岩溶水运动特征和径流条件极为复杂，表现为孤立水流与具有统一地下水面的水流并存；无压流与有压流并存；层流与紊流并存；明流与伏流交替出现。岩溶水的径流条件一般是良好的，但随着深度增加而减弱，在垂直方向显示出明显的分带性。

大气降水是岩溶水的主要补给源，它通过各种岩溶通道迅速补给地下水，因此岩溶水的动态与大气降水关系十分密切，主要有两个特点：一是水位、流量变化异常迅猛，水位变幅可达80m，流量变化更大；二是有些岩溶水对大气降水反应极为灵敏，雨后一昼夜甚至几小时就出现流量高峰。岩溶水排泄的最大特征是集中且量大。

5.4 地下水的运动规律

地下水在岩石空隙中的运动称为渗透。由于受到介质的阻滞，地下水的流动较地表水缓慢。地下水的运动有层流和紊流两种形式，除了在基岩宽大洞隙及卵砾石层的大孔隙中或在水力坡度很大的情况下（如抽水井附近）才会出现紊流运动外，一般均以层流为主要运动形式。

5.4.1 线性渗透定律

1852～1856年间，法国水力学家达西（Henri Darcy）通过大量试验发现了地下水运动的线性渗透定律，称为达西定律，其试验装置如图5.8所示。

在用粒径为0.1～3mm的砂做了大量试验后，达西获得如下结论：单位时间内通

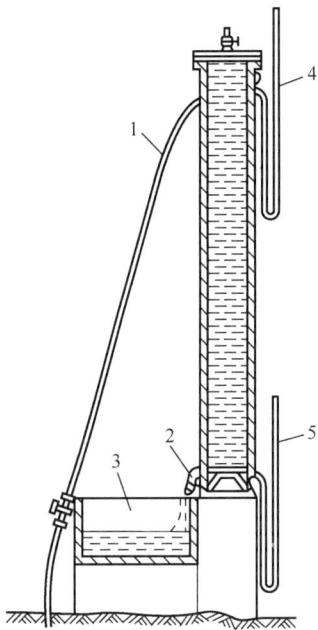

图 5.8 达西试验装置
1、2. 导管；3. 量杯；
4、5. 测压管

过筒中砂的水流量 Q 与渗透长度 L 成反比，而与圆筒的过水断面面积 A、上下两测压管的水头 Δh 成正比，即

$$Q = AK(\Delta h / L) \qquad (5.1)$$

式中，Q——渗透流量（m^3/d）；

　　　A——过水断面面积（圆筒横断面面积，m^2）；

　　　Δh——水头损失（测压管的水头差，m）；

　　　k——渗透系数（m/d）。

令比值 $\Delta h / L = J$，称水力坡度，也就是渗透路程中单位长度上的水头损失。又因 $v = Q/A$，则式（5.1）可写为

$$v = kJ \qquad (5.2)$$

式（5.2）表明，渗透流速 v 与水力坡度的一次方成正比，故达西定律又称线性渗透定律。当 $J = 1$ 时，$v = k$，说明渗透系数值等于单位水头梯度时的渗透流速。

实验表明，不是所有地下水的层流运动都服从达西定律，只有当雷诺数 $R_e < 1$ 时才符合达西定律。在自然界中，由于绝大多数地下水流动比较缓慢，其雷诺数一般都小于 1，因此达西定律是地下水运动的基本定律。

5.4.2　地下水的涌水量计算

1. 概述

水井是开采地下水的最基本形式之一，可称之为集水建筑物。当水井穿过整个含水层而达到隔水底板时，称为完整井；如果仅穿入含水层部分厚度，则称为非完整井。开采潜水含水层的井称为潜水井，开采承压含水层的井称为承压水井（或自流井）。当承压水井内水位降深很大，以致动水位下降到含水层顶板以下，造成井附近承压水转化为非承压水时，则称为承压潜水井。流向不同集水建筑物的水流形态是不同的，因此必须建立不同的计算公式，本节重点介绍稳定流水井出水量的计算方法。

2. 地下水向完整井的稳定流运动

1863 年法国水力学家裘布依（J. Dupuit）首先应用线性渗透定律研究了均质含水层在等厚、广泛分布、隔水底板水平、天然的（抽水前）潜水面（亦为水平）即地下水处于稳定流的条件下呈层流运动的缓变流流向完整井的流量方程式。

由抽水试验得知，抽水时潜水完整井周围潜水位逐渐下降，将形成一个以井孔为中心的漏斗状潜水面，即所谓的降落漏斗（图 5.9）。

潜水向水井的渗流如图 5.9 所示，从平面上看，流向沿半径指向井轴，呈同心圆状。为此，围绕井轴取一过水断面，该断面距井的距离为 x，该处过水断面的高度为

y，这样过水断面面积为 $A=2\pi xy$，平面径向流的水力坡度为 $J=dy/dx$。

当地下水流为层流时，服从线性渗透定律，该断面的过流量应为

$$Q=kAJ=2\pi kxy(dy/dx)$$

分离变量并积分，得

$$Q(dx/x)=2\pi kydy$$

$$Q=\pi k\left[(H^2-h^2)/(\ln R-\ln r)\right] \qquad (5.3)$$

式中，Q——井的出水量（m^3/d）；

　　　　k——渗透系数（m/d）；

　　　　H——含水层厚度（m）；

　　　　h——动水位（m）；

　　　　r——井的半径（m）；

　　　　R——影响半径（m）。

图 5.9　潜水完整井抽水示意图

式（5.3）即为潜水完整井出水量公式，又称裘布依公式。

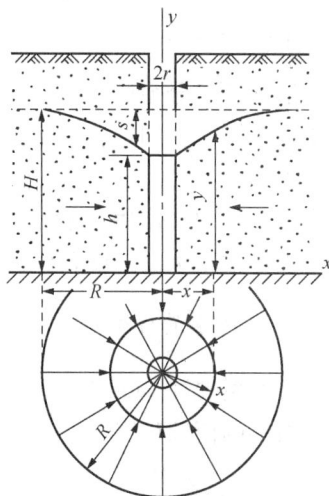

5.5　地下水对工程建设的影响

地下水的存在对工程建设有着不可忽视的影响，尤其是地下水位的变化，水的侵蚀性和流沙、潜蚀等不良地质作用都将对工程的稳定性、施工及正常使用带来很大的影响。

1. 地下水位的变化

如地下水位上升，可引起浅基础地基承载力降低，在有地震砂土液化的地区会引起液化的加剧，同时易引起建筑物震陷加剧，岩土体产生变化、滑移、崩塌失稳等不良地质作用。另外，在寒冷地区会有地下水的冻胀影响。地下水位下降往往会引起地表塌陷加、地面沉降等。

通常地下水位的变化往往是由施工中抽水和排水引起，局部的抽水和排水会产生基础底面下地下水位突然下降、邻近建筑物发生变形，因此施工场地应注意抽水和排水的影响。

2. 流沙

当地下水的动水压力大于土粒的浮容重或地下水的水力坡度大于临界水力坡度时就会产生流沙。这种情况的发生常是由在地下水位以下开挖基坑、埋设地下管道、打井等工程活动而引起的，所以流沙是一种工程地质现象，易产生在细砂、粉砂、粉质黏土等土中。流沙在工程施工中能造成大量的土体流动，致使地表塌陷或建筑物的地基破坏，能给施工带来很大困难，或直接影响工程建筑及附近建筑物的稳定，因此必须进行防治。

3. 潜蚀

潜蚀通常分为机械潜蚀和化学潜蚀。机械潜蚀是指土粒在地下水的动水压力作用下受到冲刷，将细粒冲走，使土的结构破坏，形成洞穴的作用；化学潜蚀是指地下水溶解土中的易溶盐分，使土粒间的结合力和土的结构破坏，土粒被水带走，形成洞穴的作用。这两种作用一般是同时进行的。在地基土层内如具有地下水的潜蚀作用时，将会破坏地基土的强度，形成空洞，产生地表塌陷，影响建筑工程的稳定。

4. 地下水的侵蚀性

含有侵蚀性 CO_2 或含有 SO_4^{2-} 的地下水会产生对混凝土、可溶性石材、管道以及金属材料的侵蚀危害。

5. 基坑涌水

地下水的不良地质作用中还有一个应尤其引起注意的是基坑涌水现象。这种现象发生在建筑物基坑下有承压水时，开挖基坑会减小基坑底下承压水上部的隔水层厚度，减小过多时会使承压水的水头压力冲破基坑底板，形成涌水现象。涌水会冲毁基坑，破坏地基，给工程带来损失。

小　结

本任务介绍了自然界地下水的分布与循环规律、地下水的物理性质与化学成分、地下水的分类特征以及地下水运动的基本规律。

1. 地下水的概念

地下水是指存在于地表以下岩土孔隙、岩石裂隙和溶隙中的水。

2. 地下水的物理性质和化学成分

地下水的物理性质包括温度、透明度、颜色、气味、比重、导电性和放射性等。地下水的化学成分可呈离子、分子、化合物和气体状态。下列成分具有重要的意义：H^+（pH）、Ca^{2+} 和 Mg^{2+}（水的硬度）、CO_2、SO_4^{2-}、矿化度等。

3. 地下水的类型

地下水按物理性质可分为气态水、液态水（吸着水、薄膜水、毛细水和重力水）和固态水。地下水按埋藏条件分主要有潜水和承压水。潜水具有无压、埋藏浅、补给容易、循环快、季节变化明显、易受污染等特点。承压水具有静水压力，补给区和承压区不一致，水位、水量、水质及水温等受气象水文因素的影响较小，含水层厚度稳定不变，水质不易受污染等特点。地下水面及其形状可用水文地质剖面图和等水位（压）线图来表示。

4. 地下水的运动

地下水运动的速度比较慢，多属层流形式，且在大多数情况下服从线性渗透定律，即达西定律。裘布依应用达西定律推导出的稳定井流公式可用于计算抽水井的涌水量和水位降深，还可用于计算水文地质参数 k 和 R。

5. 水文地质条件

工程建设中地下水常带来不良影响，如地基渗透变形、基坑涌水、建筑材料腐蚀等，因此必须查明建筑地区的水文地质条件，包括地下水的类型、地下水位及变幅，地下水的补给来源、流动方向及水力坡度，岩土的透水性、富水性，透水层与隔水层的岩性结构、厚度及分布规律，地下水的化学成分及腐蚀性等。

思 考 题

1. 地下水的温度取决于哪些因素？

2. 地下水中包含哪些化学成分？

3. 研究地下水的化学性质有何重要意义？

4. 潜水、承压水分别有什么样的特征？

5. 潜水面的形状与哪些因素有关？试论述之。

6. 怎样表示潜水面的形状？等水位线图如何绘制？它有哪些用途？

7. 潜水和承压水的补给、径流、排泄分别有何特点？

8. 什么样的地质构造条件适宜储存承压水？试绘图并说明。

9. 简述裂隙水的分布特征。

10. 在岩溶分布区怎样寻找地下水？

11. 写出达西定律的关系式，并指出各符号的意义及达西定律的适用范围。

12. 裘布依在推导地下水向完整井的稳定运动时的基本假定有哪些？这些假定对实际应用会有什么影响？

13. 写出地下水向潜水完整井运动的裘布依公式，并指出式中各符号的含义。

14. 在厚度为 12.5m 的砂砾石潜水含水层进行完整井抽水试验，井径 160mm，观测孔距抽水井 60m，当抽水井降深 2.5m 时涌水量为 600m³/d，此时观测井降深为 0.24m，计算含水层的渗透系数。

15. 有一潜水完整井，含水粗砂层厚 14m，渗透系数为 10m/d，含水层下伏为黏土层，潜水埋藏深度为 2m，钻孔直径为 304mm，当抽水孔水位降深为 4m 时，经过一段时间抽水，达到稳定流，影响半径可采用 300m，试绘制剖面示意图并计算井的涌水量。

任务 ⑥

认识不良地质现象

学习目标与要求 ☞

　1. 分析各种不良地质现象的成因和发生条件。
　2. 掌握崩塌基本概念及形成条件。
　3. 掌握滑坡主要形态特征、影响因素。
　4. 了解泥石流的形成条件及其发育特点。
　5. 掌握岩溶作用的基本条件，了解岩溶形态特征。
　6. 掌握地震震级与烈度的关系。

任务重点 ☞

　崩塌、滑坡、泥石流、岩溶的形成条件；地震震级与烈度的关系。

任务难点 ☞

　滑坡、崩塌、泥石流、岩溶的特点。

6.1　崩塌与滑坡

6.1.1　崩塌的基本概念与工程防治

1. 崩塌和落石

崩塌是指陡峻斜坡上的岩、土体在重力作用下突然脱离坡体向下崩落的现象。崩塌时破碎岩块倾倒、翻滚、跳跃、撞击，最后坠落堆积在坡脚。崩塌的发生是突然、猛烈的，具有强烈的冲击破坏力，常使坡脚下的建筑物和道路工程遭到毁坏，甚至被掩埋，造成巨大伤亡和损失。

崩塌的规模大小相差悬殊。若陡峻斜坡上个别、少量岩块、碎石脱离坡体向下坠落，称为落石；小型崩塌则可崩落几十至几百立方米岩块；大型崩塌可崩下几万至几千万立方米岩块；规模极大的崩塌可称山崩。2007 年 7 月 28 日晚上 11 点，四川北川羌族自治县白什乡后山发生大规模崩塌，大约有 40 万 m³ 山体崩塌，造成山谷中白水河淤塞，崩塌造成三个自然村 1700 多名村民外出困难（图 6.1）。

2. 崩塌的形成条件

（1）地形地貌条件

高陡斜坡构成的峡谷地区易于发生崩塌。一般斜坡坡度大于 55°、高度超过 30m 的地段有利于发生崩塌。这种地段一般属地壳上升区，河流下蚀强烈，斜坡相对高差较大，岸坡岩体卸荷裂隙发育，特别在河流凹岸陡坡段，都具备了有利于发生崩塌的条件。

（2）岩性条件

岩性对崩塌有明显的控制作用。高陡边坡多为坚硬脆性岩石构成，而易风化的软岩则多构成低缓斜坡。此外，由硬、软岩相间构成的边坡因差异风化使硬岩突出、软岩内凹，突出悬空的硬岩也易于发生崩塌（图 6.2）。

图 6.1　2007 年 7 月 28 日北川羌族自治县
白什乡山体崩塌

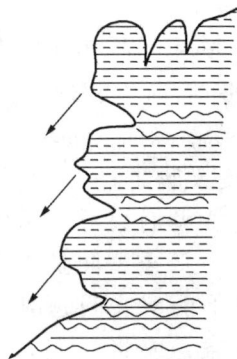

图 6.2　软、硬岩
相间发生的崩塌

（3）地质构造条件

岩体中各种不连续面的存在是产生崩塌的基本条件。当各种不连续面的产状和组合有利于崩塌时，就成为发生崩塌的决定性因素。图6.3中厚层石灰岩构成的高陡边坡层理面向山内倾斜，高倾角节理面2与低倾角节理面1向山外倾斜，当坡顶出现由这三组不连续面构成的楔形体岩块时就可能发生崩塌或落石危害。

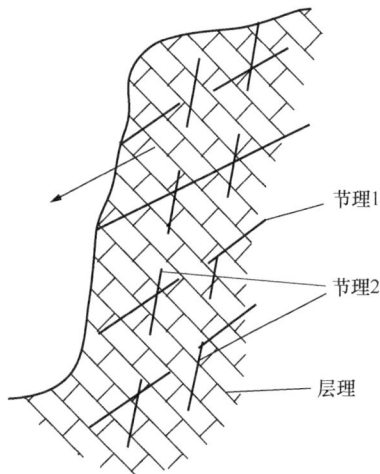

图6.3 层理、节理组合发生崩塌

（4）水的条件

水是诱发崩塌的必要条件。据统计，崩塌绝大多数发生在雨季，特别是大雨过后不久。渗入地下岩体节理裂隙中的地下水增大了岩体重量，软化了岩体强度，增加了水的静、动水压力，促使节理裂隙扩展、连通，诱发了崩塌。

（5）其他条件

主要是人为因素和振动影响。人为因素是指在工程设计和施工中处理不当，促使崩塌发生。振动包括地震和列车、爆破施工引起的振动，也是诱发崩塌的因素。

3. 崩塌的防治

在采取防治措施之前，必须首先查清崩塌形成的条件和直接诱发的原因，有针对性地采取整治措施。常用的防治措施有：

1）排水。在可能发生崩塌的地段上方修建截水沟，不使地表水流入崩塌区内。崩塌地段地表岩石节理、裂隙可用黏土或水泥砂浆填封，防止地表水下渗。

2）落石和小型崩塌可采用：

① 清除危岩。清除斜坡上有可能崩落的危岩和孤石，防患于未然。

② 支护加固。采用浆砌片石垛、钢轨插别、支护墙、锚杆等方法支撑可能崩落的岩体（图6.4）。

③ 拦挡工程。在道路或建筑物上方距崩塌地段间有较宽平缓地段时可设拦石墙或拦石网（钢轨背后加钢丝网，图6.5），拦挡并定期清除崩落石块，不使其落到道路和建筑物之上。

3）大型崩塌可采用棚洞或明洞（图6.6）等重型防护工程。若重型工程仍不能解决问题时，只能采取绕避方案：或将线路内移作隧道，或将线路改移到河对岸。大型崩塌应在勘测阶段查明并绕避，以免造成重大损失。

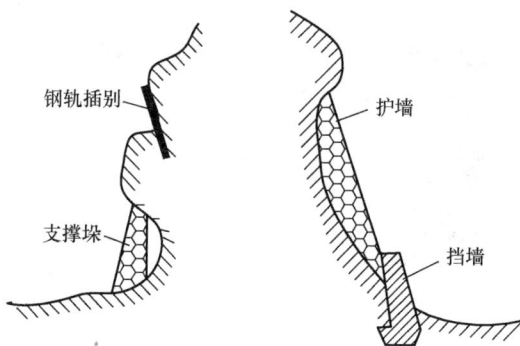

图6.4 崩塌支护加固措施

图 6.5 拦石网

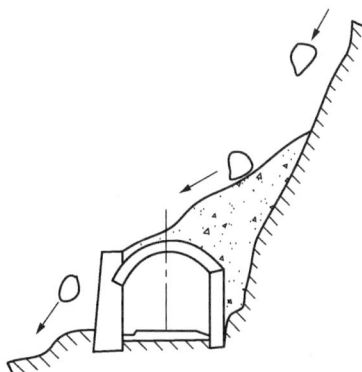

图 6.6 防崩塌明洞

6.1.2 滑坡的基本概念

滑坡是指斜坡上的岩、土体在重力作用下沿着斜坡内部一定的滑动面(或滑动带)整体下滑,且水平位移大于垂直位移的坡体变形。滑坡是山区铁路、公路、水库及城市建设中经常遇到的一种地质灾害。

通常,一个发育完全的、比较典型的滑坡在地表显示出一系列滑坡形态特征,这些形态特征成为正确识别和判断滑坡的主要标志(图 6.7)。

1. 滑坡体

沿滑动面向下滑动的那部分岩、土体可称为滑坡体,简称滑体。滑坡体的体积,小的为几百至几千立方米,大的可达几百万甚至几千万立方米。

2. 滑动面

滑坡体沿其下滑的面为滑动面。此面是滑动体与下面不动的滑床之间的分界面。有的滑坡有明显的一个或几个滑动面;有的滑坡没有明显的滑动面,而有一定厚度的由软弱岩土层构成的滑动带。大多数滑动面由软弱岩土层层理面或节理面等软弱结构面贯通而成。确定滑动面的性质和位置是进行滑坡整治的先决条件和主要依据。

3. 滑坡床

滑坡面下稳定不动的岩、土体称滑坡床。

4. 滑坡周界

平面上滑坡体与周围稳定不动的岩、土体

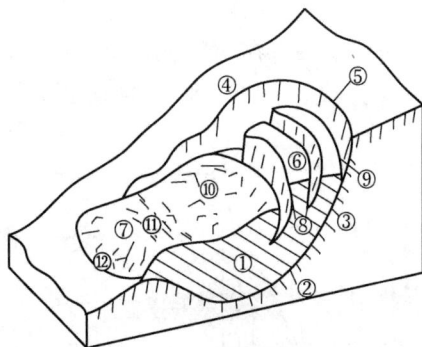

图 6.7 滑坡形态特征

① 滑坡体;② 滑动面;③ 滑坡床;④ 滑坡周界;
⑤ 滑坡壁;⑥ 滑坡台阶;⑦ 滑坡舌;⑧ 张裂隙;
⑨ 主裂隙;⑩ 剪裂隙;⑪ 横向裂隙;⑫ 扇形裂隙

的分界线称滑坡周界。

5. 滑坡壁

滑坡体后缘与不滑动岩体断开处形成的高约数十厘米至数十米的陡壁称滑坡壁，平面上呈弧形，是滑动面上部在地表露出的部分。

6. 滑坡台阶

滑坡体各部分下滑速度差异或滑体沿不同滑面多次滑动，在滑坡上部形成的阶梯状台面称滑坡台阶。

7. 滑坡舌

滑坡体前缘伸出部分如舌状，称滑坡舌。由于受滑床摩擦阻滞，舌部往往隆起形成滑坡鼓丘。

8. 滑坡裂隙

在滑坡体及其周界附近有各种裂隙：滑坡后缘一系列与滑坡壁平行的弧形张拉裂隙；沿滑坡壁向下的张裂隙最深、最长、最宽，称主裂隙；滑坡体两侧周界生成与周界线斜交的剪切裂隙；滑坡体前缘鼓丘上形成与滑动方向垂直的张拉裂隙；滑舌处形成与舌前缘垂直的扇形扩散张拉裂隙。

此外，在滑坡体上还常见有各种地貌、地物特征，可作为确定滑坡的重要参考。例如，在滑坡体上房屋开裂甚至倒塌；滑坡体上的"马刀树"和"醉林"现象；滑坡周界处"双沟同源"现象；滑坡体表面坡度比周围未滑动斜坡坡度变缓等。

6.1.3 滑坡的形成条件及分类

1. 滑坡的形成条件及力学分析

滑坡滑动面的形态常见的有沿软弱结构面滑动的平面形，有沿不同结构面组合而成的折线形，有在均质岩、土中产生的弧形等。以图 6.8 所示弧形滑动面为例，进行滑坡受力状态分析。假设滑动面为圆弧形，圆心为 O，OB 为半径；垂线 OE 右侧 $ABEFD$ 的自重 P 是促使滑坡体滑动的力，OE 左侧 ECF 的自重 Q 是抵抗滑动的力（当 OE 位于 C 点左侧时，整个滑动体自重均为下滑力，没有自重产生的抗滑力）；沿 $ABEC$ 滑动面存在抵抗滑动的抗剪应力 τ。

当斜坡岩、土体处于极限平衡状态时，所有作用在滑动体上的力对于任一点力矩之和为零。如以 O 点为力矩中心，

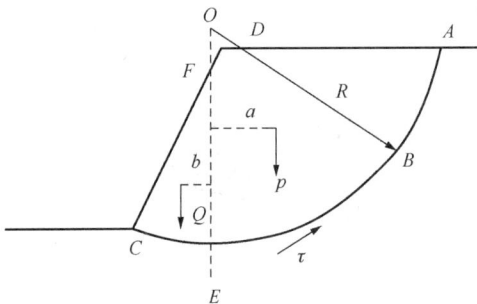
图 6.8　滑坡受力状态

则有

$$P \cdot a - Q \cdot b - \sum \tau \cdot R = 0 \tag{6.1}$$

令

$$K = \frac{Q \cdot b + \sum \tau \cdot R}{P \cdot a} \tag{6.2}$$

其中，K 为稳定系数；分母为总下滑力矩；分子为总抗滑力矩。$K>1$，斜坡稳定；$K=1$，斜坡处于极限平衡状态；$K<1$，滑体下滑。

由上述力学分析得出结论：滑坡形成条件为：①必须形成一个贯通的滑动面；②总下滑力大于总抗滑力。通常，沿 $ABEC$ 形成贯通滑动面是一个渐进过程。首先在 $ABEC$ 上局部点、段处下滑剪切力超过该点、段处的抗剪强度，该点、段处岩、土体出现剪断裂隙，随之此裂隙不断扩展，最终沿 $ABEC$ 全部断裂贯通，滑坡发生。这个渐进过程有时较快，有时则较慢；有些滑坡在地表可见到岩、土体蠕动或开裂的逐渐出现，有些滑坡则在整体滑动之前地表无明显变形破坏迹象。

2. 滑坡分类

根据滑坡的不同特征和不同工程的要求，有三种常用的分类方法。

（1）按滑坡力学特征分类

牵引式滑坡：滑体下部先失去平衡，发生滑动，逐渐向上发展，使上部滑体受到牵引而跟随滑动。

推动式滑坡：滑体上部局部破坏，上部滑动面局部贯通，向下挤压下部滑体，最后整个滑体滑动。

（2）按滑动面与地质构造特征分类

均质滑坡：多发生在均质土体或极破碎的、强烈风化的岩体中的滑坡。滑动面不受岩体中结构面控制，多为近圆弧形滑面（图6.9）。

顺层滑坡：沿岩层面或软弱结构面形成滑面的滑坡，多发生在岩层面与边坡面倾向接近、而岩层面倾角小于边坡坡度的情况下（图6.10）。

切层滑坡：滑动面切过岩层面的滑坡，多发生在沿倾向坡外的一组或两组节理面形成贯通滑动面的情况下（图6.11）。

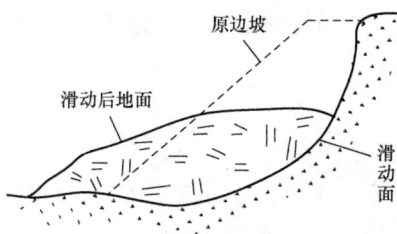

图6.9　均质滑坡

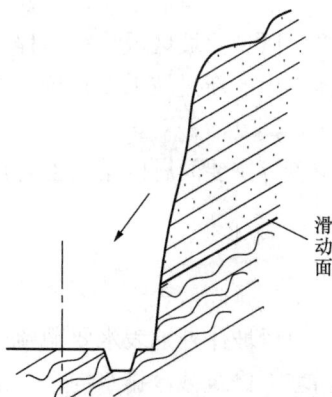

图6.10　顺层滑坡

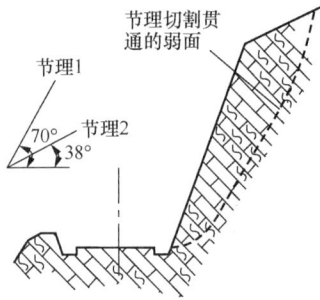

节理切割贯
通的弱面

节理1
节理2
70°
38°

图 6.11　切层滑坡

6.1.4　滑坡的影响因素

滑坡的形成和发展主要受地形地貌、地层岩性、地质构造、地下水和人为因素等影响。

1）地形地貌。斜坡的高度和坡度与斜坡稳定性有密切关系。通常，开挖的边坡愈高、愈陡，稳定性愈差。力学分析表明，开挖边坡在坡顶出现拉应力，在坡脚出现剪应力集中，边坡愈高、愈陡，拉应力区域愈大，剪应力集中程度愈高。

2）地层岩性。坚硬、完整岩体构成的斜坡一般不易发生滑坡，只有当这些岩体中含有向坡外倾斜的软弱夹层、软弱结构面，且倾角小于坡面、能够形成贯通滑动面时才能形成滑坡。各种软岩或第四纪松散沉积物组成的斜坡容易发生滑坡。因为这些岩石和土的抗剪强度低，多含黏土矿物，具有多种软弱结构面，较易形成贯通滑动面，一旦有地下水侵入则常发生滑坡。

3）地质构造。断层、节理和倾斜岩层的产状对滑坡的形成有非常重要的影响，有时是决定性因素，因为多数滑动面是沿有利于滑动的各种倾斜岩层面、节理面及破碎岩带形成的。

4）地下水。绝大多数滑坡都必须有地下水的参与才能发生滑动。因为地下水进入滑动体，到达滑动面，使滑动体重量增大，使滑动面抗剪强度降低，再加上对滑动体的静、动水压力，都成为诱发滑坡形成和发展的重要因素。

5）人为因素及其他因素。人为因素主要指人类工程活动不当引起滑坡，包括工程设计不合理和施工方法不当造成短期甚至十几年后发生滑坡的恶果。其他因素中主要应考虑地震或列车振动可能引发的滑坡。

6.1.5　滑坡的工程防治

对滑坡的防治原则应当是以防为主、整治为辅；查明影响因素，采取综合整治；一次根治，不留后患。在工程位置选择阶段，尽量避开可能发生滑坡的区域，特别是大型、巨型滑坡区域；在工程场地勘测设计阶段，必须进行详细的工作地质勘测，对可能产生的新滑坡采取正确、合理的工程设计，避免新滑坡的产生；对已有的老滑坡要防止其复活；对正在发展的滑坡进行综合整治。整治措施应在查明滑动原因、滑动面位置等主要问题的基础上有针对性地提出。常用的整治措施有以下几方面。

1. 排水

（1）排除地表水

对滑坡体外地表水要截流旁引，不使它流入滑坡内。最常用的措施是在滑坡体外部斜坡上修筑截流排水沟，当滑体上方斜坡较高、汇水面积较大时这种截水沟可能需要平行设置两条或三条。对滑坡体内的地表水，要防止它渗入滑坡体内，尽快把地表水用排水明沟汇集起来引出滑坡体外。应尽量利用滑体地表自然沟谷修筑树枝状排水明沟，或与截水沟相连，形成地表排水系统（图 6.12）。

地表排水沟要注意防止渗漏，沟底及沟坡均应以浆砌片石防护。图 6.13 表示截水沟断面的构造及尺寸。

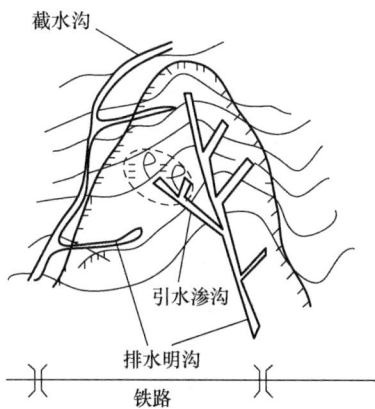

图 6.12　滑坡地表排水系统示意图

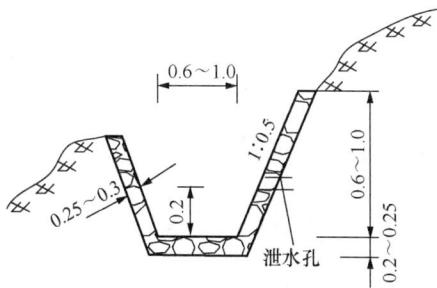

图 6.13　截水沟断面构造
（图上尺寸单位为 m）

（2）排除地下水

滑坡体内地下水多来自滑体外，一般可采用截水盲沟引流疏干。对于滑体内浅层地下水，常用兼有排水和支撑双重作用的支撑盲沟截排地下水。支撑盲沟的位置多平行于滑动方向，一般设在地下水出露处，平面上呈 Y 形或 I 形（图 6.14）。盲沟（也称渗沟）的迎水面做成可渗透层，背水面为阻水层，以防盲沟内集水再渗入滑体；沟顶铺设隔渗层（图 6.15）。

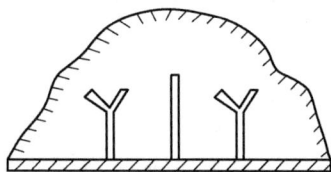

图 6.14　支撑盲沟

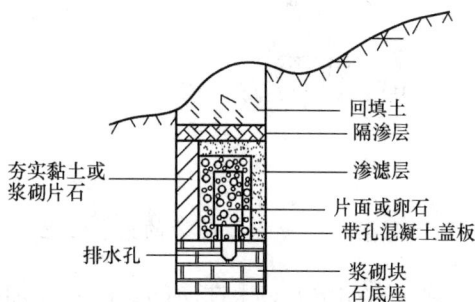

图 6.15　截水盲沟

2. 削坡、减重、反压

这种措施施工方便、技术简单，在滑坡防治中广泛采用。其主要做法是将滑体上部岩、土体清除，降低下滑力，清除的岩、土体可堆筑在坡脚，起反压抗滑作用。

3. 修建支挡工程

支挡工程的作用主要是增加抗滑力，直到不再滑坡。常用的支挡工程有挡土墙、抗滑桩和锚固工程。

挡土墙应用广泛，属于重型支挡工程。采用挡土墙必须计算出滑坡滑动推力，查明滑动面位置。挡土墙基础必须设置在滑动面以下一定深度的稳定岩层上，墙后设排水沟，以消除对挡土墙的水压力（图 6.16）。

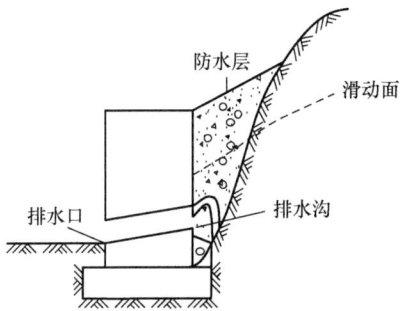

图 6.16　挡土墙

抗滑桩（图 6.17）是近 20 多年来逐渐发展起来的抗滑工程，已广泛采用。桩材料多为钢筋混凝土，桩横断面可为方形、矩形或圆形，桩下部深入滑面以下的长度应不小于全桩长的1/4～1/3，平面上多沿垂直滑动方向成排布置，一般沿滑体前缘或中下部布置单排或两排。桩的排数、每排根数、每根长度、断面尺寸等均应视具体滑坡情况而定。已修成的较大滑坡抗滑桩实例为三排，共 50 多根，最长的单根桩约 50m，断面 4m×6m。

锚固工程是近二十多年发展起来的新型抗滑加固工程，包括锚杆加固和锚索加固。通过对锚杆或锚索预加应力，增大了垂直滑动面的法向压应力，从而增加滑动面抗剪强度，阻止了滑坡发生（图 6.18）。

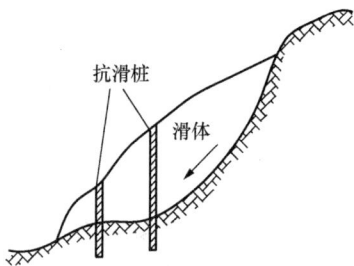

图 6.17　抗滑桩

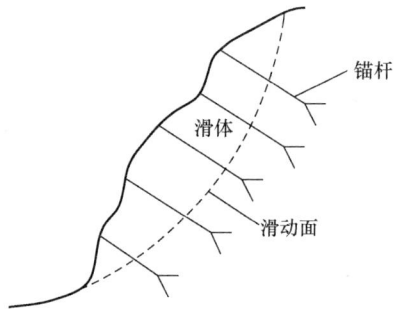

图 6.18　锚固滑体

4. 改善滑动面或滑动带的岩、土性质

改善滑动带岩、土性质的目的是增加滑动带的抗剪强度，达到整治滑坡要求。灌浆法是把水泥砂浆或化学浆液注入滑动带附近的岩、土中，其凝固、胶结作用使岩、土体抗剪强度提高。电渗法是在饱和土层中通入直流电，利用电渗透原理疏干土体，提高土体强度。焙烧法是用导洞在坡脚焙烧滑带土，使土变得像砖一样坚硬。改善滑带岩、土性质的方法在我国应用尚不广泛，有待进一步研究和实践。

6.2　泥　石　流

6.2.1　泥石流的基本概念

泥石流是一种含有大量泥沙、石块等固体物质的特殊洪流，通常在暴雨集中或积雪迅速融化时突然暴发，具有极强的破坏力。混浊的泥石流体沿着陡峻的山涧、峡谷冲出山外，在沟口平缓处堆积下来，将沿途遇到的村镇房屋、道路、桥梁瞬间摧毁、掩埋，造成严重的自然灾害。

我国是一个多山国家，山区面积达70%左右，是世界上泥石流最发育的国家之一。我国泥石流主要分布在西南、西北和华北山区，华东、中南部分山地及东北辽西、长白山区也有分布。在我国的公路网中，以川藏、川滇、川陕、川甘等线路的泥石流灾害最为严重，仅川藏公路沿线就有泥石流沟1000余条，先后发生泥石流灾害400余起，每年因泥石流灾害阻碍车辆行驶时间长达1～6个月。泥石流还对修建于河道上的水电工程造成很大危害，如云南省近几年受泥石流冲毁的中、小型水电站达360余座、水库50余座；上千座水库因泥石流活动而严重淤积，造成巨大的经济损失。

6.2.2　泥石流的形成条件及分类

1. 泥石流的形成条件

泥石流与一般洪流的不同之处在于它含有大量固体物质。泥石流的形成必须具备丰富的松散固体物质、足够的突发性水源和陡峻的地形三个基本条件。另外，某些人为因素对泥石流的形成也有不可忽视的影响。

（1）松散固体物质

泥石流沟流域范围内的地质环境条件决定了松散固体物质是否丰富。一般泥石流活跃地区都是地质构造复杂、新构造运动和地震活动强烈、岩石风化破碎严重、滑坡和崩塌等地质灾害多发的地区。新构造运动强烈、地震活动频繁、构造断裂发育，使岩石破碎，山体失稳，风化加速和地质灾害频繁发生，就为泥石流提供了大量的松散固体物质。

（2）水源条件

水是泥石流的组成部分和搬运介质，是发生泥石流的必要条件。水的来源主要是集中的暴雨，也可以是冰雪迅速、大量融化或水库溃决。在季风影响下，我国大部分地区降雨量集中在5～9月的雨季，雨季降雨量占年降雨量60%甚至90%以上。在许多山区，连续几天甚至几小时的暴雨可达100～1000mm降雨量。

（3）地形条件

泥石流的地形条件要求大气降雨能迅速汇聚，并拥有巨大动能。为此，沟上游应有一个面积很大、便于汇水的区域，此区域多为三面环山、一面出口的瓢形围谷地形。区内山坡较陡，约为30°～60°，坡面岩土裸露，植被稀少，沟谷狭窄幽深，沟壁陡峭，沟床坡降大。沟的下游多位于沟口外大河河谷地两侧，地形开阔、平坦，是泥石流的沉积处所。

典型的泥石流沟可划分为三个区段（图6.19）：

1）形成区：一般位于泥石流沟的上、中游。它又可分为汇水动力区及固体物质供应区，汇水区是

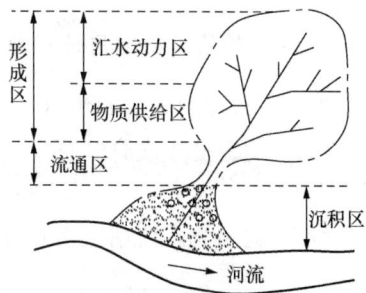

图6.19　典型的泥石流沟分区

汇聚和提供水源的地方，物质供应区山体裸露、风化严重、不良地质作用广泛分布，是为泥石流储备与提供大量泥沙石块的地方。

2）流通区：位于泥石流沟中、下游，多为一段较短的深陡峡谷。非典型的泥石流沟可能没有明显的流通区。

3）沉积区：位于泥石流沟下游，一般多为山口外地形较开阔地段，泥石流至此流速变缓，大量固体物质呈扇形沉积。

（4）人为因素

人类工程活动不当可促使泥石流发生、发展或加剧其危害。乱砍滥伐森林、开垦陡坡，破坏了植被，使山体裸露；开矿、采石、筑路中任意堆放弃渣，都直接、间接地为泥石流提供了物质条件和地表流水迅速汇聚的条件。据统计，人为因素造成的泥石流占铁路泥石流的 25%～35%，对此必须引起高度重视。

2. 泥石流分类

（1）按其物质成分分类

泥石流：由大量黏性土和粒径不等的砂粒、石块组成。

水石流：由水和大小不等的砂粒、石块组成的泥石流。细粒土含量一般小于 10%。

（2）按其物质状态分类

黏性泥石流：含大量黏性土的泥石流或泥流。其特征是：黏性大，固体物质占 40%～60%，最高达 80%。其中的水不是搬运介质，而是组成物质，稠度大，石块呈悬浮状态，暴发突然，持续时间亦短，破坏力大。

稀性泥石流：以水为主要成分，黏性土含量少，固体物质占 10%～40%，有很大分散性。水为搬运介质，石块以滚动或跃移方式前进，具有强烈的下切作用。其堆积物在堆积区呈扇状散流，停积后似"石海"。

以上分类是我国最常见的两种分类，除此之外还有多种分类方法，如按泥石流的成因分为水川型泥石流、降雨型泥石流，按泥石流流域大小分为大型泥石流、中型泥石流和小型泥石流，按泥石流发展阶段分为发展期泥石流、旺盛期泥石流和衰退期泥石流等。

6.2.3 泥石流的工程防治

1. 道路位置工程地质选线原则

铁路、公路通过泥石流区应遵循下列工程地质选线原则：

1）应绕避处于发育旺盛期的特大型、大型泥石流或泥石流群，以及淤积严重的泥石流沟。

2）应远离泥石流堵河严重地段的河岸。

3）线路高程应考虑泥石流发展趋势。

4）峡谷河段以高桥大跨通过。

5）宽谷河段、线路位置及高程应根据主河床与泥石流沟淤积率、主河摆动趋势确定。

6）线路跨越泥石流沟时，应避开河床纵坡由陡变缓和平面上急弯部位；不宜压缩沟床断面、改沟并桥或沟中设墩；桥下应留足净空。

7）严禁在泥石流扇上挖沟设桥或做路堑。

山区道路通过泥石流地区的具体位置通常有下述五个方案可供比选，五个方案的优缺点评述如下（图 6.20）。

1）线路通过泥石流沟口的流通区，以单孔高桥通过。流通区沟床稳定，冲刷、淤积相对最小，是最稳定、最少工程措施的方案，应为最佳方案（1 方案）。由于流通区位置较高，沿河线路需爬坡展线才能到达此处。

2）线路在堆积区中部通过。这里沟床变迁不定，泥沙石块冲刷、淤积严重，是最不利方案（2 方案）。若由于其他困难，线路不得不从此通过时，则在路桥设计原则和配套工程措施上必须谨慎和有力，例如要求提高桥梁高度以利桥下排洪净空；要分散设桥，不宜改沟、并沟或任意压缩沟槽；少设桥墩，多用大跨；桥梁墩台基础深埋；线路尽可能与主沟流向正交；设置必需的导流、排泄和防护设施等。

图 6.20 铁路通过泥石流区的方案

3）线路沿泥石流洪积扇外缘通过（3 方案）。此为经常采用的方案。这一方案的冲刷、淤积均较 2 方案弱，线路较顺，但仍需遵照上述设计原则和设置必要的工程设施。

4）若泥石流规模较大，上述三个方案均不可行时，则采用彻底绕避方案：或采用过河绕避（4 方案），或采用靠山从形成区下稳定岩层中修筑隧道绕避（5 方案）。绕避方案宜在新建铁路时采用。对已成铁路，此方案虽彻底避开了泥石流，但耗资巨大，废弃工程多，应进行全面综合分析。

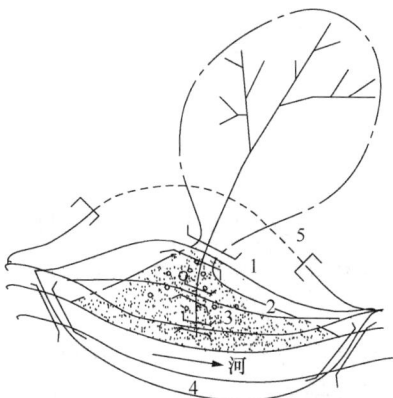

2. 治理工程

治理工程的目的是控制泥石流的发生和流向，减少其危害程度。主要的治理工程有三类。

（1）拦挡工程

拦挡工程主要用于上游形成区内，主要建筑物是各种形式的坝。各种坝可以拦截泥石流固体物质，使沟床纵坡变缓，过坎下跌消耗泥石流下冲能量，减小泥石流的流速和规模，同时固定沟床，防止下切谷坡，发生坍塌。如图 6.21 为一沟多坝的谷坊群，图 6.22 为能截留固体物质、排走流水的格栅坝。

图 6.21 谷坊群

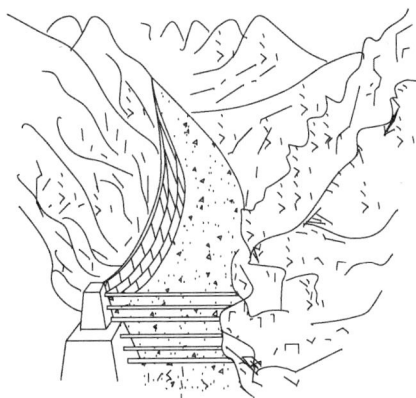

图 6.22 格栅坝

（2）排导工程

排导工程主要用于下游洪积扇，目的是防治泥石流出山口后漫流改道，减小冲刷和淤积的破坏性，使泥石流沿一定方向和位置通畅排泄。对于采用 2、3 方案的线路，排导工程的修建是不可缺少的。

排洪道是排泄泥石流的工程建筑物，应尽可能布置成直线形，主要用于约束泥石流由固定的排洪道排泄。排洪道出口一般与河流流向成锐角，有利于河流流水带走泥石流淤积的固体物质。排洪道底部和边坡均应用浆砌片石或混凝土砌筑。

导流堤是一种堤坝工程建筑物，主要用于引导泥石流改变方向，使之不致危害道路、桥梁或厂、矿、村镇的安全。

（3）水土保持

水土保持是泥石流治本措施，包括平整山坡、植树造林、保护植被等。由于水土保持需要较长时间才能见效，往往与前述工程措施配合使用。

6.3 岩　溶

6.3.1 岩溶的基本概念

岩溶，原称喀斯特。喀斯特（Karst）原是南斯拉夫西北部沿海一带碳酸盐岩高原的地名，那里发育着各种碳酸盐岩地形。19 世纪末，南斯拉夫学者 J. Cvijic 研究了喀斯特高原的奇特地貌，并把这种地貌叫做喀斯特。以后，就借用喀斯特这个地名来称呼碳酸盐岩地区一系列特殊的地貌过程和水文现象。

凡是以地下水为主、地表水为辅，以化学过程为主、机械过程为辅的对可溶性岩石的破坏和改造作用都叫岩溶作用。这种作用所造成的地表形态和地下形态叫岩溶地貌。岩溶作用及其所产生的水文现象和地貌现象统称岩溶。

岩溶在我国分布非常广泛。广西的桂林山水、云南昆明的路南石林，皆闻名于世。这种奇异的景观都发育在碳酸盐岩地区。广西碳酸盐岩出露的面积占全区面积的 60%，贵州和云南东南部碳酸盐岩分布的面积占该地区总面积的 50% 以上。整个西南石灰岩地区连成一片，面积共达 550 000km²；全国石灰岩分布面积约 1 300 000km²，约占全国总面积的 13.5%。

由于岩溶地区有着独特的水文特征和地貌特征，在岩溶地区进行各种经济建设和生产活动都会遇到非岩溶地区所没有的问题。在岩溶地区由于存在大量的地下空洞，进行水库修建时要注意防止渗漏问题，在开凿隧道和建设矿井时要注意涌水、排水问题，在建筑铁路、桥梁和厂房时要注意地基的塌陷问题。

6.3.2　岩溶作用的基本条件

岩溶作用的基本条件是岩石的可溶性、透水性，水的溶蚀力、流动性。

1. 岩石的可溶性

岩石的可溶性主要取决于岩石的成分和结构。岩石成分指岩石的矿物成分和化学成分；岩石结构指组成岩石的颗粒大小、形状和排列，以及岩石的胶结物的性质（胶结物质、胶结方式和胶结程度）等。

从岩石成分来看，可溶性岩石基本上分为三类，即碳酸盐类岩石（石灰岩、白云岩、硅质灰岩和泥灰岩）、硫酸盐类岩石（石膏、芒硝）、卤盐类岩石（石盐和钾盐）。碳酸盐类岩石的矿物成分主要是方解石 $CaCO_3$ 或白云石（Ca，Mg）CO_3，其次是 SiO_2、Fe_2O_3、Al_2O_3 以及黏土物质。石灰岩的成分以方解石为主，白云岩的成分以白云石为主，硅质灰岩是含有燧石结核或条带的石灰岩，泥灰岩则为黏土物质与 $CaCO_3$ 的混合物。一般说来，石灰岩比白云岩易溶蚀，白云岩比硅质灰岩易溶蚀，硅质灰岩又比泥灰岩易溶蚀。

碳酸盐岩结构对岩溶发育的影响主要是原生孔隙性的影响。一般说来，盆地或大陆架深水区沉积生成的碳酸盐岩孔隙小而少，不利于岩溶发育，而过渡性沉积区生成的碳酸盐岩多孔隙，有利于岩溶发育。

2. 岩石的透水性

岩石的透水性取决于岩石的裂隙度和孔隙度，对可溶岩的透水性来说，前者较后者更为重要。褶皱和断裂使岩石透水性加强，对岩溶发育具有一定的控制作用。

岩层在褶皱的弯曲过程中往往产生裂隙，尤其在褶皱轴部裂隙更加密集和开扩，使透水性更加增强，有利于碳酸盐岩的溶蚀和岩溶发育。背斜顶部有张裂隙，宽度较大，分布深，岩溶以漏斗和竖井等垂直形态为主；相对低洼的向斜轴部、下部也有张裂隙，且易积水，多发育地下河，由于洞顶坍塌，又产生漏斗和落水洞，向斜轴部垂直和水平通道都易发育。因此，在褶皱区地表岩溶具有沿褶皱走向、呈条带状分布的特点。

富水优势断裂常为较大的地表水和地下水汇集的地方，往往发育成管状水道或地下河，也是地面塌陷集中分布的地带。

3. 水的溶蚀力

纯水的溶蚀力是微弱的，只有当水中含有 CO_2 时才有较强的溶蚀作用，将 $CaCO_3$ 溶解，而把不能溶解的残余物质留下，或呈悬浮状态带走。

在含 CO_2 的水中，CO_2 与 H_2O 化合成碳酸，碳酸又离解为 H^+ 与 HCO_3^- 离子。水中 CO_2 含量越高，H^+ 也越高，而 H^+ 是很活跃的离子。当含多量 H^+ 的水对石灰岩作用时，H^+ 就会与 $CaCO_3$ 中的 CO_3^{2-} 结合成 HCO_3^-，分离出 Ca^{2+}，而使 $CaCO_3$ 溶解于水。

4．水的流动性

如果被 $CaCO_3$ 所饱和的水溶液一直处于流动状态，由于水量、水温、气压等条件的变化，或形成混合溶液，可能随时变饱和溶液为不饱和溶液，重新获得溶蚀力，或者变饱和溶液为过饱和溶液，发生沉淀作用。

6.3.3 岩溶地貌

1．地表岩溶地貌

（1）石芽与溶沟

地表水流沿着坡面上的节理裂隙流动，溶蚀和冲蚀出许多凹槽和坑洼，凹槽为溶沟，沟间的突起为石芽（图 6.23）。石芽有裸露的，也有埋藏的。从山坡的上部到下部石芽常呈有规律的分布：全裸露石芽—半裸露石芽—埋藏石芽（图 6.24）。石林是一种非常高大的石芽。

图 6.23　石芽与溶沟

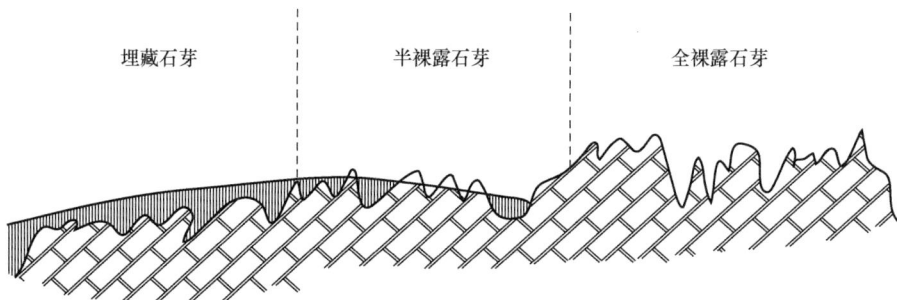

图 6.24　斜坡上的石芽

（2）漏斗

漏斗是呈碗碟状或倒锥状的洼地，直径一般为数米至数十米，深数米至数十米，底部常有管道通往地下，它起着集水和消水的作用。如果下部管道被溶蚀残余物堵塞，则可积水成池。

（3）竖井

竖井实际上是一种塌陷漏斗，在平面轮廓上呈方形、长条状或不规则圆形。长条状是沿一组节理发育的，方形或圆形则是沿两组节理发育的。竖井井壁陡峭，近乎直立。

（4）落水洞

落水洞是地表水流入地下的进口，其大小不一，形态各异。竖井和漏斗的形成主要是溶蚀作用与塌陷作用，而落水洞的形成则除溶蚀作用外还有机械侵蚀作用，特别是当大量地面水通过落水洞转为地下河的情况下，侵蚀作用非常强烈。

（5）溶蚀洼地

溶蚀洼地是一种盆状洼地，周围被石灰岩山丘包围，底部常附生着漏斗（图 6.25）。溶蚀洼地也可由许多漏斗逐渐融合而成。在广西一带，溶蚀洼地的直径可达 500m，最大可达 1～2km。洼地底部有厚 2～3m 的红土覆盖，上面常有耕地分布。

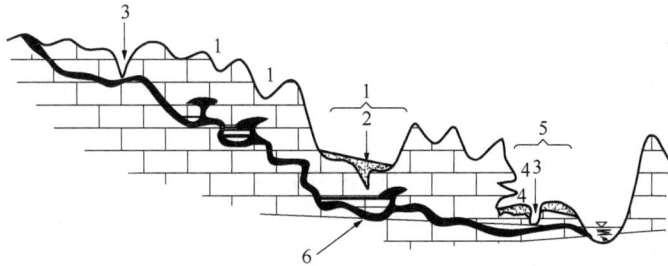

图 6.25　溶蚀洼地、漏斗和竖井在山地中的分布
1. 溶蚀洼地；2. 漏斗；3. 竖井；4. 溶洞；5. 阶地；6. 地下河

坡立谷是指宽广而平坦的岩溶谷地，大都沿断裂带或构造带溶蚀发育而成。其宽度可从数百米到数千米，长度数千米至数十千米，底部平坦，覆盖着溶蚀残余的黄色、棕色或红色黏土，有的地方还覆盖着河流冲积层。

（6）干谷和盲谷

当地面河流某一段被地下伏流所袭夺，这一段河谷就变成了没有水的干谷。当地面河进入地下河入口而转变为地下河时，河谷的前方常为石灰岩壁所阻，岩壁的脚下是地下河入口，这种向前没有通路的河谷就叫盲谷。

2. 地下岩溶地貌

（1）溶洞

溶洞是地下水沿可溶性岩体的各种构造面（层面、节理面或断裂面）、特别是沿着各种构造面互相交叉的地方逐渐溶蚀和侵蚀而开拓出来的地下洞室。当地下孔洞较小时，地下水运动缓慢，主要的作用是溶蚀。随着孔洞的不断扩大，地下水的运动随之加快，除溶蚀作用外还产生机械侵蚀作用，地下通道因而迅速扩大。

（2）地下河

在岩溶地区具有自由水面的地下水流称为地下河。

3. 岩溶地貌组合

上述各种岩溶地貌常呈一定组合而分布于地面，因为各种岩溶地貌在其发育过程中有成因上的联系，特别是地表岩溶地貌与地下岩溶地貌是密切相关的。

岩溶地貌的组合可分为平面组合和垂直组合，其中后者的工程地质意义更为突出，因此下面主要介绍岩溶地貌的垂直组合。主要的地表与地下岩溶地貌组合有以下几种。

（1）落水洞、竖井、地下通道组合

落水洞通过竖井把地表岩溶和深处发育的地下通道联系起来。落水洞往往出现在溶蚀洼地的底部，汇入洼地的地表水由洼地底部的落水洞和竖井流入地下通道。

（2）干谷和暗河组合

在有干谷出现的地方常有地下暗河存在，这是由于原来在干谷里流动的水流为适应新的侵蚀基准面而渗入地下，并发育了暗河。

（3）塌陷与地下岩洞组合

呈现在岩溶化地表的塌陷就是岩溶化地块内部地下岩洞发生坍落的结果。

（4）溶洞与地下通道组合

溶洞往往和地下通道相连，因此可以说溶洞就是地下通道的进出口。

（5）溶洞与阶地组合

溶洞在较稳定的地块中往往成层分布，即使在倾斜甚至垂直岩层组成的岩溶区，这种现象也很明显。这种溶洞层有的可与附近同高程的河流阶地进行对比。这主要是由于在当地侵蚀基准面相当稳定的时候岩溶地块中发育了与地面河床相适应的地下河或地下通道；待地壳上升和河流下切时在非岩溶区发育了阶地，而岩溶地块中的地下河或地下通道则成为与阶地同高程的溶洞。

（6）分水岭风口与溶洞组合

分水岭地带的风口常与山坡上的溶洞处于同一高程，这说明当时地面的侵蚀和地下的溶蚀是在同一岩溶侵蚀基准面控制下进行的。

6.3.4 岩溶区的主要工程地质问题

在岩溶地区修建各类工程建筑物时必须对岩溶进行工程地质研究，以预测和解决因岩溶而引起的各种工程地质问题。岩溶区的工程地质问题主要有以下几类。

1. 地基稳定性及塌陷问题

在岩溶地区，由于地表覆盖层下有石芽溶沟，岩体内部有暗河、溶洞，建筑物的地基通常是很不均匀的。上覆土层还常因下部岩溶水的潜蚀作用而塌陷，形成土洞。在广西等地的城市建筑工地上土洞现象非常普遍。土洞的塌陷作用常常是突然发生的。土洞出现的地区往往就是地下岩溶发育的区域。

工业与民用建筑物的压力作用范围多在地面以下 10m 左右，所以建筑物的地基既涉及上覆土层，也涉及下伏基岩。岩溶区的土层特点是厚度变化大，孔隙比高，因此地基很容易产生不均匀沉降，从而导致建筑物倾斜甚至破坏。这些在施工前都必须进行认真的勘察。

根据岩溶发育的特点，岩溶地区可能遇到以下几类地基。

（1）石芽地基

由于地表岩溶作用，石灰岩表层溶沟发育。纵横交错的溶沟之间多残留有锥状或尖棱状的石芽，致使石灰岩基面高低不平，形成石芽地基。石芽间的溶沟常被土充填，因此强度较低，压缩性较高，易引起地基的不均匀沉降而影响建筑物的稳定性。因此，在石芽地基上修建建筑物时，必须查清基岩的埋深、起伏情况、覆盖土层的压缩性及石芽的强度。

（2）溶洞地基

溶洞地基的稳定性取决于溶洞的规模、埋深及充填情况。当溶洞的规模大、埋深浅、溶洞顶板承受不了建筑物的荷载时，就会使溶洞顶板坍塌、地基失稳。当建筑物地基直接遇到溶洞时，可视溶洞的规模及充填物情况进行适当处理。溶洞规模小时，可采用清除或堵塞，或盖板跨越；规模大时，则不宜作为建筑物的地基。为了确保溶洞地基的稳定性，必须根据溶洞的规模、溶洞顶板岩层的性质确定洞穴离地面的安全深度，即溶洞顶板的安全厚度。当溶洞埋深大于安全厚度时地基是稳定的，否则地基不稳定，必须进行处理。

（3）土洞地基

在覆盖型岩溶地区，可溶岩的上覆土层中常常发育着空洞，一般叫土洞。当土洞顶板在建筑物荷重作用下失去平衡而产生下陷或塌落时，则危及建筑物的安全。因此，凡是岩溶地区有第四纪土层分布的地段，都要注意土洞发育的可能性，应查明土洞的成因、形成条件，土洞的位置、埋深、大小以及与土洞发育有关的溶洞、溶沟的分布。

由于土洞的形成与地表水和地下水的关系极为密切，土洞的处理首要措施是治水，然后根据具体情况可采取以下方法处理：

1）当土洞埋深较浅时，可采用挖填和梁板跨越。

2）对直径较小的深埋土洞，因其稳定性好，危害性小，故可不处理洞体，而仅在洞顶上部采取梁板跨越。

3）对直径较大的深埋土洞，可采用顶部钻孔灌砂（砾）或灌碎石混凝土充填空间。

2. 渗漏和突水问题

由于岩溶地区的岩体中有许多裂隙、管道和溶洞，在进行水库、大坝、隧道、基坑等工程活动时，如存在承压水并有富水优势断裂作为通道，则可能会遇到地下突水而导致基坑、隧道等工程的排水困难甚至淹没，也可能因岩溶渗漏而造成水库无法蓄水。

库区应选在地势低洼、四周地下水位较高、上游有大泉出露而下游无大泉出露、上下游流量没有显著差异的河段上，要避免邻区有深谷大河。如果发现库底有渗漏，可采用堵（堵落水洞）、铺（铺盖黏土）、截（筑截水墙）、围（在落水洞四周建围墙）、引（引入库内或导出库外）等方法进行处理。

对岩溶突水的处理，原则上以疏导为主。对隧道中的岩溶水，可用水管引入隧道边沟或中心排水沟排出。水量过大时，可用平行导坑排水。

6.4 地 震

6.4.1 地震概述

地下深处的岩层由于某种原因突然破裂、塌陷以及火山活动等而产生震动，而以弹性波的形式传递到地表，这种现象称为地震。地震是一种地质现象，是地壳构造运动的一种表现，而地震灾害是地震作用于人类社会而产生的一种社会事件。

全球每年大约发生 500 万次地震，但能感觉到的仅有 5 万次，约占总次数的 1%。其中能造成破坏的约有 1000 次，而 7 级以上的大地震只有十几次。20 世纪初到 20 世纪 80 年代中期发生的地震为 8 级以上 9 次，7 级以上 80 多次（平均每年 1 次），5 级以上 1200 多次。

6.4.2 地震波

地震时从震源处释放出来的能量以弹性波的形式向四周传播，所产生的颤动现象称为地震波。地震波在地壳内部传播时称为体积波，简称体波，包括纵波（P 波）和横波（S 波）；到地表后的传播称表面波，简称面波，包括瑞利波（R 波）、勒夫波（Q 波），分别见图 6.26 和图 6.27。

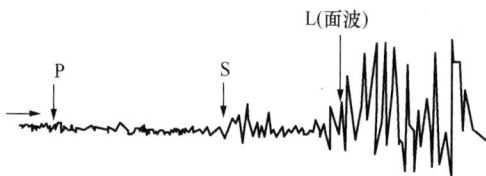

图 6.26 地震波记录图

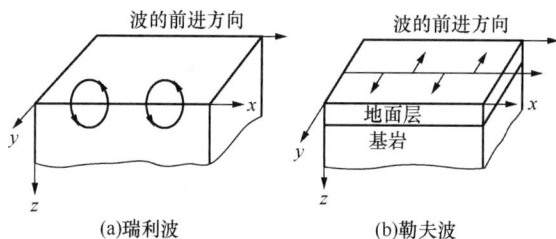

图 6.27 面波质点振动示意图

P 波的质点振动方向与传播方向一致，速度为 5～6km/s；S 波的振动方向与波的传播方向垂直，速度为 3～4km/s。面波具有 R 波和 Q 波两种波的性质，到地面后传播速度一般小于 3km/s。

地震波传播是按序列进行的，即在一定的时间内，发生在同一地质构造带上或震源体上的地震。在同一个地震序列中，地震释放能量最大的称为主震，在主震前有时会发生前震，在主震发生后仍继续发生的较小的地震称为余震。当然，也有地震是一次性的孤立地震，其前震和余震都很小。

6.4.3 地震震级与地震烈度

地震震级与地震烈度是衡量地震大小的两个不同的概念。若把地震比作炸弹，则震级相当于这个炸弹的炸药量，而烈度就相当于这个炸弹的杀伤力。

1. 地震震级

地震震级（M）是表示一次地震本身能量大小的尺度。一次地震只有一个震级。震级大小可用地震仪测出。通过整理历史地震资料，美国地震学家里克特（F. Richter）于 1935 年提出里氏震级分类表（表 6.1）。

表 6.1 震级 M 和震源发出的总能量 E 之间的关系

震级	能量/J	震级	能量/J
1	2.0×10^5	6	6.3×10^{18}
2	6.3×10^7	7	2.0×10^{15}
3	2.0×10^9	8	6.3×10^{16}
4	6.3×10^{10}	9	3.55×10^{17}
5	2.0×10^{12}	10	3.4×10^{18}

震级 M 和震源发出的总能量 E 之间的关系为

$$\lg E = 11.8 + 1.5M \tag{6.3}$$

其中，$M<1$，称超微震；$M=1\sim3$，称微震；$M=3\sim5$，称弱震；$M=5\sim7$，称强震；$M>7$，称大震。

一次地震所释放能量十分巨大，如 8.5 级地震的能量大约相当于 100 万 kW 的大型发电站连续 10 年发电量的总和。因此，强震以上的地震破坏力是巨大的。

迄今为止，世界上记录到的最大地震是 1960 年 5 月 22 日在智利中部海域发生的 9.5 级地震。

2. 地震烈度

地震烈度是指地震发生时某一地区的地面和各种建筑物遭受地震影响的破坏程度。对于同一次地震，震级只有一个，而烈度却可以随地区不同而异。在工程设计上多采用烈度等级，而不采用震级。

根据地震的破坏程度和人的感觉，可将地震烈度分成 10 个等级。目前世界各国的地震烈度分类方法不尽相同，表 6.2 是我国常用的烈度表，可供参考。

表 6.2 中国地震烈度鉴定标准

烈度	名称	加速度 a /(cm/s²)	地震系数 K_c	地震感知及破坏情况
1	无感震	<0.25	<1/4000	人不能感觉，只有仪器可能记录到
2	微震	0.26~0.50	1/4000~1/2000	少数在休息中极宁静的人能感觉，住在楼上者更容易感觉到
3	轻震	0.6~1.0	1/2000~1/1000	少数人感觉地动（像有轻车从旁边过），但不能即刻断定是地震；振动来源方向或持续时间有时约略可定

续表

烈度	名称	加速度 a /(cm/s²)	地震系数 K_c	地 震 情 况
4	弱震	1.1～2.5	1/1000～1/400	少数在室外的人和绝大多数在室内的人都有感觉，家具等有些摇动，盘、碗和窗户玻璃振动有声，屋梁、天花板等"咯咯"作响，缸里的水或敞开器皿中的液体有些荡漾；个别情形会惊醒睡觉的人
5	次强震	2.6～5.0	1/400～1/200	差不多人人有感觉，树木摇晃，如有风吹动，房屋及室内物件全部振动，并"咯咯"作响，悬吊物如帘子、电灯等来回摆动，挂钟停摆或乱打，盛满器皿中的水溅出，窗户玻璃出现裂纹，睡觉的人惊逃户外
6	强震	5.1～10.0	1/200～1/100	人人有感觉，大部分惊骇跑到户外，缸里的水剧烈荡漾，墙上挂图、架上书籍掉落，碗碟砂皿打碎，家具移动位置或翻倒，墙上灰泥发生裂缝，坚固的庙堂房屋亦不免有些地方掉落一些泥灰，不坚固的房屋有相当的损伤，但较轻
7	损害震	10.1～25.0	1/100～1/40	室内陈设物品及家具损伤甚大，庙里的风铃丁当作响，池塘里腾起波浪并翻起浊泥，河岸砂碛处有崩塌，井、泉水位有改变，房屋有裂缝，灰泥及雕塑装饰大量脱落，烟囱破裂，骨架建筑的隔墙亦有损伤，不坚固的房屋严重损坏
8	破坏震	25.1～50.0	1/40～1/20	树木发生摇摆，有时断折，重的家具物件移动很远或抛翻，纪念碑从座下扭转或倒下，较坚固的房屋如庙宇也被损害，墙壁出现裂缝或部分裂坏，骨架建筑隔墙倾脱，塔或工厂烟囱倒塌，特别坚固的烟囱顶部亦遭损坏，陡坡或潮湿的地方发生小裂缝，有些地方涌出泥水
9	毁坏震	50.1～100.0	1/20～1/10	坚固建筑物如庙宇等损坏颇重；一般砖砌房屋严重破坏，且有相当数量倒塌，不能再住人，骨架建筑根基移动，骨架歪斜，地上裂缝颇多
10	大毁坏震	100.1～250.0	1/10～1/4	大的庙宇、大的砖墙及骨架建筑连基础遭受破坏；坚固砖墙发生危险的裂缝；河堤、坝、桥梁、城垣均严重损伤，个别甚至被破坏；钢轨亦挠曲；地下输送管道破坏；街道及沥青路面起了裂缝与皱纹；松散软湿之地开裂有相当宽而深的长沟，且有局部崩滑；崖顶岩石有部分剥落；水边惊涛拍岸

在工程勘察、设计中经常采用的地震烈度有基本烈度和设计烈度两种。此外，还要考虑场地因素对地震烈度的影响。

地震基本烈度是指一个地区一定时期内在一定地点的一般场地条件下可能普遍遭遇到的最大地震烈度。基本烈度的鉴定一般是对一个大区甚至在全国范围内普遍进行评定，得到大区的或全国的地震基本烈度区划图，作为工程抗震标准。

根据建筑物的重要性，针对不同建筑物将基本烈度予以调整，作为抗震设防的依据，这种烈度叫设计烈度。根据我国经验，7度、8度、9度区要设防。

6.4.4　地震烈度与震源、震中、震级的关系

地下发生地震的地方叫震源（图6.28）。震源正对着的地面称叫震中。震中至震源的垂直距离叫震源深度。按震源深度将地震分为浅源地震（0～70km）、中源地震（70～300km）和深源地震（300～700km）。

地震烈度的大小不仅与震级的大小有关，而且与震源深度、震中距离以及地质体的条件等因素有关。对某一次地震来说，震级是固定的，但不同地区的破坏烈度可以不同。这是因为地震发生后地震波传播从震源向外扩散，一般首先到达最近点震中（强震时破坏最严重的地区称极震区），然后沿地表向外扩散，随震中距加大，烈度逐渐减小。因此，可通过宏观调查，把烈度基本相同的地点连接成封闭曲线，又称等震线。

图6.28　地震名词解释示意图
1. 震源；2. 震中；3. 震源深度；
4. 震中距；5. 等震线

相同震级的地震，震源浅的比震源深的对地表的破坏性大。深源地震往往震级很大，波及范围很广，但地表烈度往往较小。震中距相同的地方，由于地质条件的不同，地表的破坏程度也有差别。如在断层带以及松散沉积层地区烈度相对较大，而在地质基础坚实、地下水埋深较大的地区烈度相对较小，在这种地区还可形成烈度异常区。通常把高烈度区中的小片低烈度区称为安全岛。此外，地震烈度与建筑物的结构设计及建筑质量有关。

在一般情况下，震级、烈度与震源深度的关系如表6.3所示。

表6.3　震中烈度与震级、震源深度对应关系

震级/级 ＼ 震源深度/km	5	10	15	20	25
5	8	7	6.5	6	5.5
6	9.5	8.5	8	7.5	7
7	11	10	9.5	9	8.5
8	12	11.5	11	10.5	10

6.4.5　地震分布

1. 世界范围内的主要地震带及其大地构造环境

地震并非均匀分布在地球各部分，而是集中于某些特定的地带，称为地震带。世界范围的地震带主要集中在以下三个地带：

1）环太平洋地震带，沿太平洋板块边界上的岛弧、海沟带分布。全球80%的浅源

地震、90%的中源地震以及几乎全部的深源地震都发生在这一地震带。

2）喜马拉雅一地中海地震带（又称阿尔卑斯—喜马拉雅—印尼地震带），沿欧亚、非洲、印度洋板块接合带分布。在这一地震带发生的地震以浅源地震为主。

3）大洋中脊和大陆裂谷地震带，发生的地震以浅源地震为主，且数量少、震级小于6级。

上述三大地震带均处于板块构造的边缘。另外，由于地幔物质的对流运载着深浮其上的刚性板块，造成了板块增生带、板块消减带和转换断层三个发震构造带。

1）板块增生带。地幔软流图圈在海岭两侧作相反方向流动，使海岭中轴承受拉应力，产生正断层而发生地震。

2）转换断层。在海岭间形似走滑断层，在转换断层上常发生走滑断层地震。

3）板块消减带。两大板块相接触，产生两种运动方式，即俯冲和碰撞。

例如，太平洋板块向欧亚板块下俯冲时，在洋壳一侧产生正断型地震，陆壳一侧产生逆断型地震，其中洋壳可俯冲至720km深度而形成深源地震；印度板块与欧亚板块发生碰撞时，欧亚板块以低角度仰冲起覆于印度板块之上，形成喜马拉雅山强烈隆起，并伴随地震，地震以低角度逆断型地震为主。

2. 我国地震的基本特征

我国除台湾东部、西藏南部和吉林东部会发生深源地震外，其余地区的地震均属大陆板块内部地震，即位于板内活动断层带及其附近，以浅源为主，震级有大有小。

我国强震空间分布及地震带划分以东经105°为界，西部地震广泛分布，东部地震相对稀少且震级均未达到8级。在上述两地震区域内强震分布也是极不均匀的，东部域分布于华北及东南沿海一带，而西部分布面积大，但塔里木、准噶尔和鄂尔多斯盆地等地震分布较为零星。

有的研究者根据地震活动的强度和频率大致将地震区域分为三种情况：

1）地震活动强烈地区，有台湾省、西藏、四川和云南两省西部及新疆、甘肃、青海、宁夏，发生地震次数占地震总数的80%。

2）地震活动中等地区，有河北、陕西关中、山西、山东、辽宁南部、延吉、安徽中部、福建、广西、广东沿海地区，发生地震震级可达7~8级，发生频率为15%。

3）地震活动较弱地区，有江苏、浙江、江西、湖南、湖北、河南、贵州、四川东部、黑龙江、吉林、内蒙古的大部分地区，发生地震震级在6级左右。

从西部看，地震以喜马拉雅南缘、青藏高原南部最强，向北减弱，但天山南北地震有所增强。地震发震深度西部为40~70km，东部为20km，东南沿海仅为10km。

小　　结

本任务阐述了常见的地质灾害，如崩塌、滑坡、泥石流、岩溶、地震等。

1. 崩塌与滑坡

崩塌与滑坡是边坡岩（土）体在本身重力作用和其他因素影响下发生变形破坏的

现象，它们常具有突发性强和危害性大的特点。因此，应查明边坡失稳类型、范围和地质背景，分析失稳原因及其危害程度，判断稳定程度，预测其发展趋势，并提出防治对策。由于影响滑坡稳定性因素的多样性和复杂性，在不同的工程阶段应当采取不同的措施来进行防治。

2. 泥石流

泥石流是山区沟谷中由暴雨、冰雹、融水等水源激发的并含有大量泥沙石块的特殊洪流。泥石流往往突然爆发，其特征是流速快、流量大、物质容量大、破坏力强。泥石流的形成条件有地质条件、地形条件、水文气象条件及人类活动的影响。

泥石流形成多发生在山区，在工程的公路与桥梁的建设当中应注意工程选址，结合工程实际进行防治。

3. 岩溶

岩溶是石灰岩地区特有的水文和地貌现象。岩溶现象的特点在于其地表与地下特征的密切相关性。因此，岩溶地貌的组合规律研究对岩溶区工程地质问题的分析和解决显得尤为重要。

岩溶形成的基本条件是岩石的可溶性及透水性和水的溶蚀性及流动性。岩溶的发育具有垂直分带性、成层性、不均匀性和阶段性等规律。在岩溶地区修建工程时必须解决渗漏、塌陷和涌水等问题。

4. 地震

地震地表岩层中因弹性波的传播所引起的震动称为地震。地震灾害是地震作用于人类社会而产生的一种社会事件。地震发生时，震源释放的能量以弹性波的形式向四处传播，包括纵波和横波。地震烈度与震源、震中、震级和场地条件有关。地震主要分布在环太平洋地震带、喜马拉雅—地中海地震带、大洋中脊和大陆裂谷地震带等处。

思 考 题

1. 何谓滑坡？其主要形态特征是什么？影响滑坡发生的因素有哪些？
2. 试比较崩塌、滑坡、蠕变和剥落的特点和危害。
3. 何谓泥石流？泥石流的形成条件有哪些，其发育特点如何？
4. 泥石流工程问题的防治措施有哪些？
5. 何谓岩溶（喀斯特）？岩溶作用的发生有哪些基本条件？
6. 岩溶地貌的类型主要有哪些？它们有哪些典型的组合？
7. 简述岩溶形态，并说明其特征。
8. 试述岩溶发育的基本规律。为什么有这些规律？
9. 岩溶区的主要工程地质问题有哪些？解决这些问题有哪些对策？
10. 地震震级与烈度的关系如何？

学习情境 ②

工程地质知识的应用

任务 ⑦

工程地质勘察

学习目标与要求 ☞

1. 描述工程地质勘察的基本任务。
2. 熟悉公路工程地质勘测阶段的划分。
3. 了解工程地质勘察方法。
4. 掌握公路工程地质勘察报告的内容。
5. 了解现场原位测试的常用试验方法。

任务重点 ☞

工程地质勘察的基本方法和技术要点。

任务难点 ☞

工程地质资料的阅读与分析。

7.1 工程地质勘察的任务和阶段划分

7.1.1 工程地质勘察的任务

工程地质勘察的基本任务就是为工程建设的规划、设计和施工提供地质资料，运用地质和力学知识回答工程上的地质问题，以便使建筑物与地质环境相适应，从地质方面保证建筑物的稳定安全、经济合理、运行正常、使用方便，而且尽可能避免因工程的兴建而恶化地质环境，引起地质灾害，达到合理利用和保护环境的目的。

据此，可以把工程地质勘察的任务具体归纳为以下几个方面：

1）查明建筑场地的工程地质条件，选择地质条件优越合适的建筑场地。

2）查明建筑物地基岩土的地层时代、岩性、地质构造、土的成因类型及其埋藏分布规律，测定地基岩土的物理力学性质。

3）查明场区内滑坡、崩塌、岩溶等物理地质作用和现象，分析和判明它们对建筑物场地稳定性的危害程度，为拟定改善和防治不良地质条件的措施提供地质依据。

4）查明地下水类型、水质、埋深及分布。

5）根据建筑场地的工程地质条件，分析研究可能发生的工程地质问题，提出拟建建筑物的结构形式、基础类型及施工方法的建议。

6）对于不利于建筑物的岩土层，提出切实可行的处理方法或防治措施。

上述任务要通过工程地质测绘、工程地质勘探、工程地质试验（室内和野外）和长期观测等勘察方法来完成。

7.1.2 工程地质勘察阶段的划分

工程地质勘察是为工程建设的优化设计和工程施工服务的，必须与设计、施工紧密配合。工程地质勘察按工程开发的工作程序可划分为可行性研究、初步工程地质勘察、详细工程地质勘察三个阶段。各阶段工作之间要先后衔接，工作范围由面到点逐步深入，工作内容由一般到具体，精度由粗到细。

1. 可行性研究阶段

根据发展国民经济的长远规划和公路网建设规划及项目建议书，应对建设项目进行可行性研究。这一阶段的勘察工作是视察。这一阶段工程地质勘察工作的任务是为编制可行性研究报告提供关于建设项目的地形、地质、地震、水文以及筑路材料、供水来源等方面的概略性资料。

可行性研究按其工作深度分为预可行性研究和工程可行性研究。预可行性研究中的工程地质工作一般只要求收集与研究有关的文献地质资料；而在工程可行性研究中需进行踏勘工作，对各个可能方案作沿线实地调查，并对隧道、不良地质地段等重要工点进行必要的勘探（如物探），大致探明地质情况。

2. 初步工程地质勘察阶段

工程基本建设项目一般采用两阶段设计，即初步设计和施工图设计。此外，对于技术简单、方案明确的小型建设项目，可采用一阶段（施工图）设计；对于技术复杂而又缺乏经验的建设项目或建设项目中的个别阶段和其他主要工点（如互通式立体交叉隧道等），必要时采用三阶段设计，即在初步设计和施工图设计之间增加技术设计阶段。根据不同设计阶段所要求的工作深度，勘测又分初测和定测两个阶段，相应的工程地质勘察工作也分为初步工程地质勘察（初勘）和详细工程地质勘察（详勘）两个阶段。

初勘的目的是根据合同或协议书要求，在工程可行性研究的基础上，对工程建设场地进一步做好工程地质比选工作，为初步选定工程场地、设计方案和编制初步设计条件提供必需的工程地质依据，并对主要工程地质问题作出定量评价。

初勘工作可按准备工作、工程地质选线、工程地质测绘、勘探、试验、资料整理等顺序进行。

3. 详细工程地质勘察阶段

详细工程地质勘察工作的目的是根据已批准的初步设计文件中所确定的修建原则、设计方案、技术要求等资料有针对性地进行工程地质勘察工作，为确定工程路线、工程构造物的位置和编制施工图设计文件，提供准确、完整的工程地质资料。

详勘工作可按准备工作、沿线工程地质测绘、勘探、试验、资料整理等顺序进行。由于详勘工作需在初勘的基础上进一步查明沿线的工程地质条件和不良地质区段、各构造物场地等主要工程地质问题因此比初勘工作更为详细、深入。最后提交的资料也包括基本资料和专项资料两个部分，其深度应满足施工图设计的需要。

根据工程规模的大小和重要性以及建筑物地区地质条件的复杂程度，以上三个勘察阶段可以进行简化，但是先勘察后设计再施工的基本程序不能变。在具体工作中，上述各阶段勘察工作一般分为准备、野外现场勘察和室内资料整理三个阶段。

7.2　工程地质勘察的主要方法

工程地质勘察的方法主要有工程地质测绘、工程地质勘探、试验与长期观测等。随着现代科学技术的进步，许多新技术也在工程地质勘察工作中得到发展和应用。

7.2.1　工程地质测绘

工程地质测绘就是通过野外路线观察和定点描述，将岩层分界线、断层、滑坡、崩塌、溶洞、地下暗河、井、泉等各种地质条件和现象按一定比例尺填绘在适当的地形图上，并作出初步评价，为布置勘探、试验和长期观测工作指出方向。

工程地质测绘贯穿于整个勘察工作的始终，只是随着勘察设计阶段的不同，要求测绘的范围、比例尺以及研究的内容、深度不同而已。实践中可查《公路工程地质勘察规范》（JTG C20—2011）等。

一般测绘开始时，应在踏勘基础上选作几个有代表性的地层实测剖面，以便了解测区内岩层的岩性、厚度、接触关系及地质年代，建立正常层序，为测绘填图工作提供标准和依据。工程地质测绘一般采用路线测绘法、地质点测绘法、野外实测地质剖面法等。除此之外，遥感技术在工程地质测绘中也得到了普遍应用。

1. 路线测绘法

（1）路线穿越法

路线穿越法即沿着与岩层走向垂直的方向每隔一定距离布置一条路线，沿路线和地质观察点（简称地质点）进行地质观测和描述，然后把各路线上标测的地质界线相连，即绘制出地质平面图（图7.1）。这种方法适用于地质条件不太复杂或小比例尺测图地区。

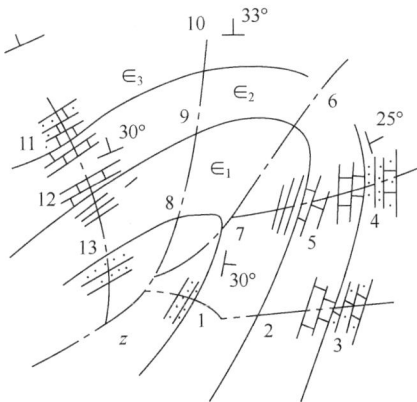

图 7.1　路线穿越法布置示意图
注：图中1～13表示不同地层

（2）界线追索法

界线追索法即沿地层界线或断层延伸方向进行追索测绘。界线追索法工作量大，但成果较准确，通常在地层沿走向变化大且断裂构造比较发育的地区采用。

2. 地质点测绘法

地质点测绘法即在测区内按方格网布置地质观察点，依次逐点进行观测描述，然后通过分析实测资料连接各地质界线，构成地质草图。地质点测绘法工作量大，但精度高，一般在地质界线复杂或大比例尺地质测绘时采用。

观察点应布置在地质界线或地质现象上，因测绘的目的不同而不同，有基岩、构造、第四纪地貌、水文地质点等观察点。在地质观察点上应把所有地质现象认真仔细描述，描述内容包括地层岩性、地质构造、第四纪地貌、物理地质现象、水文地质条件等。另外，对那些与工程建筑有关的地质问题，要突出重点地详细描述。

地质观察点实际位置可用罗盘仪或用经纬仪测量，并标定在地形图上。

3. 野外实测地质剖面法

在地质测绘工作的初期，为了认识与确定测区内岩层性质、层序、分层标志和界线，以提供测绘填图作为划分岩层的依据和标准，往往在测绘范围内选择岩层露头良好、层序清晰、构造简单的路线作实测地质剖面（图7.2）。

具体做法如下：

1）布置剖面线。通常沿垂直岩层走向或垂直于主要构造线的方向选定剖面线方向。

(a) 路线平面图

30		70
70	F_1	⊢45

断层产状(走NE30°，倾NW/70°)　　　　岩层产状(走NE70°，倾SW/45°)

(b) 实测剖面图

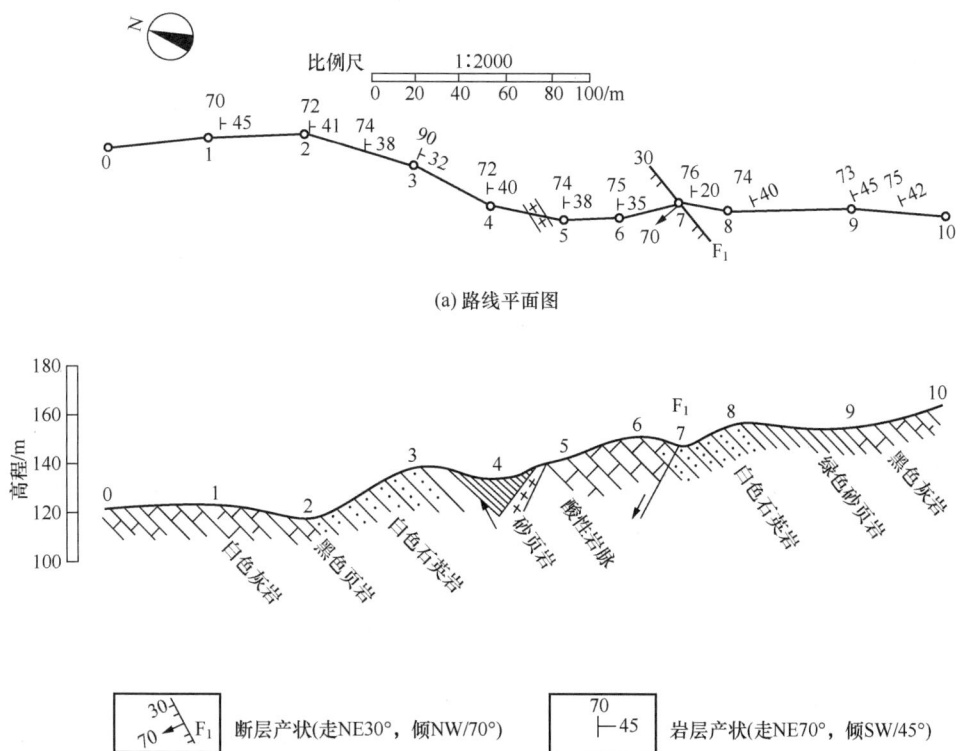

图7.2　实测地质剖面图

注：1，2，3，…. 观测点

2) 布置测点。剖面线位置确定后，沿剖面线布置测点。测点应选择在地形地质条件有变化的地方，其间距随测绘比例尺即精度要求而定。如作1∶500的测绘时，间距应小于5m；作1∶1000的测绘时，间距不超过10m；若地形起伏大或地质条件复杂，点距要求适当减小。每一测点都要打木桩（或作标记），并统一编号。

3) 剖面地形测量。用经纬仪测出各点的位置和高程，根据测量结果绘制地形剖面图。若作草测剖面，可用地质罗盘仪和皮尺沿剖面施测，即先用皮尺测出剖面起点0和测点1的间距，用地质罗盘测出导线0—1（起点0—测点1）的方位和地形坡角，再依次测量测点1—测点2（1—2）、测点2—测点3（2—3）……的方位和地形坡角。

4) 地质条件的观测记录。在进行剖面地形测量的同时，还应进行地质资料的收集。其观测记录内容主要有地层分层层位、岩石名称、岩性特征、风化情况、断裂构造、各类结构面的产状、第四纪堆积层的组成及厚度、地下水露头情况及物理地质现象等（表7.1），并采集必要的岩样、水样标本送试验室化验鉴定。

表 7.1　实测地质剖面图记录

编号	剖面线方向	地面坡度	测点间距离		高差/m		岩层产状			岩性描述	地层出露厚度/m	其他
			斜距/m	水平距/m	相邻点	累计	走向	倾向	倾角			

5）绘制剖面图。在对实测地形地质资料进行认真的复核并确认无误后，应按地质剖面图式要求绘制实测地质剖面图。具体步骤为：先绘导线平面图，根据导线方位和水平距，按比例尺将导线自基点（起点）至终点逐点绘出，并将岩层分界线、岩层产状、其他观测点等一一标出，连接基点（起点）和终点，即为剖面线（或选岩层倾向一致的方向为剖面方向）；然后在导线平面图的下方平行于剖面线作一与之等长的基线，在基线两端竖高程尺标（若未知基点高程，则按相对高程计），并于左端定出基点，再将各导线点按累积高差投影在基线上方，连接各点，即得地形剖面；最后投绘剖面中的地质内容，将导线上各岩层的分界点、各种地质构造及地质现象投影到地形剖面图上，按产状用图例符号表示出各岩层（剖面方向与岩层倾向一致时按真倾角表示，否则按视倾角表示）和地质条件。

在测绘过程中，野外资料必须每日进行初步整理，整理工作包括野外记录、绘制地质剖面图、编制地层柱状图、绘制平面草图、整理标本和试样等。

4. 3S技术在工程地质测绘中的应用

3S技术是指遥感（GS）、全球定位系统（GPS）、地理信息系统（GIS）的综合集成，其中遥感技术在工程地质测绘中的应用广泛且成熟。

遥感即遥远的感知，是应用现代化运载工具及仪器（如飞机、人造卫星），从地表一定距离对地表和近地表目标物，通过对紫外到微波的某些波段的电磁波辐射特征的信息的接收和传输，并经加工处理成像而对目标物进行探测和识别的一种综合技术。由于不同的地质体或地质现象各有不同的结构、产状和物理化学特性，并经受了不同内外应力的改造，从而形成了不同的自然景观；同时，由于它们对不同波长的电磁波的反射、吸收、透射以及发射能力的不同，在图像上可出现不同的色调、形状、条纹、大小、阴影等影像特征，依据影像特征的差异进行地质解译，就可揭露地表及以下一定深度内的地质现象。

遥感技术由于具有宏观视野大、重复成像快等优点，对区域性地质现象和地质问题的分析研究有重要意义，并多用于工程规划、可行性研究等勘察阶段和小比例尺工程地质测绘中。在工程地质测绘开始以前对已收集的航片和卫片结合区域地质资料进行判译，在此基础上勾画地质草图，用以指导现场踏勘工作。另外，还可使用航片、卫片来校核所填绘的地质界线或补充填绘其他内容。

7.2.2　工程地质勘探

工程地质勘探的目的是了解地表以下的地质构造、地下水的埋藏，采取土样和水样，以便研究岩石性质和地下水化学成分。有时进行野外试验和长期观测也要进行勘探，勘探方法主要有山地工作、钻探和物探等几种。

1. 山地工作

山地工作是指在山地的开挖工作，常利用坑、槽、竖井、斜井及平洞等工程来查明地下地质条件的一种勘探方法。其用途和特点见表7.2及图7.3。

表7.2 山地工作的类型及用途

类型	特 点	用 途
坑深	深度小于3m的小坑，形状不定	局部剥除地表覆土，揭露基岩
浅井	从地表向下垂直，断面呈圆形或方形，深度5~10m	确定覆盖层及风化层的岩性及厚度，取原样进行荷载试验、渗水试验
深槽	在地表垂直岩层或构造线挖掘成深度不大的（深度3~5m）长条形槽子	追索构造线、断层，探查残积坡积层、风化岩石的厚度和岩性，了解坝接头处的地质情况
竖井	形状与浅井同，但深度超过10m，一般在平缓山坡、漫滩、阶地等岩层较平缓的地方，有时需支护	了解覆盖层厚度及性质、构造线、岩石破碎情况、岩溶、滑坡等，岩层倾角较缓时效果较好
平洞	在地面有出口的水平坑道深度较大，适用于较陡的基岩边坡	调查斜坡地质构造，对查明地层岩性、软弱夹层、破碎带、卸荷裂隙、风化岩层时效果较好，还可取样或作原位试验

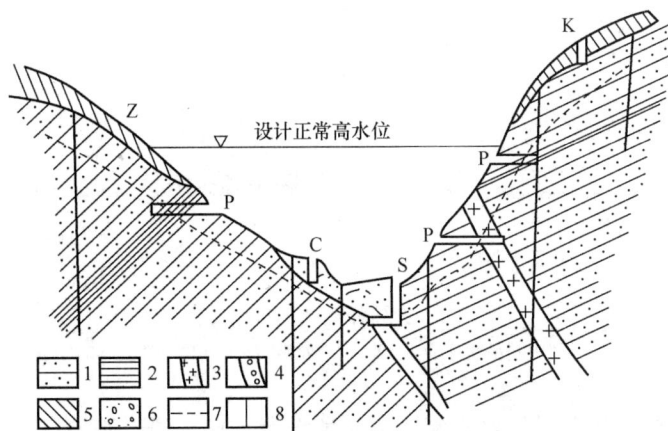

图7.3 某桥址区山地工作（勘探布置）示意图

1. 砂岩；2. 页岩；3. 花岗岩脉；4. 断层带；5. 坡积层；
6. 冲积层；7. 风化层界线；8. 钻孔；
P. 平洞；S. 竖井；K. 探井；Z. 探槽；C. 浅井

坑探：垂直向下掘进的土坑，浅者称试坑，深者称探井，断面一般采用1.5m×1.0m的矩形，深度一般为1.5~2.0m，探井深度为2~4m。坑探用以揭示覆盖层的厚度和性质。

槽探：一种长槽形开口的坑道，宽 0.6～1.0m，长度视需要而定，深小于 3m。常用于追索构造线，查明坡积层、残积层的厚度和性质，揭露地层层序等。

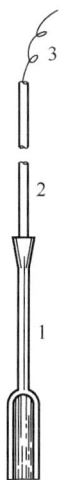

图 7.4　洛阳铲
1. 铲头；2. 木杆；
3. 绳索

为了充分发挥山地工作的效果，必须详细观察记录，并绘制出展视图。

2. 钻探

钻探是用人力或动力机械带动钻机，以旋转或冲击方式切割或凿碎岩石，形成一个直径较小而深度较大的圆形钻孔（图 7.4、图 7.5)的过程。钻探是目前应用最广泛的一种勘探手段，它可以揭露地下深处的地质现象，查明建筑物地基的地层岩性、地质构造，采取岩心、水样（近几年来采用大口径 1～2m 的钻探设备，其特点是可以取出较大的岩心且人可以直接下井观察地质现象），在钻孔内进行工程地质、水文地质、灌浆等试验工作。由于岩石的坚硬完整程度、钻孔深度和钻探目的的不同，需要选用不同类型的钻机。工程地质勘探中常用的钻探方法有冲击钻探、回转钻探、冲击回转钻探和振动钻探四种。

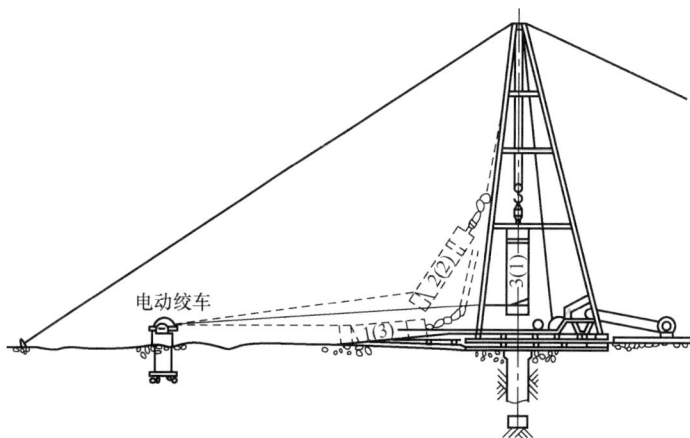

图 7.5　大口径钻孔钻进示意图
注：图中起吊次序为 1、2、3，放倒次序为（1）、（2）、（3）

在钻进过程中，要及时做好观测、取样和编录工作。通过观测地下水的初见水位、稳定水位及钻进中的漏水量等，了解含水层、隔水层的位置和厚度；通过对取出岩心的观察描述和岩心采取率的统计，记录井壁掉块、卡钻（说明岩石破碎情况）和掉钻（说明遇到溶洞或大裂隙）情况，确定岩石风化程度和完整程度。

因此，钻探是靠提取岩心来了解深部地质条件的，要保证有一定的岩心采取率。

所谓岩心采取率，是指本回次所取上来的岩心总长度与进尺的百分比，该值主要反映了钻进技术的水平。为了解孔下岩体的完整情况，有时还要根据岩心获得率来计算岩石的质量指标 RQD 值。

岩心获得率是指比较完整岩心的长度与进尺的百分比，那些不能拼成岩心柱的碎屑物质不计在内。岩石质量指标 RQD 值最早是由美国的伊利诺斯大学迪尔（Deere，1964）提出来的，目前在世界各国已得到了广泛的应用。

RQD（rock quality designation）是根据修正的岩心采取率决定的，即只计算长度大于 10cm 的岩心，其表达式为

$$\mathrm{RQD}(\%) = (L_\mathrm{p}/L) \times 100 \tag{7.1}$$

式中，L_p——长度大于 10cm 的岩心总长（m）；

L——钻孔进尺长度（m）。

工程实践证明，RQD 是一种比岩心采取率更灵敏、更能反映岩体特性的指标，可按 RQD 值的大小判别岩体的质量（图 7.6）。

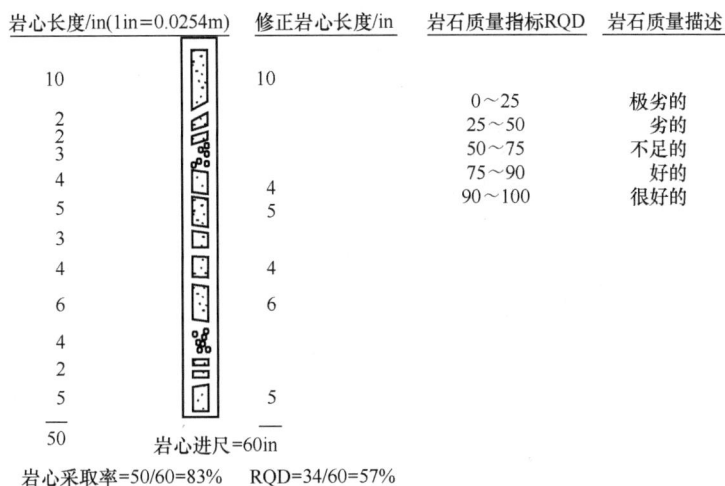

图 7.6　岩石质量指标（RQD）的计算和分级

最后根据编录资料和试验成果编制成钻孔柱状图（图 7.7）及工程地质立体投影图（图 7.8）。

3. 物探

以各种岩层所具有的不同物理性质为基础，采用专业仪器观测天然或人工物理场的变化，判断地下地质情况的方法称地球物理勘探，简称物探。物探效率高、成本低、仪器和工具比钻探轻便，可以减少山地工作和钻探的工作量，所以得到了广泛的应用。但是物探是一种间接测试方法，具有条件性、多解性，特别是当地质体的物理性质差别不大时，其成果往往较粗略。所以，物探应与其他勘探手段配合使用，才能提高效率，从而使效果更好。

常用的物探方法有电法勘探、地震勘探、声波探测、磁法勘探、触探、测井等。

层序	标高/m	柱状图	采取率/%	单位吸水量	地质描述	声波速度v_p、v_s曲线
Q	425.0				卵石层	v_s v_p
$P_2\beta_3$	422.0				凝灰岩质粗，较软	
	420.0				凝灰玄武岩，质粗，坚硬	
				0.0476	斑状玄武岩 422.0～418.2m 坚硬、破碎 418.2～395.5m 发育高角度节理 (418.2～414.0m,破碎) (414.0～398.0m,较完整) 395.0～391.1m,岩心十分破碎,多呈碎块状	
				0.0740		
				0.0234		
	391.0			0.6000	凝灰岩，质粗松	
	390.0			0.3029	角砾岩，角砾体为玄武岩碎块，胶结物为凝灰质	
	389.0			0.0350	斑状玄武岩,质细坚硬	
				0.0062		
	371.0				杏仁状凝灰岩，质粗	

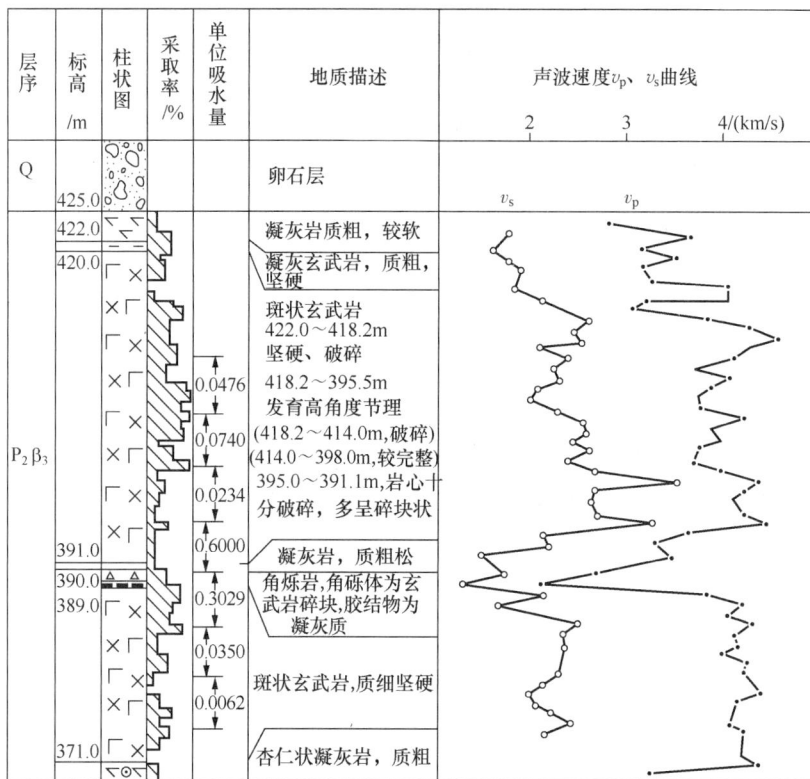

图 7.7　××工程 48 号钻孔综合柱状图

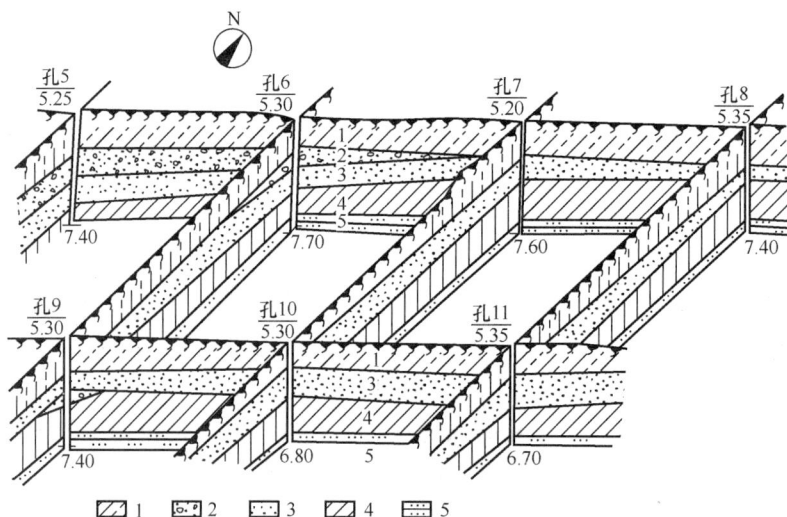

图 7.8　工程地质立体投影图

1. 粉土层；2. 含砾砂层；3. 细砂层；4. 黏土层；5. 粉砂层

7.2.3　试验及长期观测

1. 试验

在工程地质勘察中，试验工作十分重要，它是取得工程设计所需要的各种参数的重要手段。试验工作分为室内试验和现场原位测试两种。

（1）室内试验

室内试验是用仪器对采取的样品进行试验、分析，并取得所需的数据。室内试验的试样较小，代表天然条件下的地质情况有一定的限制。一般试验项目包括以下内容：

1）黏性土：测定天然容重、天然含水量、密度、孔隙比、可塑性、压缩性和抗剪强度等。

2）砂土：颗粒分析，测定天然容重、天然含水量、密度和自然休止角等。

3）碎石土：可做颗粒分析，现场大体积的容重和含有黏性土较多的碎石土要做黏土的天然含水量和可塑性指标试验。

4）岩石：必要时测定饱和状态下的单轴极限抗压强度。

5）地下水：一般要测定地下水的 pH、Ca^{2+}、Mg^{2+}、Cl^-、SO_4^{2-}、HCO^-、游离的 CO_2 和侵蚀性的 CO_2 等。

（2）现场原位测试

现场原位测试就是在岩土层原来所处的位置基本保持的天然结构、天然含水量以及天然应力状态下测定岩土的工程力学性质指标。现场原位测试在勘察现场进行，更符合实际，代表性强，可靠性较大。现场原位测试的主要方法包括岩土物理力学性质试验和地基强度试验（荷载试验、触探试验、钻孔旁压试验、十字板剪力试验、原位剪切试验等）、水文地质试验（钻孔抽水试验、压水试验、渗水试验、岩溶连通试验、地下水实际流速和流向测定试验等）、地基工程地质处理试验（桩基承载力试验、灌浆试验等）。

现场原位测试的缺点是耗费人力物力较多，设备和试验技术较复杂，所以一般是室内和原位试验两种方法配合使用。

2. 长期观测

由于某些地质条件和现象具有随时间变化的特性，需要进行长期观测工作。长期观测的主要任务是检验测绘、勘探对工程地质条件评价的正确性，查明动力地质作用及其影响因素随时间的变化规律，准确预测工程地质问题，为防止不良地质作用所采取的措施提供可靠的工程地质依据，检查为防治不良地质作用而采取的处理措施的效果。工程地质勘察中常进行的长期观测有与工程有关的地下水动态观测、物理地质现象的长期观测、建筑物建成后与周围地质环境相互作用及动态变化的长期观测等。

7.2.4　勘察资料整理

工程地质勘察结束后应对所获得的各项地质资料进行全面系统的整理和深入细致

的分析研究，并找出其内在联系和规律性，最后编写成正式的文字报告和地质图件。

1. 工程地质勘察报告的编写

工程地质勘察报告是工程地质勘察的正式成果，它将现场勘察得到的工程地质资料进行统计、归纳和分析，编制成图件、表格，并对场地工程地质条件和问题作出系统的分析和评价，以正确全面地反映场地的工程地质条件和提供地基土物理力学设计指标，供建设单位、设计单位和施工单位使用，并作为存档文件长期保存。

工程地质勘察报告在内容结构上一般分为绪论、通论、专论和结论四个部分，每个部分的内容虽各有侧重，但各部分是紧密联系着的。

（1）绪论

简述勘察区的自然地理概况（工程地理位置、流域水系、水文、气象等）、工程概况、工程建筑物特性（工程规模、结构形式等）、工程主要指标、工程布置方案及在国民经济建设中的重要性以及设计阶段勘察任务、基本要求、技术要求、方法、时间和所应完成的工程项目及工作量等。

（2）通论

通论的内容是阐明工作地区的场地位置、地形地貌、地质构造、不良地质现象及地震设防烈度等，以及工程地质条件和所处区域的地质地理环境，以明确各种自然因素（如大地构造、地势、气候等）对该区工程地质条件的意义。因此，通论一般可分为区域自然地理概述和区域地质、地貌、水文地质概述以及建筑地区工程地质条件概述等章节。各章节的内容应当既能阐明区域性及地区性工程地质条件的特征及其变化规律，又必须紧密联系工程目的，不要泛泛而论。在规划阶段的工程地质勘察中，通论部分占有重要地位，在以后的阶段中其比重愈来愈小。

（3）专论

一般是工程地质报告书的中心内容，因为它既是结论的依据，又是绪论内容选择的标准。专论的内容包括场地的岩土类型、地层分布、岩土结构构造或风化程度、场地土的均匀性、岩土的物理力学性质、地基承载力以及变形和动力等其他设计计算参数或指标。地下水的埋藏条件、分布变化规律、含水层的性质类型、其他水文地质参数、场地土或地下水的腐蚀性以及地层的冻结深度等。专论是对建设中可能遇到的工程地质问题进行分析论证，并回答设计方面提出的地质问题，对建筑地区作出定性的或定量的工程地质评价，作为选定建筑物位址、结构形式和规模的地质依据，并在明确不利的地质条件的基础上考虑合适的处理措施。专论部分的内容与勘察阶段的关系特别密切，勘察阶段不同，专论涉及的深度和定量评价的精度也有差别。专论还应明确指出遗留的问题和进一步勘察工作的方向。

（4）结论

内容包括建筑场地及地基的综合工程地质评价以及场地的稳定性和适宜性等结论。针对工程建设中可能出现和存在的问题提出措施和施工建议。结论是在专论的基础上对各种具体问题作出的简要明确的回答。结论态度要明朗，措辞要简练，评价要具体，问题解决得不彻底的可以如实说明，但不要含糊其辞、模棱两可。

工程地质勘察是分阶段进行的，当每一个阶段的勘察工作结束后，应根据各阶段勘察设计任务书中的要求，结合工程特点和建筑物区的工程地质条件，及时编写出各阶段的工程地质勘察报告。另外，工程地质报告书必须与工程地质图一致，二者互相照应、互为补充，共同达到为工程服务的目的。

2. 工程地质图

工程地质图是反映工程建筑地区的工程地质图件，是工程地质测绘、勘探和试验工作的总结性成果，它与工程地质勘察报告书一起作为工程地质勘察工作的基本文件。

勘察阶段不同，要求提供的图件也不同。几种常用的图表现简要说明如下。

（1）地质图

地质图即反映工程建筑地区地层岩性和地质构造的图件，是研究和评价工程建筑地区可能发生工程地质问题的基本图件。

（2）工程地质图

工程地质图即综合反映建筑地区地层岩性、地质构造、地形地貌、水文地质条件、自然地质现象以及勘探和试验成果的综合图件，它是评价工程建筑地区工程地质条件的主要依据。

（3）工程地质剖面图

工程地质剖面图即根据地质剖面勘探资料和试验成果编制而成的图件，是工程选址等工作中广泛使用的图件。工程地质剖面图能表示地下一定深度内的地层岩性、地质构造、地貌、水文地质条件、自然地质现象的变化情况，可作为选择和论证工程建筑场地、拟定设计方案、进行工程地质问题评价、确定工程建筑地基基础处理措施和施工方案的依据。

（4）钻孔柱状图

钻孔柱状图即反映钻孔内地层岩性、地质构造、岩石风化情况以及地下水含水层和岩石透水性能等的图件，是评价各类地质条件和工程地质问题的原始资料。

（5）洞、井、坑、槽的展视图

洞、井、坑、槽的展视图是洞、井、坑、槽等山地勘探工作编录的原始图件，是绘制各类图件和评价与工程有关的工程地质问题的基本资料。

有关各勘察设计阶段工程地质勘察报告的编写提纲和各种图表的内容要求及具体规定详见有关公路工程地质勘察资料内业整理规程。

小　结

本任务介绍了工程地质勘察的基本方法和工程地质勘察报告的有关内容。

1. 工程地质勘察的任务和阶段划分

1）工程地质勘察的目的和任务。工程地质勘察的目的是根据国民经济建设的需要，查明与工程建设有关的地质条件，研究影响建筑物稳定的各种地质现象的性质、分布及其发展规律，预测可能出现的工程地质问题，为合理进行工程规划、建筑物设计、施工及安全运营提供地质资料。工程地质勘察的任务要通过工程地质测绘、工程地质勘探、工程地质试验（室内和野外）和长期观测等勘察方法来完成。

2）工程地质勘察阶段的划分。工程地质勘察是为工程建设的优化设计和工程施工服务的，必须与设计、施工紧密配合。工程地质勘察按工程开发的工作程序可划分为可行性研究、初步工程地质勘察、详细工程地质勘察三个阶段。各阶段工作之间要先后衔接，工作范围由面到点逐步深入，工作内容由一般到具体，精度由粗到细。

2. 工程地质勘察的主要方法

工程地质勘察的方法主要有工程地质测绘、勘探、试验与长期观测等。

1）工程地质测绘。工程地质测绘主要包括路线测绘法（路线穿越法、界线追索法）、地质点测绘法、野外实测地质剖面法和3S技术等。

2）勘探。工程地质勘探工作主要有山地工作、钻探和物探三种类型。

3）试验及长期观测。试验工作分为室内试验和现场原位测试两种。工程地质试验包括岩土物理力学性质试验和地基强度试验、水文地质试验、地基工程地质处理试验等。长期观测主要包括有物理地质作用或现象的观测、工程地质现象的观测、地下水动态观测。

3. 工程地质勘察报告

工程地质勘察报告在内容结构上一般分为绪论、通论、专论和结论四个部分，每个部分的内容虽各有侧重，但各部分是紧密联系着的。

思 考 题

1. 工程地质勘察的目的与任务是什么？
2. 工程地质勘察阶段的划分及各勘察阶段的特点如何？
3. 工程地质勘察方法有哪些？它们各解决哪些问题？
4. 工程地质测绘的主要方法有哪些？
5. 工程地质钻探可以解决哪些问题？
6. 岩心采取率及岩心获得率如何统计？RQD值如何确定？有何实际意义？
7. 什么是物探？常用的物探方法有哪些？工程地质勘察工作只进行物探可以吗？为什么？
8. 为什么要做渗水试验？根据渗水试验资料怎样求渗透系数？
9. 现场原位测试方法主要有哪些？
10. 工程地质勘察报告书包括哪些内容？怎样利用工程地质勘察报告进行工程设计？

任务 ⑧

工程地质勘察报告的编制

学习目标与要求 ☞

    1. 描述工程地质勘察成果报告的内容。

    2. 描述工程地质图表。

任务重点 ☞

    工程地质勘察报告；工程地质图。

任务难点 ☞

    工程地质勘察报告的编写；工程地质图表。

8.1 工程地质勘察报告书

工程地质勘察的最终成果是以《工程地质勘察报告书》的形式提交的。

工程地质勘察报告是工程地质勘察的正式成果，它将现场勘察得到的工程地质资料进行统计、归纳和分析，编制成图件、表格并对场地工程地质条件和问题做出系统的分析和评价，以正确全面地反映场地的工程地质条件和提供地基土物理力学设计指标，供建设单位、设计单位和施工单位使用，并作为存档文件长期保存。

工程地质勘察成果报告的内容，包含了直接或间接得到的各种工程地质资料；还包含了勘察单位对这些资料的检查校对、分析整理和归纳总结过程、有关场地工程地质条件的评价结论及相关分析评价依据。报告以简要明确的文字和图表两种形式编写而成，具体内容除应满足现行《岩土工程勘察规范》的相关内容外，还和勘察阶段、勘察任务要求和场地及工程的特点等有关。因此，工程地质勘察报告内容应根据任务要求、勘察阶段、地质条件、工程特点等具体情况确定，在内容结构上一般分为绪论、通论、专论和结论四个部分，每个部分的内容虽各有侧重，但各部分是紧密联系着的。

（1）绪论

简述勘察区的自然地理概况（工程地理位置、流域水系、水文、气象等）、工程概况、工程建筑物特性（工程规模、结构形式等）、工程主要指标、工程布置方案及在国民经济建设中的重要性以及设计阶段勘察目的、要求和任务、方法、时间和所应完成的工程项目及工作量等。

（2）通论

通论的内容是阐明工作地区的场地位置、地形地貌、地质构造、不良地质现象及地震设防烈度等，工程地质条件和所处区域的地质地理环境，以明确各种自然因素（如大地构造、地势、气候等）对该区工程地质条件的意义。因此，通论一般可分为区域自然地理概述和区域地质、地貌、水文地质概述以及建筑地区工程地质条件概述等章节。各章节的内容应当既能阐明区域性及地区性工程地质条件的特征及其变化规律，又必须紧密联系工程目的，不要泛泛而论。在规划阶段的工程地质勘察中，通论部分占有重要地位，在以后的阶段中其比重愈来愈小。

（3）专论

一般是工程地质报告书的中心内容，因为它既是结论的依据，又是绪论内容选择的标准。专论的内容包括场地的岩土类型、地层分布、岩土结构构造或风化程度、场地土的均匀性、岩土的物理力学性质、地基承载力以及变形和动力等其他设计计算参数或指标。地下水的埋藏条件、分布变化规律、含水层的性质类型、其他水文地质参数、场地土或地下水的腐蚀性以及地层的冻结深度等。专论是对建设中可能遇到的工程地质问题进行分析论证，并回答设计方面提出的地质问题，对建筑地区作出定性的或定量的工程地质评价，作为选定建筑物位址、结构形式和规模的地质依据，并在明确不利的地质条件的基础上考虑合适的处理措施。专论部分的内容与勘察阶段的关系特别密切，勘察阶段不同，专论涉及的深度和定量评价的精度也有差别。专论还应明确指出遗留的问题和进一步勘察工作的方向。

（4）结论

内容包括建筑场地及地基的综合工程地质评价以及场地的稳定性和适宜性等结论。针对工程建设中可能出现和存在的问题提出措施和施工建议。结论是在专论的基础上对各种具体问题作出的简要明确的回答。结论态度要明朗、措词要简炼、评价要具体，问题解决得不彻底的可以如实说明，但不要含糊其词、模棱两可。

除综合性岩土工程勘察报告外，也可根据任务要求，提交单项报告，主要有：岩土工程测试报告，岩土工程检验或监测报告，岩土工程事故调查与分析报告，岩土利用、整治或改造方案报告，专门岩土工程问题的技术咨询报告等。

工程地质勘察是分阶段进行的，当每一个阶段的勘察工作结束后，应根据各阶段勘察设计任务书中的要求，结合工程特点和建筑物区的工程地质条件，及时编写出各阶段的工程地质勘察报告。另外，工程地质报告书必须与工程地质图一致，互相照应、互为补充，共同达到为工程服务的目的。

8.2 工程地质图表

工程地质勘察报告应附必要的图表，这些图表是根据各勘察设计阶段的测绘、勘探和试验所得资料，进行分析整理编制而成的。几种常用的图表有：

1. 综合工程地质平面图

综合工程地质平面图简称工程地质图，在图中表示与工程有关的各种地质条件，如建筑地区地层岩性、地质构造、地形地貌、水文地质条件、自然地质现象以及勘探和试验成果，它是评价工程建筑地区工程地质条件的主要依据。

2. 勘探点平面布置图

勘探点平面布置图是在地形图上标明工程建筑物、各勘探点（包括探井、探槽、钻孔等）、各现场原位测试点以及勘探剖面线的位置，并注明各勘探点、原位测试点的坐标及高程。

3. 地层综合柱状图

反映场地（或分区）的地层变化情况，在图上标明层厚、地质年代，并对岩土的特征和性质进行概括的描绘，有时还附有各岩土层的物理力学性质指标。

4. 工程地质剖面图

工程地质剖面图即根据地质剖面勘探资料和试验成果编制而成的图件，是工程选址等工作中广泛使用的图件。以地质剖面图为基础，反映地层岩性、地质构造、地貌、水文地质条件、自然地质现象、各分层岩土的物理力学性质指标等。可作为选择和论证工程建筑场地、拟定设计方案、进行工程地质问题评价、确定工程建筑地基基础处理措施和施工方案的依据。

由于勘探线的布置常与主要地貌单元或地质构造轴线相垂直或与建筑物轴线相垂直，因此工程地质剖面图能最有效地展示场地地质条件。

5. 洞、井、坑、槽的展视图

洞、井、坑、槽的展视图是洞、井、坑、槽等山地勘探工作编录的原始图件，是绘制各类图件和评价与工程有关的工程地质问题的基本资料。

6. 工程地质附表

工程地质附表主要是岩土试验成果表、地基土物理力学指标统计表等。在岩土试验成果表中，常列出现场原位测试（包括载荷试验、标准贯入试验、十字板剪切试验、静力触探试验等）和室内岩土试验（全部岩土试样的各种物理力学指标和状态指标、地基土承载力等）的原始数据。地基土物理力学指标统计表是根据室内外岩土试验原始数据，按土层进行统计汇总而成。附表的数据是工程设计和施工的重要依据。

7. 其他专门图件

对于特殊地质条件及专项工程，根据各自的特殊需要，绘制相应的专项图件等。

有关各勘察设计阶段工程地质勘察报告的编写提纲和各种图表的内容要求及具体规定，详见有关公路工程地质勘察资料内业整理规程。

8.3 案例——某建设工程项目工程地质勘察报告

8.3.1 工程概况（绪论）

拟建工程位于河南省郑州市西北部黄河南岸，荥阳市东北约 7km 的广武镇前袁洞村西南，有简易公路相通，交通方便。工程初步设计阶段地质勘察主要项目包括工程地质测绘、工程地质勘探、工程及水文地质试验、水化学分析等。

8.3.2 区域地质条件（通论）

1. 地形地貌

勘察区位于邙山岭南侧的山前倾斜平原，为黄土状土地区。具黄土地貌特征，冲沟发育，沟壁直立，地形相对破碎。索河为季节性河流，河谷呈"U"型，其中河床宽 10～30m。河漫滩多分布于河床左侧，经人工造田后地形相对平缓。河流阶地不发育，仅沿河两岸零星分布有 1 级阶地。

2. 地层岩性

根据工程场区勘探深度范围内所揭露的地层，按岩性可划分为 7 个土体单元，由新到老为：第①层全新统上段轻粉质壤土，第②层全新统下段砾质轻粉质壤土，第③层上更新统上段黄土状轻粉质壤土，第④层上更新统上段黄土状中粉质壤土，第⑤层上更新统上段黄土状轻粉质壤土，第⑥层上更新统下段黄土状重粉质壤土，第⑦层中更新统粉质黏土。最大揭露厚度 9.40m。

3. 地质构造与地震

勘察区属中朝准地台华北断坳处的开封—济源凹陷带，新构造分区属豫皖断块区中北部，处于次稳定区域区，主体构造线方向为北西向或近东西向。本区的构造活动特征是：第三纪时断裂活动较强烈，地壳以沉降为主；第四纪以来，构造活动以下降为主，无明显断裂活动；全新世时期以明显的上升为主，地质构造简单，地壳稳定条件较好。据野外观察及钻孔资料，测区内未发现新构造活动形迹。按 1990 年国家地震局颁发的中国地震烈度区划图（1/400 万）和《南水北调中线工程震中分布及沿线地震烈度图》勘察区地震基本烈度为Ⅶ度。

4. 水文地质条件

勘察区地下水属松散土类孔隙潜水，在勘探深度内水位以下无强透水的富水地层，其含水层为黄土状中粉质壤土、黄土状轻粉质壤土及黄土状重粉质壤土，地下水赋存于土层的孔隙中，下部第⑦层粉质黏土为隔水底板。该区地下水主要接受大气降水及河水补给，以地下水径流的方式向下游排泄。在勘探深度范围内，未见强透水层。由室内渗透试验及野外注水试验结果表明，本区除第①层（alQ_4^2）轻粉质壤土及第⑤（alQ_{32}）黄土状轻粉质壤土具中等透水性，第⑦层（$dlplQ_2$）粉质黏土属微透水外，其余均为弱透水层。本次勘察在工程区共采取地下水水样 6 组和河水水样 3 组。水质分析成果表明：区内地下水和河水为"$HCO_3^- $—$SO_4^{2-}$—$Ca^{2+}$—$Mg^{2+}$"型水，矿化度 $0.564 \sim 0.938$g/L，属淡水，pH 为 $7.2 \sim 7.4$，呈中性，总硬度为 $23.85 \sim 24.57$H°，属硬水，侵蚀性 CO_2 为 $0 \sim 2.2$mg/L，对混凝土无侵蚀性。

5. 物理地质现象

在勘察区范围内有崩滑体 5 处，其中规模较大、分布于建筑物附近的为西沟滑坡体，距渡槽中心线 20m，崩塌体体积为 $7500m^3$，呈扇形分布，对建筑物稳定有一定影响。陷穴有 6 处，其中较近两处，其平面多呈椭圆状，对建筑物稳定产生一定的影响。

8.3.3 建筑物工程地质条件及评价（专论）

1. 建筑物工程地质条件

（1）地质结构

根据工程区地形地貌及地层岩性的分布特征，沿渡槽轴线分为左、右岸及河谷段如图 8.1 所示。

1）左、右岸段。自上而下为：第③层上更新统上段黄土状轻粉质壤土；第④层上

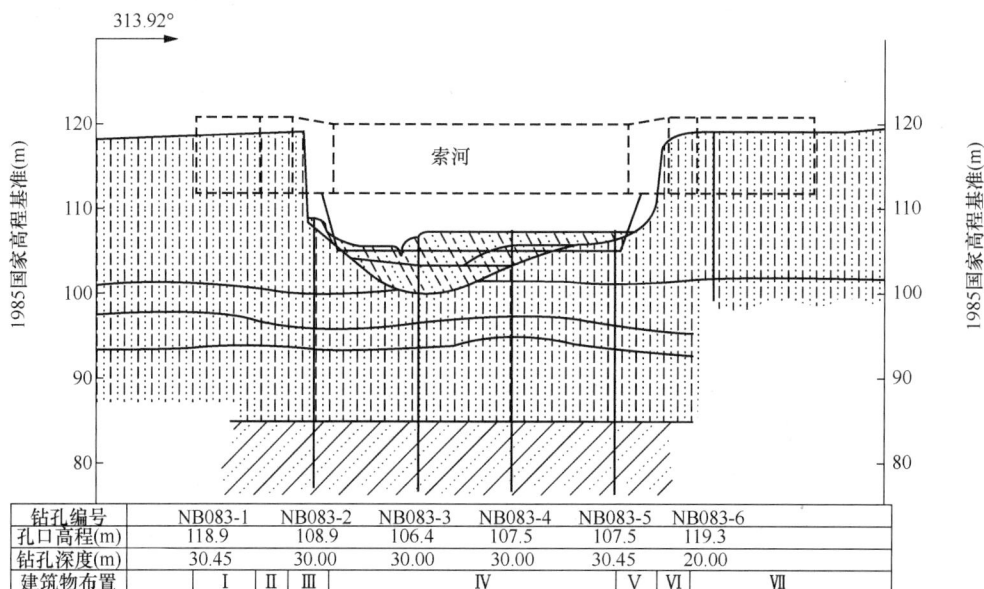

图 8.1　索河渡槽工程地质剖面

1. 轻粉质壤土；2. 砾质轻粉质壤土；3. 黄土状轻粉质壤土；4. 黄土状中粉质壤土；
5. 黄土状重粉质壤土；6. 粉质黏土；7. 中砂；8. 建筑物轮廓线

更新统上段黄土状中粉质壤土；第⑤层上更新统上段黄土状轻粉质壤土；第⑥层上更新统下段黄土状重粉质壤土；第⑦层中更新统粉质黏土，最大揭露厚度 9.5m。以上各层分布稳定。

2）河谷段。由上向下依次为：第①层全新统上段轻粉质壤土，土质不均，在孔 NB083—4 孔处有薄层中砂透镜体；第②层全新统下段砾质轻粉质壤土，分布不稳定，仅沿现河床分布，宽度约 83m，该层底部多含卵砾石，含量 12%～32%；第③层上更新统上段黄土状轻粉质壤土，在河床附近被侵蚀；以下地层为④、⑤、⑥、⑦层，其空间展布情况与两岸段相同。

（2）岩土物理力学性质

1）土体物理力学特征。根据工程场区勘探深度范围内所揭露的地层，按地层岩性可划分为 7 个土体单元。为研究各土层物理力学性质，取得设计所需的物理力学参数，除取样进行室内试验外，还进行了标准贯入试验。

2）各土体物理力学指标建议值。根据室内试验、原位测试成果以及按照有关规范提出承载力标准值，结合工程类比、综合分析、论证。工程场区建筑物地基主要持力层承载力标准值的选择分析如下：第①层为轻粉质壤土，按物理性指标确定的承载力标准值 $f_k=160$kPa，标贯试验 10 次，范围值 4～7 击，平均 5 击，承载力标准值 $f_k=145$kPa。第②层为砾质轻粉质壤土，按物理性指标确定的承载力标准值 $f_k=160$kPa，标贯试验 8 次，范围值 4～7 击，平均 5 击，承载力标准值 $f_k=145$kPa。第③层为黄土状轻粉质壤土，其上部 4.0m，具有中等湿陷性，4.0m 以下不具湿陷性，而建筑物基础均置于非湿陷土层中，按一般黏性土指标查得 $f_k=165kPa$，标贯试验 96 次，范围值 4～15 击，离散性比较大，平均值 11 击，确定的承载力标准值 $f_k=280kPa$。

以上各层均处于地下水位以上，含水量偏低，一旦有水渗入，其强度将会降低，考虑渠道运行时可能局部渗漏，下部土层的含水量比现状要高，土体承载力要减小，但不能完全饱和，故地基承载力应比现状低而比饱和状态高。结合工程经验类比，承载力标准值建议：第①层轻粉质壤土 $f_k=145kPa$，第②层砾质轻粉质壤土 $f_k=145kPa$，第③层黄土状轻粉质壤土 $f_k=160kPa$。

第④层黄土状中粉质壤土由物理性指标确定的承载力标准值 $f_k=260kPa$，标贯试验 31 次，范围值 5～9 击，平均值 7 击，确定的承载力标准值 $f_k=190kPa$。由于该层多处于地下水位以上，按水位附近的标贯值结合经验，建议该层承载力标准值 $f_k=165kPa$。第⑤层黄土状轻粉质壤土按一般粘性土确定的承载力标准值 $f_k=210kPa$，标贯试验 34 次，范围值 4～9 击，平均值 7 击，确定的承载力标准值 $f_k=190kPa$，标贯击数离散性较大，说明土质均匀性差，按标贯一般值结合经验综合考虑，建议该层承载力标准值 $f_k=165kPa$。第⑥层黄土状重粉质壤土按一般黏性土，其承载力标准值 $f_k=190kPa$，标贯试验 57 次，范围值 5～12 击，平均 9 击，查表得 $f_k=235kPa$，综合考虑，建议该层承载力标准值 $f_k=190kPa$。第⑦层粉质黏土按黏性土确定的承载力标准值 $f_k=210kPa$，标贯试验 32 次，范围值 7～15 击，平均 11 击，查表得 $f_k=280kPa$，综合考虑，建议该层承载力标准值 $f_k=210kPa$。

2. 主要工程地质问题

（1）黄土状土的湿陷问题

索河两岸广泛分布的第③层黄土状轻粉质壤土，厚约 17.4m。勘探时，在该层布探坑 6 个，挖取方块样做湿陷性试验。根据《湿陷性黄土地区建筑规范》，该层土上部 4.0m 的湿陷系数为 0.0206～0.0267，具中等湿陷性。4.0m 以下，不具湿陷性，计算总湿陷量 $\triangle S=7.0cm$，场地类型属非自重轻微湿陷场地。渡槽进出口渐变段、闸室段、闸渡连接段、退水闸、急流槽、消力池及海漫段处的湿陷土层均要挖除，湿陷问题对基础影响不大。

（2）冲刷问题

退水闸中的急流槽、消力池及海漫基础置于第③层黄土状轻粉质壤土中，该层土为粘性土，抗冲刷能力差。在水位落差达 9.1m 的情况下，势必产生严重的冲刷问题，影响建筑物的稳定性，设计时应采取防护措施。

3. 建筑物工程地质评价

根据建筑物的布置，分别对进出口渐变段、闸室段、进出口闸渡连接段、槽身段、退水闸进行评价，见图 8.1。

（1）进出口渐变段

该段位于索河两岸，地质结构由第③层黄土状轻粉质壤土，第④层黄土状中粉质壤土，第⑤层黄土状轻粉质壤土，第⑥层黄土状重粉质壤土，第⑦层粉质粘土组成。设计渠水位 120.23～120.52m，渠底板高程 112.346～112.463m，水深 8.0m，挖深约 6.8m，填方高度约 2.6m，基础置于第③层黄土状轻粉质壤土湿陷土层之下，承载力标准值 160kPa。渠坡部分位于湿陷土层，设计时应予以考虑，开挖深度约 6.6m，建议边坡采用 1∶0.75。

（2）闸室段

地质结构由第③层黄土状轻粉质壤土，第④层黄土状中粉质壤土，第⑤层黄土状轻粉质壤土，第⑥层黄土状重粉质壤土，第⑦层粉质粘土组成。设计要求基底应力 180～220kPa。基础置于第③层湿陷土层之下，其承载力标准值 160kPa。承载力设计值按标准值和基础宽度、基础埋深进行计算，根据计算结果，确定地基是否需进行处理。

（3）进、出口闸渡连接段

位于两岸与河槽结合部位，两岸为挖方，基础应置于第③层黄土状轻粉质壤土之上，其承载力标准值 160kPa。承载力设计值可按标准值和基础宽度、基础埋深进行计算，以确定地基是否需进行处理。建议边坡采用 1∶0.75。

（4）槽身段

该段横跨索河河槽，地质结构由第①层轻粉质壤土，第②层砾质轻粉质壤土，第③层黄土状轻粉质壤土，第④层黄土状中粉质壤土，第⑤层黄土状轻粉质壤土，第⑥层黄土状重粉质壤土，第⑦层粉质粘土组成。基础底面高程 104.89m，要求基底应力 150～190kPa。基础置于第①层轻粉质壤土及第③层黄土状轻粉质壤土湿陷土层之下，从剖面图上分析，河槽段地面高程最低 105.0～106.2m，基础砌置深度太浅，承载力标准值分别为 145kPa 和 160kPa，均不能满足设计应力要求，建议加深基础深度，并对地基适当加固处理。

（5）退水闸

退水闸包括进口、闸室、急流槽、消力池、海漫、防冲槽，地质结构由第③层黄土状轻粉质壤土，第④层黄土状中粉质壤土，第⑤层黄土状轻粉质壤土，第⑥层黄土状重粉质壤土，第⑦层粉质粘土组成。地面高程 119.20～119.91m，设计基底高程 104.51～112.55m，要求基底应力 150～180 kPa，基础置于第③层湿陷土层之下，承载力标准值 160kPa，地基埋深约 6.0m，设计时宜根据基础埋深、宽度及承载力标准进行计算，以确定地基是否进行处理。两岸渠堤填方高度 1～4m，开挖边坡宜采用 1∶0.75。

8.3.4　结论

1）勘察结果表明，场区地层主要为第四系冲积及风积黄土状壤土和粉质黏土组成，地层分布稳定，厚度大于 30m，总体来看，场区工程地质条件较好，但第四系上部黄土状土具有湿陷性，强度略低。

2）通过地质勘察查明了索河渡槽及退水闸基础的土体特征、工程地质条件及各持力层土体的物理力学性质，其物理力学性建议值（表 8.1）可作为设计和施工使用。

3）工程场区位于黄河冲积平原，河谷宽浅，交通便利，有利于建筑物的布置和施工。

4）工程区基本地震烈度为Ⅶ度。

5）区内地下水对混凝土无侵蚀性，地表水因人工污染，有硫酸盐型弱腐蚀性，建议选用抗硫酸盐水泥。

6）区内出露的第③层黄土状轻粉质壤土上部4.0m，具中等湿陷性，渠坡多位于该湿陷土层，设计时应予以考虑。开挖深度6～7m，建议边坡采用1∶0.75。

7）渡槽进、出口闸室退水闸基础置于第③层黄土状轻粉质壤土上，其承载力标准值不能满足基底应力要求，若经基础宽度和深度修正后，仍不能满足设计要求，需对地基进行加固处理。渡槽槽身段基础位于第①层轻粉质壤土和第③层黄土状轻粉质壤土上，基础埋深较浅，其承载力标准值亦不能满足设计基底应力要求，建议增加基础设置深度，并对地基进行加固处理。

表 8.1　设计参数建议值表

土体单元编号		①	②	③	④	⑤	⑥	⑦
地层时代		al-eal Q4²	al-eal Q4¹	al-eal Q3²⁻³	al-eal Q3²⁻²	al-eal Q3²⁻¹	al-eal Q3¹	al-eal Q2
土类名称		轻粉质壤土	砾质轻粉质壤土	黄土状轻粉质壤土	黄土状中粉质壤土	黄土状轻粉质壤土	黄土状重粉质壤土	粉质黏土
底板高程/m		108.9～103.7	100.2～101.1	100.7～102.6	96.2～98.1	94.3～96.1	85	—
层厚/m		0.6～4.9	2.8～4.9	6.2～16.8	3.6～4.7	2.1～4.2	3.2～9.9	9.2
天然含水量 W	%	16.8	21.8	15.1	23.1	26.8	26.3	26.4
天然干密度 rd	g/cm³	1.58	1.68	1.57	1.61	1.55	1.57	1.57
比重 G_s		2.71	2.70	2.70	2.71	2.71	2.72	2.71
天然孔隙比 e		0.792	0.641	0.727	0.681	0.736	0.727	0.742
液限 W_L	%	29.3	28.9	28.5	32.1	31.0	40.8	40.7
塑限 W_p	%	15.4	14.8	15.8	17.0	17.2	19.4	20.5
塑性指数 I_p		13.9	14.1	12.7	15.1	13.8	21.4	20.2
液性指数 I_L		0.14	0.50	−0.14	0.37	0.63	0.32	0.29
凝聚力 C	kPa	8	8	11	13	9	19	27
摩擦角 ϕ	(°)	27.4	27.4	26.5	24.3	28.1	21	17
压缩系数 a^{1-2}	MPa⁻¹	0.19	0.23	0.12	0.21	0.21	0.16	0.15
压缩模量 E_s	MPa	7	7	13	8	7	11	14
渗透系数 K	cm/s	4.51 X10⁻⁴	0.311 X10⁻⁴	0.347 X10⁻⁴	0.11 X10⁻⁴	9.84 X10⁻⁴	0.387 X10⁻⁴	0.02 X10⁻⁴

续表

土体单元编号		①	②	③	④	⑤	⑥	⑦
湿陷系数 δ_s		0.039		0.0204				
标贯击数 N	击	5	5	11	7	7	9	11
承载力标准值 f_k	kPa	145	145	160	165	165	190	210

小　结

本次任务介绍了工程地质勘察报告的有关内容和某建设工程项目工程地质勘察报告案例。

1. 工程地质勘察报告

工程地质勘察报告在内容结构上一般分为绪论、通论、专论和结论四个部分，每个部分的内容虽各有侧重，但各部分是紧密联系着的。

2. 某建设工程项目工程地质勘察报告案例

主要包括（绪论）工程概况、（通论）区域地质条件、（专论）建筑物工程地质条件及评价、结论等。

思　考　题

1. 工程地质勘察报告书包括哪些内容？
2. 怎样利用工程地质勘察报告进行工程设计？
3. 工程地质图表有哪些？每种图表包括哪些内容？

学习情境 3

水力水文计算

任务 ⑨

水力与水文基础知识

学习目标与要求 ☞

1. 了解桥涵水力学习的目的与任务。
2. 了解水力学中与桥涵水文有关的基本知识。

任务重点 ☞

水力学中的一些基本概念；水力学三大基本方程和均匀流、非均匀流计算公式。

任务难点 ☞

水力学三大基本方程；均匀流基本公式；非均匀流基本公式。

公路沿线设置的桥梁和涵洞，不仅用来跨越河流、沟渠和承受车辆及人群荷载，还要担负排洪输沙、防止冲刷、保证道路安全使用等功能。在公路桥涵设计中，以承受车辆荷载为主进行的结构设计属于"桥涵设计"课程内容，而满足泄水等水力水文要求进行总体设计则是桥涵水力水文课程要研究解决的问题。桥涵水力水文分为水力学和水文学两部分。本任务主要讨论的是水力学部分。

9.1　水力学的研究对象与任务

水力学是研究液体的机械运动规律及应用这些规律解决工程实际问题的一门科学。水力学的研究对象是以水为代表的液体，包括水静力学和水动力学。

水静力学研究液体静止或相对静止状态下的力学规律及其应用，探讨液体内部压强分布、液体对固体接触面的压力、液体对浮体和潜体的浮力及浮体稳定性。如水池、水箱、闸门、堤坝、船舶的静水压力等计算问题。

水动力学研究液体运动状态下的力学规律及其应用，主要探讨管流、明渠水流、堰流、渗流等的运动规律，以及流速、流量、水深、压力、相应建筑结构尺寸的水力计算，以解决给排水、道路桥涵、农田排灌、水力发电、河道整治、港口工程、航运等的水力学问题。

水力学所需解决的任务可以归纳为：

1）计算水流对建筑物的作用力。
2）计算建筑物的输水能力及尺寸。
3）水流机械能的利用和损失。
4）确定河渠水面曲线。
5）建筑物下游水流衔接与消能。
6）建筑物的渗流。

9.2　水力学基本知识

水力学有基本概念、水流分类、水力学三大方程、均匀流和非均匀流等基本知识。

9.2.1　水力要素

（1）过水断面
凡垂直于所有流线所取的横断面，称为过水断面，过水断面面积常用 A 表示，单位为 m^2。

（2）流量
单位时间内流经过水断面的液体体积称为流量，常以 Q 表示，单位为 m^3/s。

（3）断面平均流速
过水断面上各点流速的加权平均值，称为断面平均流速，用 v 表示，单位为 m/s。由定义可知：

$$Q = Av \tag{9.1}$$

（4）湿周

液流过水断面和固体边界接触的周界线长，称为湿周，以 χ 表示，单位为 cm 或 m。边界的粗糙程度用粗糙系数 n 表示，各种不同固体边界的粗糙系数可查相关资料。

（5）水力半径

过水断面面积与湿周之比称为水力半径，以 R 表示，单位为 m。其数学表达式为：

$$R = A/\chi \tag{9.2}$$

（6）平均水深 $\bar{h}$

过水断面面积 A 和水面宽 B 的比值，即 $\bar{h} = A/B$，单位为 m。当水面宽度 B 大于水深 10 倍以上时，$B \approx \chi$，则 $R \approx \bar{h}$。

（7）河床比降

河底单位流程的落差称为河床比降，用 i 表示。水力计算中比降用小数表示。

【例 9.1】　某矩形断面的宽为 4m，水深为 2m，求过水断面面积，湿周，水力半径。

解：$A = bh = 4 \times 2 = 8$（m²），$\chi = b + 2h = 4 + 2 \times 2 = 8$（m），$R = \dfrac{A}{\chi} = \dfrac{8}{8} = 1$（m）

9.2.2　水流分类

根据不同划分依据，水流可分为：

1）恒定流与非恒定流。水力要素不随时间变化而变化的水流为恒定流，相反为非恒定流。

2）均匀流与非均匀流。水力要素不随空间位置的变化而变化的水流为均匀流，相反为非均匀流。非均匀流根据上下游水流变化的缓慢或者急剧程度，分为渐变流和急变流。

3）有压流、无压流、射流。根据液流在流动过程中有无自由表面，即是否有流面和大气直接接触，可将其分为有压流与无压流。液体沿流程整个周界都与固体壁面接触，而无自由表面的流动称为有压流，它主要依靠压力作用而流动。若液体沿流程一部分周界与固体壁面接触，另一部分与空气接触，具有自由表面的流动，称为无压流，它主要依靠重力作用而流动。

9.2.3　恒定流的三大方程

1. 恒定流的连续性方程

它是质量守恒原理在水力学中的具体表达式，称为连续性方程。其表达式为：

$$Q_1 = Q_2 \quad \text{或} \quad A_1 v_1 = A_2 v_2 \tag{9.3}$$

式中，Q_1、Q_2——恒定流上任意取两个断面 1、2 的流量；

A_1、A_2——断面 1、2 的过水断面面积；

v_1，v_2——断面 1、2 的断面平均流速。

其表示的意义是：在连续不可压缩液体恒定总流中，任意两个过水断面所通过的流量相等。

【例 9.2】 有一恒定流河道，上游某断面 1 流量 $Q_1=1600\text{m}^3/\text{s}$，下游某断面 2 的过水断面面积为 160m²，求下游该断面 2 的断面平均流速。

解：根据连续性方程，有

$$Q_1=Q_2=A_2v_2，Q_2=1600（\text{m}^3/\text{s}）$$

$$v_2=\frac{Q_2}{A_2}=1600/160=10（\text{m/s}）$$

2. 恒定流的能量方程

液流和其他运动物质一样具有势能和动能两种机械能，势能又可分为位置势能和压力势能。各能量的转化关系也遵循能量转化和守恒定律。其恒定总流的能量方程为：

$$z_1+\frac{p_1}{\gamma}+\frac{a_1v_1^2}{2g}=z_2+\frac{p_2}{\gamma}+\frac{a_2v_2^2}{2g}+h_\text{w} \tag{9.4}$$

式中，z_1，z_2——恒定总流上任取两个渐变流过水断面 1、2，在过水断面 1、2 上任取一点作为计算点，两过水断面计算点的位置高度，代表该点的单位位能，称为比位能或位置水头。

p_1，p_2——过水断面 1、2 上两计算点的压强。

$\dfrac{p_1}{\gamma}$，$\dfrac{p_2}{\gamma}$——过水断面 1、2 上两计算点的压强高度，也称为比压能或压强水头。代表单位重量液体的压强势能。

$\dfrac{a_1v_1^2}{g}$，$\dfrac{a_2v_2}{g}$——过水断面 1、2 上两计算点的流速水头，称为比动能。代表单位重量液体的动能。其中 a_1，a_2 一般取作 1。

$z_1+\dfrac{p_1}{\gamma}$，$z_2+\dfrac{p_2}{\gamma}$——总流各过水断面的单位重量液体的势能，称为比势能，或测压管水头。

$z_1+\dfrac{p_1}{\gamma}+\dfrac{a_1v_1^2}{g}$，$z_2+\dfrac{p_2}{\gamma}+\dfrac{a_2v_2}{g}$——总流各过水断面的单位重量液体的机械能，又称总比能或总水头，并以 E 表示。

h_w——单位质量液体从过水断面 1 流至断面 2 所损失的平均机械能，称为单位能量损失或水头损失。水头损失包括沿程水头损失 h_f 和局部水头损失 h_j。

单位长度上总水头的下降值或总水头线的斜率，称为水力坡度，用 J 表示。

能量方程表明，液体的机械能有三种表现形式：动能、位置势能和压力势能。三种形式的能量可以相互转化，液体从一个断面流经下一个断面时，其总机械能量由于受到摩阻力等力的作用有所损失，单位质量液体损失的能量为 h_w。

3. 恒定流的动量方程

恒定流的动量方程是动量定理在水流运动中的表达式。可以解决急变流中水流对边界的作用力问题，如闸门前水流对闸门的动水压力，水流对桥墩的作用力，弯道中水流对弯道的作用力及河道弯段中水流对凹岸的侧向作用力等。恒定总流的动量方程式为：

$$\sum F = \rho Q(a'_2 v_2 - a'_1 v_1) \qquad (9.5)$$

式中，$\sum F$——液流所受的外力之和；

ρ——液体的密度；

Q——液体的流量；

a'——动量修正系数，一般取 1；

v——液流的断面平均流速。

动量方程的意义是单位水体所受的外力之和等于其动量的变化量。

9.2.4　水流阻力和水头损失

1. 水流运动的两种流态

当液体流速较小时，液体内各水流质点是有条不紊、互不混掺地分层流动，这种水流状态称为层流。当水流中的流速较大时，各流层中的水流质点已形成旋涡，并互相混掺，这种流动形态称为紊流。流态可用雷诺实验来判别。

2. 水流阻力和水头损失

由于液体各流层之间的相对运动而产生的阻力，称为内摩擦阻力，它由于均匀分布在水流的整个流程上，又称沿程阻力。水流为克服沿程阻力而引起单位重量水体在运动过程中的能量损失，称为沿程水头损失，用 h_f 表示。

当流动边界沿程发生急剧变化时（如突然扩大、突然缩小、转弯、阀门处），局部流段内的水流产生了附加的阻力，额外消耗了大量的机械能，通常称这种附加阻力为局部阻力，克服局部阻力而造成单位重量水体的机械能损失为局部水头损失，用 h_j 表示。

某一流段内的沿程水头损失 h_f 和局部水头损失 h_j 之和称为总水头损失 h_w，即

$$h_w = \sum (h_f + h_j) \qquad (9.6)$$

1）沿程水头损失可以用达西公式计算：

$$h_f = \lambda \frac{l}{R} \frac{v^2}{2g} \qquad (9.7)$$

式中，λ——沿程阻力系数（无量纲）；

l——上下游计算断面间的距离（m）；

其他符号同前。

2）局部水头损失计算公式：

$$h_j = \xi \frac{v^2}{2g} \qquad (9.8)$$

式中，ξ——局部阻力系数，其计算方法见相关资料。

3）桥梁引起的局部水头损失 h_j：

$$h_j = \xi_q \frac{v_2^2}{2g} \tag{9.9}$$

式中，ξ_q——桥孔压缩水流引起的局部水头损失系数；

v_2——桥下平均流速（m/s）。

$$\xi_q = \frac{1}{\varphi_q^2} - a_q \tag{9.10}$$

式中，φ_q——桥孔流速系数；

a_q——桥孔计算断面的动能校正系数，近似取为 1.0。

9.2.5 谢才公式和曼宁公式

1. 谢才公式

对于均匀流、渐变流，根据重力沿流向的分力和边界阻力相平衡的条件，可建立断面平均流速 v 与水流边界的几何、阻力因素间的关系，即谢才公式（Chezy，1775）：

$$v = C\sqrt{RJ} \tag{9.11}$$

谢才公式是计算沿程水头损失的经验公式，此公式的另一种形式是：

$$h_f = \frac{v^2}{C^2 R} l \tag{9.12}$$

式中，v——断面平均流速（m/s）；

C——谢才系数（$m^{0.5}/s$）；

J——水力坡度；

R——水力半径（m）；

l——两过水断面间的间水流流经的距离（m）。

2. 曼宁公式

确定谢才系数的公式有曼宁公式（Manning，1890 年）：

$$C = \frac{1}{n} R^{1/6} \tag{9.13}$$

式中，n——粗糙系数，其值可查相关资料，后面会介绍。

对于均匀流，水力坡度 J、水面坡度 J_P 和河床比降 i 都相等，即 $J = J_P = i$，故以上各式中的 J 均可用河床比降 i 和水面坡度 J_P 代入。

3. 粗糙系数 n

粗糙系数 n 值综合地反映各种因素对水流阻力的影响，这些因素包括床面粗糙（粒径大小和级配）、床面形态（沙汶、沙垄、沙波及床面地形）、断面形状、底坡的变化、植物及障碍物的存在等。一般工程计算可参照按实测资料编制的粗糙系数表（见《公路桥位勘测设计规范》）来选定，最好选用当地水文站或水利部门实测的 n 值。

4. 床面切应力 τ_0

均匀流的重力沿床面方向的分力等于床面边界阻力。因此床面切应力 τ_0 为：

$$\tau_0 = \gamma Ri = \rho g Ri \tag{9.14}$$

经过一定的推导，可得：

$$\tau_0 = \rho v_*^2 \ \text{或} \ v_* = \sqrt{\frac{\tau_0}{\rho}} \tag{9.15}$$

式（9.15）表明平均流速 v_* 与床面切应力 τ_0 之间的关系。

9.2.6　明渠均匀流

1. 均匀流的特征

天然河道、人工渠道中的水流有自由水面，通称为明渠水流。其表面压强为零（相对压强）。明渠水流可分为恒定流与非恒定流。明渠均匀流是指渠道中的流速及流速分布等运动要素沿程不变的水流。运动要素沿程变化的，为非均匀流。

天然河道中的水流一般为非均匀流，但是当出现以下条件时，可看成是均匀流：①水流为恒定流；②流量沿程保持不变；③渠道必须是正坡（$i>0$）的棱柱形渠道；④渠道的糙率系数沿程不变；⑤渠道上不应有建筑物对水流产生干扰。

明渠均匀流有以下特征：①水流流速和流速分布沿程不变；②过水断面上的动水压强按静水压强分布，且各过水断面水深相等；③水面线、渠底线、总水头线三线平行。

工程设计中长距离的渠道、天然河道中河槽特性变化不大的若干河段，一般可按均匀流计算。

2. 明渠底坡

渠道首末端底部高差与渠段长度的比值，称为渠道的底坡，用 i 表示。根据底坡沿程变化，明渠的底坡分为三类：渠底沿程下降的称为顺坡（或正坡，$i>0$）；渠底水平的称为平坡（$i=0$）；坡的倾斜方向与水流方向相反，渠底高程沿程升高的称为逆坡（$i<0$）。天然河道的河底起伏不平，在河道的水力计算中，通常用一个平均底坡代替河道的实际底坡。

3. 明渠均匀流的基本公式

明渠均匀流基本公式可根据谢才公式 $v=C\sqrt{RJ}$ 和流量公式 $Q=Av$ 得：

$$Q = AC\sqrt{RJ} \tag{9.16}$$

因明渠均匀流 $J=i$，故

$$Q = AC\sqrt{Ri} \tag{9.17}$$

谢才系数可利用曼宁公式 $C=\dfrac{1}{n}R^{1/6}$ 来求解。

【例 9.3】　某灌溉工程黏土渠道，全长 70km，糙率 $n=0.028$，断面为梯形，底宽为 8m，边坡系数 $m=1.5$，底坡 $i=1/8000$，设计流量 $Q=40\text{m}^3/\text{s}$，试校核当水深 4m 时，能否满足通过设计流量的要求。

解：由于渠道较长，断面规则，底坡和糙率固定，故可按明渠均匀流计算。

$$A=(b+mh)h=(8+1.5\times4)\times4=56\ (\text{m}^2)$$

$$\chi=b+2h\sqrt{1+m^2}=8+2\times4\times\sqrt{1+1.5^2}=22.42\ (\text{m})$$

水力半径

$$R=\frac{A}{\chi}=\frac{56}{22.42}=2.498\ (\text{m})$$

谢才系数

$$C=\frac{1}{n}R^{1/6}=\frac{1}{0.028}\times2.498^{\frac{1}{6}}=41.6\ (\text{m}^{0.5}/\text{s})$$

流量

$$Q=AC\sqrt{Ri}=56\times41.6\times\sqrt{2.498\times(1/8000)}=41.17\ (\text{m}^3/\text{s})$$

41.17＞40 故流量满足要求。

9.2.7 明渠非均匀流

天然河道或人工渠道中的水流，绝大多数为非均匀流。明渠水流中有三种流态：急流、缓流和临界流。

1. 急流、缓流、临界流

渠道中在断面变化，底坡折变及桥、涵、堰、坝等建筑物都会破坏渠中的均匀流条件而导致非均匀流现象，由此引起波幅不大的波浪，称为干扰微波，它会造成桥涵、堰、坝上游壅水现象。它和投石于静水中产生的微波性质是一样的。投石于静水中产生的微波会向四面八方传播，其波峰在静水中的传播速度，称为微波波速，用 c 表示。设渠中水流流速为 v，当 $v>c$ 时，称这类水流为急流，微波只能向下传不能上传；当 $v<c$ 时，称为缓流，微波既可上传也可下传；当 $v=c$ 时，为临界流，这是急流与缓流间的临界状态。

佛汝德数 F_r 是判别明渠上述三种流动状态的数值标准，$F_r>1$，为急流；$F_r=1$，为临界流；$F_r<1$，为缓流。

2. 临界水深

当水流作临界流流动时，其相应的水深称为临界水深。用 h_k 表示。任意断面形状的临界水深的计算公式为：

$$\frac{A_k^3}{B_k}=\frac{aQ^2}{g} \tag{9.18}$$

式中，A_k——临界水深对应的过水面积；

$\quad\quad B_k$——临界水深对应的水面宽度；

$\quad\quad Q$——流量；

a ——动能修正系数；

g ——重力加速度。

3. 临界底坡

临界底坡 i_k 是指全渠以临界水深作均匀流动时相应的底坡。它是区别渠道实际底坡 i 缓急的数值标准。它的计算公式为：

$$i_k = \frac{g}{aC_k^2} \cdot \frac{\chi_k}{B_k} \tag{9.19}$$

式中，C_k ——临界水深对应的谢才系数；

χ_k ——临界水深对应的湿周；

B_k ——临界水深对应的水面宽度。

当明渠实际底坡 $i = i_k$ 时，此时水流称为临界底坡；$i < i_k$ 时，称为缓坡；$i > i_k$ 时，称为急坡。

4. 非均匀流的水力现象

河渠非均匀的水面曲线形状及变化可有四种类型：渠中水深沿程增大的水面线，称为雍水曲线；渠中水深沿程减小的水面线，称为降水曲线；水面曲线在局部渠段呈急剧下降的水力现象，称为水跌；局部渠段内流速急剧变化，水深呈突跃式增高，表面出现逆流漩滚的水力现象，称为水跃现象。其中水跌和水跃现象为急变流现象。

水跌现象如图 9.1 所示，水跃现象如图 9.2 所示。

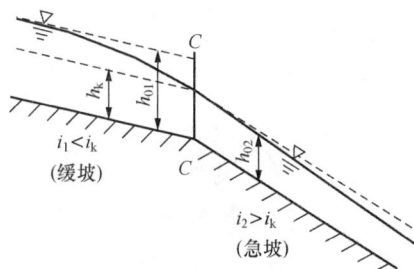

图 9.1　水跌现象　　　　　　　　　图 9.2　水跃现象

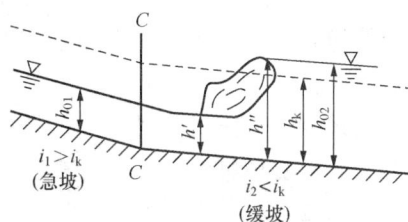

水跃前后断面水深 h'、h''，如图 9.2 所示具有倚变关系，称为共轭水深；前后两断面的距离称为水跃长度，用 l_y 表示。

小　结

本任务介绍了液体的主要物理性质及水力学的一些基本概念及知识。

1. 水力学的研究对象与任务

水力学的研究对象是以水为代表的液体，包括水静力学和水动力学。水力学所需解决的任务可以归纳为计算水流对建筑物的作用力；计算建筑物的输水能力及尺寸；

水流机械能的利用和损失；确定河渠水面曲线；建筑物下游水流衔接与消能；建筑物的渗流等。

2. 水力因素

水力因素包括过水断面、流量、断面平均流速、湿周、水力半径等概念。

3. 水流的分类

根据不同划分依据，水流可分为恒定流与非恒定流；均匀流与非均匀流；有压流、无压流、射流。

4. 恒定流的三大方程

恒定流的连续性方程的意义及表达式；恒定流的能量方程的意义及表达式；恒定流动量方程的意义及表达式。

5. 明渠均匀流的特征及基本计算公式

明渠均匀流有以下特征：水流流速和流速分布沿程不变；过水断面上的动水压强按静水压强分布，且各过水断面水深相等；水面线、渠底线、总水头线三线平行。

明渠均匀流基本公式有谢才公式 $v = C\sqrt{RJ}$ 和流量公式 $Q = Av$。谢才系数可利用曼宁公式 $C = \dfrac{1}{n}R^{1/6}$ 来求解。

6. 明渠非均匀流

明渠水流中有三种流态：急流、缓流和临界流。其中水跌和水跃现象为急变流现象。

思 考 题

1. 什么是恒定流和非恒定流？什么是均匀流和非均匀流？

2. 什么叫流量、过水断面、湿周、水力半径、断面平均流速？

3. 恒定流的三大方程分别是什么？式中各项表示的意义是什么？

4. 河渠均匀流的特性是什么？其基本公式是什么？

5. 什么叫临界水深和临界底坡？

6. 怎么判别河渠非均匀流的三种流态？

7. 非均匀流的水力现象是什么？

8. 水头损失指什么？它包括哪两部分？

9. 学习桥涵水文的目的和任务是什么？

10. 如果一个断面的流量为 $30m^3/s$，过水断面面积为 $20m^2$，则它的断面平均流速为多少？

11. 有一条土渠，长 1.0km，其间落差 0.5m。梯形截面，底宽 2m，渠中水深 0.8m，边坡系数 $m = 1.5$，粗糙系数 $n = 0.03$，试计算该土渠的流速和流量大小。

12. 梯形断面渠道，底宽 $b = 10m$，水深 $h_0 = 3m$，边坡系数 $m = 1$，砼衬砌，糙率 $n = 0.014$，试确定其谢才系数。

13. 某灌区要新建一条跨越公路上方的钢筋混凝土矩形输水渡槽，其底宽为 5.1m，水深设计为 3.08m，渡槽的糙率为 0.014，设计流量为 $Q=25.6\text{m}^3/\text{s}$，试确定渠道的底坡 i 和渠中流速 v。

14. 有一情况较坏的梯形断面路基排水土渠，长 1km，底宽 3m，按均匀流计算，设渠中正常水深为 0.8m，边坡系数为 1.5，渠底落差为 0.5，试计算渠道的泄水能力和渠中流速。

任务 ⑩

水文形态勘测与频率曲线绘制

学习目标与要求 ☞

1. 掌握河流地质作用。
2. 了解河川径流的形成过程及影响因素，掌握径流量的表示方法。
3. 熟悉桥位设计中河段的分类。
4. 掌握河床断面测量的内容及方法。
5. 了解水文资料获得的方法，了解水位流量关系曲线的作用及绘制方法。
6. 掌握经验频率曲线的概念及绘制方法。
7. 掌握理论频率曲线的概念及绘制方法，掌握求矩适线法及三点适线法的概念及步骤。
8. 掌握水文资料中含特大洪水时的频率、统计参数、重现期的计算方法。
9. 掌握相关关系的概念及应用。

任务重点 ☞

河流地质作用；流域、累积频率、重现期、设计洪水频率的概念；理论频率曲线的绘制；求矩适线法；三点适线法；含特大洪水时的处理方法；相关关系。

任务难点 ☞

河流地质作用；理论频率曲线的绘制；求矩适线法；三点适线法；含特大洪水时的处理方法。

修建公路，不可避免要跨越河流和沟渠，这就需要架设桥梁和涵洞，使之能够泄水输沙，通过车辆。而架设桥梁涵洞，应根据河流的洪水情势和河床的冲淤变形等进行设计。桥涵水文的主要研究对象是降水与河川径流间的关系，研究自然界中水的运行变化规律及其在桥涵工程中的应用。桥涵水文的主要任务是为路桥设计提供计算依据。

公路桥涵的总体设计中，包含选择桥涵的位置、孔径、桥面中心标高和基底埋置深度、配置相应的调治构造物等。但由于降水、径流等现象的影响因素极为复杂，它们在数值大小及发生时间方面均表现一定的随机性，因此桥涵水文的计算理论除了水力学理论外，还需要引用数理统计方法，按概率分析所得的未来水文趋势选定设计依据。

学习本任务的目的是：学习掌握水文的有关知识，能够进行综合分析，根据有关的公路桥涵规范，较全面地为路基排水、桥涵设计和施工，提供必要的水文方面的数据和结论，同时，熟悉一般大中桥的桥位设计方法、步骤等。

通过本任务的学习，要求学生能够进行形态勘测与水文调查，并且运用所收集的资料推求桥涵断面的设计流量；会合理选择桥位，确定桥涵的所需跨径和桥面最低标高，确定最大冲刷线标高及墩台基底的埋置深度，会通过查表或计算确定小桥涵孔径，并合理选择进出水口的处理方法。

10.1　河流地质作用

河水流动时，对河床进行冲刷破坏，并将所侵蚀的物质带到适当的地方沉积下来，故河流的地质作用可分为侵蚀作用、搬运作用和沉积作用。

河流的侵蚀作用、搬运作用和沉积作用在整条河流上同时进行，相互影响。在河流的不同段落上，三种作用进行的强度并不相同，常以某一种作用为主。

10.1.1　侵蚀作用

河流的侵蚀作用按其方向可分为下蚀和侧蚀。下蚀也称纵向侵蚀，向下切割河床，破坏河底。侧蚀也称横向侵蚀，向河岸方向侵蚀，使河流变宽、变弯，破坏原有河岸。下蚀和侧蚀是同时进行的，但河流上游以下蚀为主，下游以侧蚀为主。

河流侵蚀作用的能力由水量和流速决定。以 Q 表示河水流量（m^3/s），v 为流速（m/s），则河水动能 E 由下式表示：

$$E = \frac{1}{2}Qv^2 \tag{10.1}$$

由式（10.1）可知，河水动能与流量成正比，与流速的平方成正比。显然，流速对动能的影响比流量更大。

河水的动能一方面用于侵蚀作用，另一方面用于搬运被侵蚀下来的泥沙石块。因而河流的侵蚀与搬运两种作用是相互依存、相互制约的。

1. 下蚀作用

河流下蚀切割河底，使河床变深。下蚀的强弱取决于流速、流量的大小，也与组成河床的物质有关。流速、流量愈大，下蚀作用愈强；组成河床的物质愈坚硬、裂隙愈少，下蚀作用愈弱。

通常，一条大河的下游段基本已达到平衡剖面状态，不再下蚀；中游段则接近平衡剖面状态，洪水期能进行下蚀，枯水期则只能搬运甚至沉积；上游段多高出平衡剖面之上，下蚀作用强烈。

2. 侧蚀作用

河流侧蚀冲刷河岸，使河床变弯、变宽。河流产生侧蚀的原因，一是因为原始河床不可能完全笔直，一处微小的弯曲都将使河水主流线不再平行河岸而引起冲刷，致使弯曲程度愈来愈大；二是河流中的各种障碍物，如浅滩，也能使主流线改变方向冲刷河岸。

侧蚀不断进行，受冲刷的河岸逐渐变陡、坍塌，使河岸向外凸出，相对一岸向内凹进，使河流形成连续的左右交替的弯曲，称河曲。由于河水主流线不是垂直而是斜向冲刷河岸，故这种弯曲向河流前进方向凸出，随着侧蚀不断发展，这些弯曲逐渐向下游方向推进。河曲进一步发展，河流弯曲程度愈来愈大，河流也愈来愈长，导致河床底坡变缓，流速降低。当流速减小到一定程度，河流只能携带泥沙克服阻力流动，而无力进行侧蚀的时候，河曲不再发展，此时的河曲可称为蛇曲。河流的蛇曲地段，弯曲程度很大，某些河湾

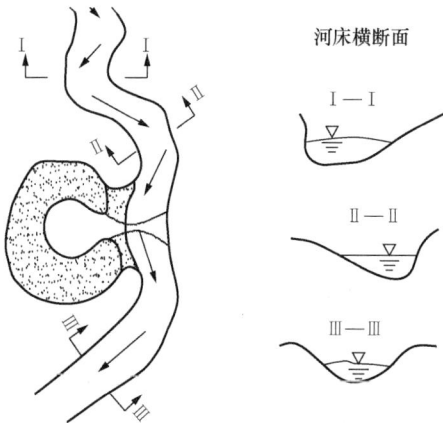

图 10.1　河曲及牛轭湖

之间非常接近，只隔一条狭窄地段，到了洪水季节，洪水将能冲决这一狭窄地段，河水经由新冲出的距离短、流速大的河道流动，残余的河曲两端逐渐淤塞，脱离河床而形成特殊形状的牛轭湖（图10.1）。

10.1.2 搬运作用

河流具有一定的搬运能力，它能把侵蚀作用生成的各种物质以不同方式向下游搬运，直至搬运到湖、海盆地中。河流搬运能力与流速关系最大，当流速增加1倍，被搬运物质的重量可增大到原来的4倍。当流速减小时，就有大量泥沙石块沉积下来。

物理搬运的物质主要是泥沙石块，化学搬运的物质则是可溶解的盐类和胶体物质。根据流速、流量和泥沙石块的大小不同，物理搬运又可分为悬浮式、跳跃式和滚动式三种方式。悬浮式搬运的主要是颗粒细小的砂和黏性土，悬浮于水中或水面，顺流而下。例如黄河中大量黄土颗粒主要是悬浮式搬运。悬浮式搬运是河流搬运的重要方式之一，它搬运的物质数量最大，例如黄河每年的悬浮搬运量可达6.72亿t，长江每年有2.58亿t。跳跃式搬运的物质一般为块石、卵石和粗砂，它们有时被急流、涡流卷入水中向前搬运，有时则被缓流推着沿河底滚动。滚动式搬运的主要是巨大的块石、砾石，它们只能在水流强烈冲击下，沿河底缓慢向下游滚动。

化学搬运的距离最远，水中各种离子和胶体颗粒多被搬运到湖、海盆地中，当条件适合时，在湖、海盆地中产生沉积。

河流在搬运过程中，随着流速逐渐减小，被携带物质按其大小和重量陆续沉积在河床中，上游河床中沉积物较粗大，愈向下游沉积物颗粒愈细小；从河床断面上看，流速逐渐减小时，粗大颗粒先沉积下来，细小颗粒后沉积、覆盖在粗大颗粒之上，从而在垂直方向上显示出层理。在河流平面上和断面上，沉积物颗粒大小的这种有规律的变化，称河流的分选作用。另外，在搬运过程中，被搬运物质与河床之间、被搬运物质互相之间，都不断发生摩擦、碰撞，从而使原来有棱角的岩屑、碎石逐渐磨去棱角而成浑圆形状，成为在河床中常常见到的砾石、卵石和砂，它们都具有一定的磨圆度，这种作用称河流的磨蚀作用。良好的分选性和磨圆度是河流沉积物区别于其他成因沉积物的重要特征。

10.1.3 沉积作用

流速降低使河流携带的物质沉积下来称沉积作用，河流的沉积物称冲积层。由于河流在不同地段流速降低的情况不同，各处形成的沉积层就具有不同特点。在山区，河流底坡陡、流速大，沉积作用较弱，河床中冲积层多为巨砾、卵石和粗砂。当河流由山区进入平原时，流速骤然降低，大量物质沉积下来，形成冲积扇。冲积扇的形状和特征与前述洪积扇相似，但冲积扇规模较大，冲积层的分选性及磨圆度更高。冲积扇常分布在大山的山麓地带。在河流下游，则由细小颗粒的沉积物组成广阔的冲积平原。

在河流入海的河口处，流速几乎降到零，河流携带的泥砂绝大部分都要沉积下来。若河流沉积下来的泥沙被海流卷走，或河口处地壳下降的速度超过河流泥沙量的沉积速度，则这些沉积物不能保留在河口或不能露出水面，这种河口则形成港湾。更多的情况是大河河口都能逐渐积累冲积层，它们在水面以下呈扇形分布，扇顶位于河口，扇缘则伸入海中，冲积层露出水面的部分形如一个其顶角指向河口的倒三角形，故称河口冲积层为三角洲（图 10.2）。

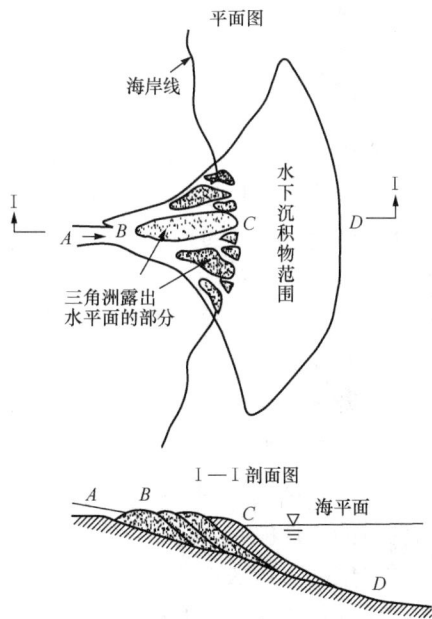

图 10.2 三角洲

10.2 水文现象特点与研究方法

10.2.1 水文现象的特点

在桥涵水文中，对于地球上的雨、雪、冰、雹及霰（小雪珠）等现象，统称为降水；降水在重力作用下沿一定路径流动的水流，称为径流。其中沿地表流动的水流，称为地表径流；在地下流动的水流，称为地下径流；沿山坡漫流的水流，称为坡面径流；在河槽中流动的水流，称为河川径流。所谓水文现象，即降水、入渗、径流、蒸发等现象的统称。降水形成径流，并通过蒸发使地表的水蒸发进入大气；随着气流运动，遇冷又可凝成雨水回落到大地，如此周而复始，遂构成了十分复杂的水文现象。这一周而复始的过程，则称为水循环。水文现象的共同特点如下：

1）随机性：指水文现象发生的数值大小及发生的时间都具有一定的偶然性，难以运用演绎方法求得必然性的因果关系。

2）周期性：一年四季的交替，直接影响水文现象，从而使水文情势具有相应的周期性变化。例如，河流每年都有汛期和枯季，年年如此，周而复始，这种循环变化的性质称为周期性。在长期观测的某些资料中，发现水文现象不仅有年周期性而且还有多年的周期性。

3）地区性：同一地理特性的地区，其河川径流特性相似；同时，同一水文现象的变化规律亦可因地而异。例如，我国南方河流水量大于北方；山区河流的河水大多暴涨暴落，平原河流的洪水大多涨落平缓。

10.2.2　研究方法

水文现象的数值变化及其变化过程受到许多复杂因素的影响，难以获得物理关系的简单数学模型来用以求解，也不可能从水文现象的实测记录中找到确定的物理关系，只能从实测记录中透过现象看本质，寻找其发生的统计规律，并用概率大小来预示各类水文现象的再现可能性，以预估建造桥涵后可能遭遇的水文情势。所以，桥涵水文必须作实地调查，收集长期实测资料，寻找水文现象的统计规律，为桥涵设计提供决策依据。其研究方法有三类：

（1）数理统计法

此法根据长期水文观测资料，把水文现象的特征值（如水位、流量等）看成随机变量，运用数理统计方法，按国家有关规范规定的容许破坏率或要求的安全率，从而得出合适的设计值。

（2）成因分析法

此法从径流与降水的成因关系，建立水文现象特征的物理数学模型，并以此求解各类水文计算问题。但因水文现象的复杂性，仍难以在成因机理上找到合理的概括，也难以得到十分理想的结果。

（3）地理综合法

此法通过实测资料的整理分析，建立一些水文特征值的地区性经验公式或在地图上绘制成水文特征值的等值图，也可制成专用计算用表。此法应用较为简易，对于缺乏实测资料地区很有实用意义。但结果较粗，一般仅用于小桥涵设计流量的估算。

10.3　河川径流与河段分类

10.3.1　河川径流

1. 河川径流的形成过程

流域内自降水开始到雨水流过出口断面的整个物理过程称为径流形成过程。一般将这一过程分为四个阶段：降水—流域蓄渗—坡面漫流—河槽集流。

（1）降水过程

降水是形成径流的主要影响因素，降水量的多少决定径流量的大小。降雨量用降落在地面上的雨水深度表示，单位为 mm。单位时间内的降雨量称为降雨强度，单位为 mm/h 或 mm/d。每次降水，可能覆盖某一地区，也可能降落该地区的局部地区，降雨强度也有时均匀有时不均匀，降水的变化直接决定着径流过程。

（2）蓄渗过程

降水开始时，并不立即形成径流，部分雨水被植物截留；部分落到地面被土壤吸收并渗入地下，称为入渗。单位时间的入渗量称为入渗率，常用 f 表示。随着降水的继续，土壤趋于饱和，局部地面上的水被蓄留在坑洼中称为填洼。植物截留、入渗和填洼合称为蓄渗阶段。

（3）坡面漫流过程

当蓄渗过程完成后，剩余的雨水逐渐地沿着坡面流动，称为坡面漫流。

（4）河槽集流过程

坡面漫流顺着小沟、小溪流入河槽，由支流流入干流，最后到达流域出口断面的过程称为河槽集流过程。

流域内的降水，除部分截留和蒸发外，一部分形成地面径流，一部分形成地下径流，两种径流汇集到河槽中沿河槽流动而形成河川径流。河槽中暴雨洪水主要来源于地面径流，而在大河枯水期的补给，多来自地下径流。

2. 影响河川径流的主要因素

1）降水——降水强度大、历时长、面积大，则产生的径流就大。

2）蒸发——蒸发包括水面、土壤、植物上的水分蒸发，在一定条件下，蒸发越大径流越小。

3）下垫面因素——流域内汇水区的大小、形状、地理位置、地质、植被 、湖泊、沼泽等统称为下垫面因素。在相同的自然地理条件下，汇水区面积越大，径流量越大；汇水区的形状决定着不同点的水流到出口断面处所需时间的长短，对扇形汇水区边界的水几乎同时到达出口断面，会出现大涨大落现象。地理位置决定了蒸发降水因而决定了径流量。土质不同入渗不同，植被能截留水分，湖泊及人类活动如水库对河川径流有调蓄作用。

3. 径流量的表示方法

径流量根据测算时间可分瞬时最大值、日平均流量、月平均流量、年平均流量（又称年径流量）、多年平均流量（又称正常径流量）等。根据水文计算的需要，径流量可用以下几种方法表示：

1）流量 Q：即单位时间内流经河流某断面的径流体积，单位为 m^3/s，洪水期的瞬时最大流量，称为洪峰流量。

2）径流总量 W：时间 T 内通过河流某断面的径流体积，单位为 m^3，实际中也用 km^3 或亿 m^3 表示。

$$W = QT \tag{10.2}$$

3）径流模数 M：单位流域面积 F 上的径流量。一般 F 的单位为 km^2，Q 的单位为 m^3/s，M 的单位为 $L/(s \cdot km^2)$，有

$$M = 1000 \frac{Q}{F} \tag{10.3}$$

4）径流深度 Y：指径流总量 W 折算成全流域的平均水深，单位为 mm，按定义有

$$Y = \frac{1}{1000} \frac{W}{F} \tag{10.4}$$

式中径流总量 W 的单位为 m^3，流域面积的单位为 km^2，Y 的单位为 mm。

5）径流系数 α：即径流深度与降水量之比或净雨量 h 与毛雨量 X 之比，有

$$\alpha = \frac{Y}{X} = \frac{h}{X} \tag{10.5}$$

径流系数反映一定的地质地貌特征及流域内植被茂密情况，是降水量损失的一种折减系数。上述表示方法之间可相互转换，如

$$M = \frac{Q}{F}, \quad Q = FM, \quad W = QT = FMT \tag{10.6}$$

4. 我国河流水量的补给类型

河川径流的大小和变化，通常用流量和水位来表示。河流的流量和水位都是随时间而不断变化，流量和水位随时间而变化的关系曲线，分别称为流量过程线和水位过程线。这些过程线的形状与河流的水量补给类型有密切关系。我国河流的水量补给类型基本上分为以下三类：

（1）雨源类

这类河流的洪水由降雨形成。主要分布在秦岭、淮河以南直至台湾、海南岛、云南广大南方地区。一年内的径流量的变化与降雨变化一致，夏天降雨大，流量增大，秋天流量渐下降。

（2）雨雪源类

这类河流的洪水三四月间主要由融雪形成春汛，之后有一段枯水期，入夏后降雨量增多，在六至九月形成夏汛和秋汛，主要分布在我国华北、东北地区。

（3）雪源类

西北地区新疆、青海等地的河流，水量补给以融雪为主。洪水的大小与气温高低关系密切，汛期大多集中在气温较高的六七月间。

10.3.2　河流

降落到地面上的雨水，除下渗、蒸发等损失外，在重力作用下沿着一定方向和路径流动的水流称为地面径流。地面径流长期侵蚀地面，冲成沟壑，形成小溪，汇集成河流。

河中水流，水文学中习惯称其为河川径流。根据水量大小，河流可分为干流和支流。汇集河川径流注入湖、海的河流，称为干流，流入干流的河流则称为支流。支流又可分为许多级，流入干流的支流，称为一级支流，流入一级支流的河流，称为二级支流，依此类推。河流干、支流构成的脉络状相通体系，称为水系，或河系。水系通常用干流的名称命名，如长江水系、黄河水系、湘江水系等。

1. 河流的分段

一条发育完整的河流，按河段不同的特征，可分为河源、上游、中游、下游、河口等五部分。

1）河源：即河流的起点或开始有水流的地方。

2）上游：紧接河源而大多奔流于山谷中的河流上段，称为上游。

3）中游：上游以下的中间河段。

4）下游：从河流中游以下到河口的地势平坦地段。

5）河口：为河流的终点。即河流注入海洋或湖泊的地方。消失在沙漠中的河流，称为无尾河，可以没有河口。河口处断面扩大，水流速度骤减，常有大量泥沙沉积而形成三角形沙洲，称为河口三角洲。

2. 河流的基本特征

一般用河流长度、弯曲系数、横断面积及纵向比降等表示。

（1）河流长度

从河源到河口的距离，称为河长。河长的测定，通常在 1∶50 000～1∶100 000 的地形图画出河道中泓线，用分割规逐段量取，分规开距常用 1～2mm。

（2）弯曲系数

河道全长与河源到河口的直线长度之比，称为河流的弯曲系数。用 φ 表示，即

$$\varphi = \frac{L}{l} \tag{10.7}$$

式中，L——河长；

　　　l——河源到河口的直线长度。

（3）河流的横、纵断面

垂直于水流方向断面称横断面。洪水位以下的河床，一般由河槽和河滩两部分组

成。河槽是河流宣泄洪水和输送泥沙的主要通道，植被不易生长，洪水期有底沙运动；河槽两侧洪水漫溢的滩地称为河滩，河滩上通常长有草类、树木或农作物，被洪水淹没的次数较少，无底沙运动。河槽中较高的可移动的泥沙堆称为边滩，其余部分为主槽。只有河槽没有河滩的断面称为单式断面，有河槽又有河滩的断面称为复式断面。

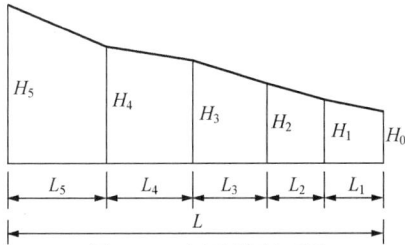

图 10.3　河流纵断面图

河流中沿水流方向各断面最大水深点的连线，称为中泓线，也叫深泓线。沿河流中泓线的剖面称为河流的纵断面（图 10.3）。

（4）河流的纵比降

中泓线上单位长度内的水面或河底落差，称为河流水面比降或河底比降。设河段前后两断面的水位或河底高程分别为 Z_1、Z_2，两断面间的流程长度为 L，则纵比降的定义为

$$J = \frac{Z_1 - Z_2}{L} \tag{10.8}$$

但是，一条河流的各段比降是会变化的，如图 10.3 所示，水力计算取各段比降的加权值得一段河流的纵比降

$$J = \frac{(Z_0 + Z_1)L_1 + (Z_1 + Z_2)L_2 + \cdots + (Z_{n-1} + Z_n)L_n - 2ZL}{L^2} \tag{10.9}$$

10.3.3　河段分类

在桥位设计时，有关桥位选择、桥孔布设、确定桥梁墩台的埋深、布置调治构造物等水文计算中，必须了解桥位所在河段的各种特点，掌握变形的客观规律，以便提出切合实际的设计方案。《公路工程水文勘测设计规范》（JTG C30—2015）中，分类如下。

1. 山区河段

山区河段分为峡谷河段和开阔河段两类，这两类河段都为稳定性河段。

形态特征：在平面上多急弯卡口，宽窄相间，河床为 V 形或 U 形；河流纵断面多呈凸型，比降缓陡相连；峡谷河段，河床狭窄，河岸陡峭多石质，中、枯水河槽无明显区别；开阔河段，河面较宽，有边滩，有时也有不大的河漫滩和明显阶地，有的地方也会出现心滩和沙洲，比降较缓，河床泥沙较细。

水文泥沙特征：河床比降陡，一般大于 2‰；流速大，洪水时河槽平均流速可达到 5~8m/s，水位变幅大，个别达到 50m，含沙量小，河床泥沙颗粒较大，由于流速大，搬运能力强，故洪水时河床上有卵石运动。

河床演变特征：河流稳定，变形多为单向的切蚀作用，速度相当缓慢；峡谷河段的进口或窄口的上游，受壅水的影响，洪淤、枯冲；开阔河段有时有较厚的颗粒较细的沉积物，且多呈洪冲、枯淤变化；两岸对河流的约束和嵌制作用大。

河段区别要点：峡谷河段，河床窄深，床面岩石裸露或为大漂石覆盖，河床比降大，多急弯、卡口，断面呈 V 形或 U 形；开阔河段和顺直微弯河段，岸线整齐，河槽稳定，断面多呈 U 形，滩、槽分明，各级洪水流向基本一致。

2. 平原河段

平原河段分为顺直微弯河段、分汊河段、弯曲河段、宽滩河段、游荡河段四类，其中顺直微弯河段为稳定河段，其他为次稳定河段。

形态特征：平原区河流，平面外形可分为顺直微弯型、分汊型、弯曲型、宽滩型和游荡型；河谷开阔，有时河槽高出地面，靠两侧堤防束水；河床横断面多呈宽浅矩形，通常横断上滩槽分明，在河弯处横断面呈斜三角形，凹岸侧窄深，凸岸侧为宽且高的边滩，过渡段有浅滩、沙洲；枯水期河槽中露出多种形态的泥沙堆积体；由于平原区河流多河弯、浅滩连续分布，因此，河床纵断面亦深浅相间。

水文泥沙特征：河床比降平缓，一般小于 0.1‰；流速小，洪水时河槽平均流速多为 2～4m/s，洪峰持续时间长，水位和流量变幅小于山区河流；河床泥沙颗粒较细；水流输送泥沙以悬移质为主，多为沙、粉沙和黏粒，但也有推移质；$\frac{Q_t}{Q_P}>0.4$ 或 $\frac{Q_t}{Q_P}>$ 0.67 者为宽滩河流。

河床演变特征：顺直微弯河段，中水河槽顺直微弯，边滩呈犬牙交错分布，洪水时边滩向下游平移，对岸深槽亦向下游平移；分汊河段，中高水河槽分汊，两汊可能有周期性交替变迁趋势；弯曲型河段，凹冲凸淤，自由弯曲型河段，由于周而复始的凹冲凸淤，随着凹岸侧冲刷下切和侵蚀，弯顶横移下行，凸岸侧成鬃岗地形并扭曲变向下游，与此同时弯曲路径加长，阻力加大，颈口缩短，洪水时发生裁弯取直；宽滩蜿蜒河段，河床演变与弯曲型河段类似；游荡型河段，河槽宽浅，沙洲众多，且变化迅速，主流、支汊变化无常。

河段区别要点：稳定性和次稳定性河段的区别，前者河槽岸线、河槽、洪水主流均基本稳定，变型缓慢，后者河湾发展下移，主流在河槽内摆动。分汊河段，两汊有交替变迁的趋势；宽滩河段泛滥宽度很宽，达几公里、十几公里，滩槽宽度比、流量比都较大，滩流速小，槽流速大。

3. 山前区河段

山前区河段分为山前区变迁型河段和冲积漫流河段，为不稳定河段。

形态特征：山前变迁河段，多出现在较开阔的地面坡度较平缓的山前平原地带，河段距山口较远，其下多是比较稳定的平原河流，水流多支汊，主流迁徙不定，河槽岸线不稳，洪水时主流有滚动可能；冲积漫流河段，距山口较近，河床坡度较陡，因为地势单调平坦，水流出山口后成喇叭形散开，流速、水深骤减，水流夹带大量泥沙落淤在山口坦坡上形成冲积扇。

水文泥沙特征：河床比降介于山区和平原区之间，一般为 1‰～10‰，但冲积漫流河段有时大于 20‰～50‰，流速介于山区与平原区之间，洪水时河槽平均流速可达到

3～5m/s，水流宽浅，水深变幅不大，既小于山区亦小于平原区；泥沙中等或较大，在干旱、半干旱地区，洪水时往往携带大量细颗粒泥沙（既有悬移质又有推移质），是淤积的主要物质。

河床演变特征：山前变迁型河段，泥沙与河床演变特点有类似平原游荡型河段之处，但其比降和泥沙颗粒皆大于平原游荡河段，主要还是山前河流的特点，夺流改道之势更为凶猛迅速；冲积漫流河段，通常无固定河槽，夹带大量粗颗粒泥沙的水流淤此冲彼，加以坡陡、流急造成水沙混合体奔突冲击，有很大的破坏力。洪水后，河床支汊纵横，支离破碎，没有固定河漫滩，是最不稳定的河段；河床可能淤高。

河段区别要点：不稳定河段与次稳定河段的区别，前者主流在整个河床内摆动，幅度大，变化快，河床有可能扩宽；后者主流在河槽内摆动，幅度小。游荡性河段与山前变迁型河段的区别，前者土质颗粒细，冲刷深，回淤快，主流不仅在河床内摆动，甚至可能造成河道改道；后者颗粒粗，冲刷浅，由于河床淤高扩宽和主流摆动，造成主槽变迁，河岸傍切扩宽幅度小。冲积漫流河段地貌大致具有冲积扇体特征，床面逐年淤高，较游荡型河段明显，洪水股流按总趋势在高沟槽中通过。

4. 河口

河口分为三角港河口和三角洲河口，为不稳定河段。

形态特征：三角港河口段为凹向大陆的海湾型河口段；三角洲河口段为凸出海岸伸向大海的冲积型河口，河口段沙洲林立，支汊纵横交错。

水文泥沙特征：比降一般小于0.1‰，流速也小，由于受潮汐影响，流速呈周期性正负变化，泥沙颗粒极细，多为悬移质。

河床演变特征：河口除受波浪和海流作用外，河流下泄的部分泥沙（进入河口后），由于受潮流和径流的相互作用，常形成拦门沙，加之咸、淡水交汇造成泥沙颗粒的絮凝现象，促进了泥沙的淤积，洪水期山水占控制的河段，可能有河床冲刷。因此很多河口段河床的冲淤变化很明显。

河段区别要点：区别要点同形态特征。

10.4 水文调查与勘测

10.4.1 水文资料来源

桥涵设计所依据的水文资料的来源主要有三方面：即水文观测资料、文献考证资料和洪水调查资料。

1. 水文观测资料

水文观测是经过观察和测量以取得水文资料，能较为真实地反映客观实际，是水文分析计算的主要依据。水文观测资料也可向桥涵址附近的水文站收集而得。一般应收集桥位附近水文站历年最大洪峰流量及其相应的水位、流速、糙率、水面比降等资料，并应了解水文站的设站历史、测设方法和设备，测流断面、水准基点等情况。应特别注意水文站的水准基面和基本水尺历年有无变化。在水位或流速观测过程中，上下游有无分洪、决堤等情况。若有这些情况，应了解整编水文资料时是否经过改正。水文观测是为水文分析和计算提供基础资料，其成果须经可靠性分析，符合精度要求。

2. 洪水调查资料

洪水调查是收集水文资料的一种有效方法，不论有无水文站观测资料，都必须进行。对于缺乏水文观测资料的河段，洪水调查是获得桥涵设计中所需水文资料最基本的方法。

3. 历史文献、文物资料

我国历代各类书籍关于洪涝灾害的记载年代久远，材料十分丰富。可以了解近百年甚至更久远的历史洪水情况，对考证历史特大洪水野外调查资料的年份、重现期和掌握该地区洪水的出现规律有很大价值。

收集的资料主要有：地方志类；宫廷档案和实录类；水利、河道专著；历史水文气象记录等。但因年代久远，社会和自然条件变化很大，使用时必须进行审查和考证。

10.4.2　水文调查

水文调查的主要内容是洪水调查。

洪水调查工作主要是结合所收集的历史洪水资料，在河段两岸上下游一段范围内，调查历史上各次洪水发生时间、洪痕位置、洪水来源、涨落过程、主流方向、洪水时有无漫流、分流及受人工建筑物的影响，确定洪水重现期，调查河床断面冲淤变化情况，确定洪水比降和河床糙率，推算相应的历史洪水流量，作为水文分析和计算的依据。

洪水调查的河段宜选在两岸有较多洪痕点，水流顺直稳定，无回流、分洪及人工建筑物影响，并宜靠近水文断面。同一次洪水应调查 3 个以上较可靠的洪痕点，作出标志，记录洪痕指定人的姓名、职业、年龄和叙述内容。根据指定的洪痕标志物情况，指定人对洪水记忆程度，分析洪痕点的可靠性。

在洪水调查的同时，还应进行其他调查，如特征水位调查、河床演变调查、既有涉河工程调查和河床糙率 n 的确定。

河床糙率 n 是形态法计算流速、流量、推求水位的重要数据之一。河槽与河滩糙率定得是否准确，直接影响到计算成果的准确性，同时也影响到桥梁建筑和基础埋置深度。桥涵附近如有水文站，或勘测时遇上洪水，可以进行水文观测，取得实测资料后，用曼宁公式反求糙率。如无实测资料，可参照《公路工程水文勘测设计规范》（JTG C30—2015）推荐的天然河道洪水粗糙系数（糙率），见表 10.1。

表 10.1　天然河道洪水粗糙系数表

天然河道河槽部分洪水糙率			
河段平面及水流状态	河床组成及床面情况	岸壁及植被情况	$\frac{1}{n}$
河段顺直或下游略有扩散；断面宽阔、规则；水流通畅	砂质或土质河床、河底平顺	平顺的土岸或人工堤防	55（45～65）
		略有坍塌的土岸或杂草稀疏的平顺土岸	50（40～60）
	卵石、圆砾河床，河底较平顺	砂、圆砾河岸或平整的岩岸	45（36～54）
		不够平整的岩岸或灌丛中密的河岸	40（32～48）
	卵石、块石河床；河床上有水生植物	不平顺的砂砾河岸；风化剥的河岸	35（28～42）
		不平顺的岩岸或灌丛中密的河岸	30（24～36）
河段上下游接弯道或下游有卡口、支流汇入等束水影响；复式断面；水流不够通畅	砂、圆砾河床、边滩交错	有坍塌的土岸或砂砾河岸；风化岩河岸	45（36～54）
		不平顺的岩岸或灌丛中密的河岸	40（32～48）
	卵石、圆砾河床，河底不够平顺；长中密水生植物	岩岸或不平整的卵石、圆砾	35（28～42）
		不平顺的岩岸或灌丛中密的河岸	30（24～36）
	卵石、块石、圆砾河床；河底间有深坑、石梁或水生植物	参差不齐的卵石、圆砾河岸或土岸；略有凸凹的岩岸	25（20～30）
		参差不齐的岩岸或灌木丛生的河岸	20（16～24）
山区峡谷河段；急弯间的河段或弯曲河段；阻塞的复式断面；水流曲折不畅；流向紊乱	砂、圆砂河床；边滩、砂洲犬牙交错	人工堤防强制弯曲者	35（28～42）
		有矶石或丁坝的挑流者	30（24～36）
	卵石、圆砾河床，起伏不平或长有水生植物	参差不齐的卵石、圆砾河岸或灌丛中密的河岸	25（20～30）
		参差不齐的岩岸或灌丛中密的河岸	20（16～24）
	卵石、块石、大漂石河床；石梁、跌水，孤石交错，或水生植物稠密，阻水严重	参差不齐的岩岸或灌丛中密的河岸	15（12～28）
		两岸时有岸咀突出，很不平顺、形成强烈斜流、回水、死水的河岸	12（10～14）

天然河道河滩部分洪水糙率		
滩地植被情况	平面及水流状态	$\frac{1}{n}$
基本无植物或仅有稀疏草丛	平面顺直、纵面平坦，水流通畅，没有串流且滩宽不大者	25（20～30）
	下游有束水影响，水流不够通畅；水流虽通畅，但河滩甚宽者（滩宽为槽宽的三倍以上）	20（15～25）
长有中等密度植物或已垦为耕地	下游无束水影响，河滩甚宽，或有束水影响，滩宽较窄	15（12～18）
	平面不够平顺，下游束水影响，河滩甚宽	10～13
长有稠密灌木丛或杂草林木丛生，阻水严重		7～10

10.4.3　水文观测

推算流量和桥位设计都需要水文资料，而水文观测则是取得可靠的水文资料的有效方法之一。水文观测项目主要包括水位、流速、流向、水文断面、水面比降和含沙量。一般大、中桥可进行水位、流速、流向、比降等观测。

1. 水位观测

水位是指某一时刻水流断面的水面高程。使用水文站的水位资料时，必须注意它所依据的水准基面和桥涵设计依据的水准基面之间的换算关系。

目前，常用基本水尺和自记水位计来观测水位。水尺读数加水尺零点高程就是水位 H。为直立式（图 10.4）、倾斜式两种水尺。自记水位计则通过自动测量，可将整个水位变化情况，自动记录在记录纸上。

2. 流速测量

宜采用流速仪施测，流速仪施测有困难时，可采用均匀浮标法施测。

（1）流速仪测流速

其基本原理是：测速时可将流速仪放到测点处，水流冲击旋杯（或旋桨）使其转动，根据每秒转数与流速的关系推算该测点的流速。

（2）浮标法测流速

浮标法测流速不如流速仪精确，有水面浮标和深水浮标之分，常用的是水面浮标。

浮标法施测流速前，首先需确定浮标的行走线数目。另外，要恰当选定上、中（基本断面）、下三个断面以及上游的投放断面，如图 10.5 所示。测出浮标通过上、下游两断面间的时间和上、下游两断面的距离，就可计算出浮标的漂行速度，作为水面流速。采用浮标法观测的河段长度，一般在水文断面或桥位上游不小于两倍河宽，在水文断面或桥位下游不小于一倍河宽。

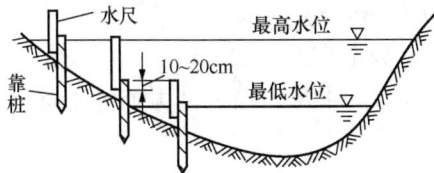

图 10.4　水位示意图

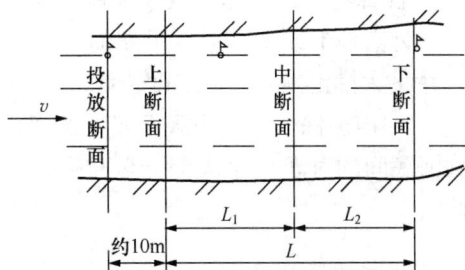

图 10.5　浮标测流速各断面布置示意图

水深水文断面测量和流速测量宜同时进行。

3. 水文断面测量

桥梁总体布置设计，需要桥轴线纵断面图（当桥轴线与水流方向垂直正交时，即为河床横断面；当桥轴线与水流方向斜交时，两断面间夹一斜交角），天然河流的流速、流量计算也需要河沟横断面图（计算流量所依据的河沟横断面称为水文断面），为此必须进行河床水文断面测量。测绘范围：平原宽滩河流测至历史最高洪水泛滥线以外50m；山区河流测至历史最高洪水位以上2～5m。测绘内容：标出河床地面线、滩槽分界线、植被和地质情况、糙率、测时水位、施测时间、历史洪水位及发生年份、其他特征水位等。滩槽分界线应在现场确定。

水文断面宜选在洪痕分布较多、河岸稳定、冲淤不大、泛滥宽度较小、无死水和回流、断面比较规则的顺直河段上，宜与流向垂直。水文断面应在桥位上、下游各测绘一个；对河面不宽的中桥，可只测绘一个，当桥位断面符合水文断面条件时，桥位断面可作为水文断面。

水文断面测量可分为水上和水下两部分，水面以上部分可按一般地形测量，水面以下部分的测量方法为：先控制各测深垂线与河沟岸某定点的水平距离（称为起点距），然后分别测量各点的水深，两部分测量的成果都应与路线的里程桩号和高程统一起来。

（1）起点距控制

首先沿着轴线或河床横断面，在河岸各选定（并打桩标记）一个指定点，并由路线测量确定指定点的里程点和原地面高程。控制断面各测深点到该断面岸上某一指定点的起点距，实施水深测量。

（2）水深测量

1）测深垂线的布置。一般测深垂线是沿横断面的宽度方向布设，河槽部分应较河滩部分密，河床地面变化急剧处应加密。

2）测深的方法。

① 测深杆法。用竹制、木制或锌铁皮管的测深杆进行水深测量。杆上标有刻度。避免测深杆陷入泥土中，底部装有直径20～25cm起稳定作用的铁盘或木盘。测深杆法适用于水深小于6m处。

② 测深绳锤法。用铅或铸铁制成4～6kg的重锤（当流速很大时，酌情加大质量），其形状为圆柱形或流线形。用测绳一头拴住重锤，从锤底面量起，沿着测绳作刻度记号，并注意校正测绳的伸缩度。此法适用于水深大于6m处。

③ 回声测深仪法。用载于船上的回声仪，通过测定声波的回波信号，反映往返水面到河底间的时间，计算或仪器直接显示出该测深点的水深。当大江大河水很深时适用此法。

4. 洪水比降的确定

洪水比降是指出现洪峰时的水面比降。天然河流每次的洪水的比降各不相同。形态法计算流速应采取断面所在河段的洪水比降，根据历史洪水位计算历史洪水的流速，应尽量采用与历史洪水相对应的洪水比降。

洪水比降可以根据水文站观测资料确定，也可以根据洪水调查资料推算。先将调查所得历史洪水位的位置绘于桥位平面图上（图10.6），并把它投影在河流的中泓线上，再按各个洪水位的高程及其在中泓线上的距离，点绘于河床纵断面图上（图 10.7），利用同一年历史洪水各水位点的连线，按 $i=\Delta H/L$ 计算其对应的洪水比降。

确定洪水比降时，常水位的水面比降及河底比降均可作为参考，也应绘于河床纵断面图上。如果缺少洪水比降资料，在顺直的河段上，可以采用河底比降代替洪水比降进行流速计算。

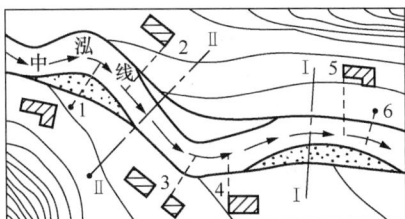

图 10.6　桥位洪水比降图
1～6.调查所得历史洪水位的位置；
Ⅰ—Ⅰ，Ⅱ—Ⅱ.路线中线位置

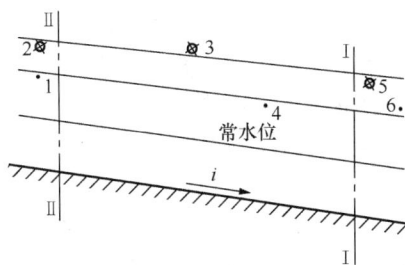

图 10.7　桥位河段洪水比降
1～6.洪水位在中泓线上的投影

10.4.4　形态法流速、流量的确定

历史洪水位相应的洪水的流速和流量，可按均匀流曼宁公式计算。若是复式断面，可以式（10.10）或式（10.11）分别计算左、右河滩与河槽各过水面积的平均流速，然后用式（10.12）计算全断面的流量。若是单式断面，可用式（10.11）、式（10.13）计算全断面的平均流速和流量。复式断面的全断面平均流速是用式 $Q=\omega v$ 反算，此时的 ω 为全断面的过水面积。

$$v_t=\frac{1}{n}R^{\frac{2}{3}}I^{\frac{1}{2}} \tag{10.10}$$

$$v_c=\frac{1}{n}R^{\frac{2}{3}}I^{\frac{1}{2}} \tag{10.11}$$

$$Q=v_c\omega_c+\sum v_t\omega_t \tag{10.12}$$

$$Q=v_c\omega_c \tag{10.13}$$

以上式中，Q——洪水流量（m^3/s）；

ω_c，ω_t——河槽、河滩过水面积（m^2）；

v_c，v_t——河槽、河滩平均流速（m/s）；

I——水面比降。

【例 10.1】　某桥位处据水文资料推算出设计水位 $H_P=135.00m$，设计流量 $Q_P=3500m^3/s$（可与形态法计算的结果相比较）。据形态调查得洪水比降 $I=0.005$，河滩部分表土为粗砂，$n_t=0.025$，河槽部分表土为砾石，$n_c=0.032$，沿桥轴线断面资料如表 10.2 所示，试计算其设计流量和流速。

表 10.2　沿桥轴线断面资料

桩号/m	K5+500	+520	+560	+600	+620	+640	+680	+710	+760	+790
地面标高/m	140.00	133.00	131.50	131.00	125.00	124.00	129.50	129.00	132.00	136.00

解： 天然河流的形态不规则，过水断面沿流程变化，属非均匀流，但是按水文断面要求而选择的断面则近似均匀流，故可按均匀流用曼宁公式计算。

1）点绘水文断面（图 10.8）。

2）列表计算水力三要素（表 10.3）。

3）流速、流量计算。

河槽部分：

$$R_c = \frac{\omega_c}{\chi_c} = \frac{680}{81.28} = 8.366(\text{m})$$

$$v_c = \frac{1}{n_c} R_c^{\frac{2}{3}} I^{\frac{1}{2}} = \frac{1}{0.032} \times 8.366^{\frac{2}{3}} \times 0.005^{\frac{1}{2}} = 2.88(\text{m/s})$$

$$Q_c = v_c \omega_c = 2.88 \times 680 = 1958(\text{m}^3/\text{s})$$

左滩部分：

$$R_{tz} = \frac{\omega_{tz}}{\chi_{tz}} = \frac{265.7}{86.07} = 3.087(\text{m})$$

$$v_{tz} = \frac{1}{n_t} R_{tz}^{\frac{2}{3}} I^{\frac{1}{2}} = \frac{1}{0.025} \times 3.087^{\frac{2}{3}} \times 0.005^{\frac{1}{2}} = 1.90(\text{m/s})$$

$$Q_{tz} = v_{tz} \omega_{tz} = 1.90 \times 265.7 = 505(\text{m}^3/\text{s})$$

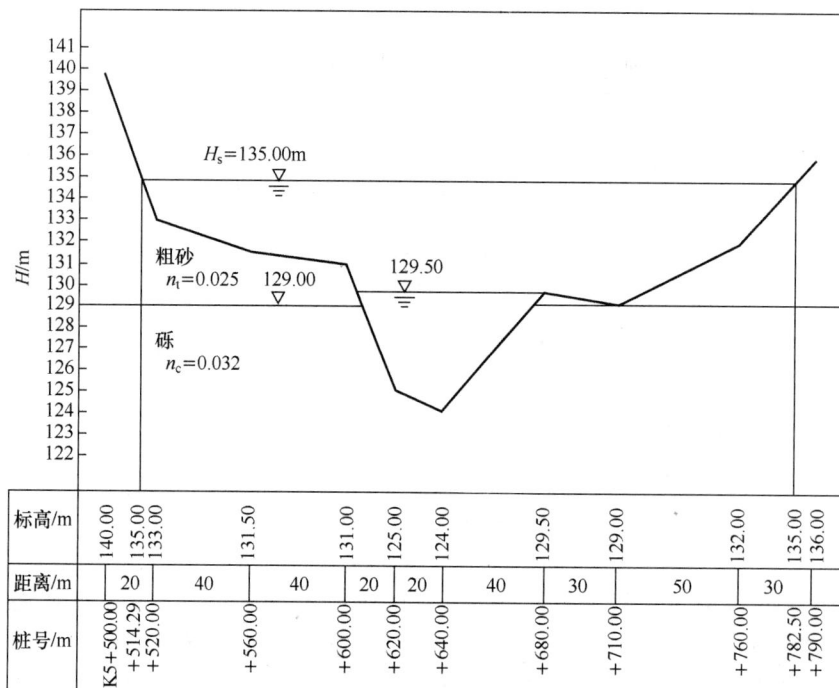

图 10.8　水文断面（形态断面）

表 10.3　水力三要素的计算

里程桩号	河床标高 /m	水深/m	平均水深 /m	间距/m	湿周 $\chi=\sqrt{L^2+\Delta H^2}$/m	过水面积 /m²	累积面积 /m²	合计
+514.29	135.00	0					0	
			1.00	5.7	6.04	5.7		
+520.00	133.00	2.00					5.7	$\omega_{tz}=265.7$ m²
			2.75	40.0	40.03	110.0		$\chi_{tz}=86.07$ m
+560.00	131.50	3.50					115.7	
			3.75	40.0	40.00	150.0		
+600.00	131.00	4.00					265.7	
			7.00	20.0	20.88	140.0		
+620.00	125.00	10.00					405.7	
			10.50	20.0	20.02	210.0		$\omega_c=680$ m²
+640.00	124.00	11.00					615.7	$\chi_c=81.28$ m
			8.25	40.0	40.38	330.0		
+680.00	129.50	5.50					945.7	
			5.75	30.0	30.00	172.5		
+710.00	129.00	6.00					1118.2	
			4.50	50.0	50.09	225.0		$\omega_{ty}=431.3$ m²
+760.00	132.00	3.00					1343.2	$\chi_{ty}=102.79$ m
			1.50	22.5	22.70	33.8		
+782.50	135.00	0					1377.0	

右滩部分：

$$R_{ty}=\frac{\omega_{ty}}{\chi_{ty}}=\frac{431.3}{102.79}=4.195(\text{m})$$

$$v_{ty}=\frac{1}{n_t}R_{ty}^{\frac{2}{3}}I^{\frac{1}{2}}=\frac{1}{0.025}\times4.195^{\frac{2}{3}}\times0.005^{\frac{1}{2}}=2.33(\text{m/s})$$

$$Q_{ty}=v_{ty}\omega_{ty}=2.33\times431.3=1005(\text{m}^3/\text{s})$$

全断面设计流量与流速：

$$Q_P=1958+505+1005=3468\ (\text{m}^3/\text{s})$$

$$\omega=\sum\omega t+\omega_c=265.7+680+431.3=1377(\text{m}^2)$$

$$v_D=\frac{Q_P}{\omega}=\frac{3468}{1377}=2.52(\text{m/s})$$

与根据水文资料推算的设计流量相比，有

$$\left|\frac{3468-3500}{3468}\right|=0.92\%<5\%$$

可见两值非常接近。

10.4.5　水位与流量关系曲线

根据断面实测水位和对应的流量资料点绘成的图形，称为水位流量关系曲线。

水位流量关系曲线在水文计算中应用很广，主要用来根据断面的水位推求相应的流量。用水位流量关系曲线可根据水位的变化过程推求流量的变化过程。或将水文计算所得的设计水位（流量），直接转换为设计流量（水位）等。

1. 水位（H）与流量（Q）关系曲线的绘制

在一般良好稳定的条件下，水位与流量关系曲线的绘制比较简单，以水位为纵坐标，流量为横坐标，将实测水位和流量数据一一对应点绘于坐标纸上，顺点群分布的趋势，通过点中心绘出一条光滑曲线即可。

所谓良好稳定关系，严格地说是指同一水位只对应一个流量的单一关系，凡是水位与流量关系点分布成条带状，且大多数相关点与绘出的曲线偏离不超过测流误差（流速仪测流误差约为±5%）时，都称为良好稳定关系。

通常在绘制水位与流量关系曲线的同一张图上一并绘出水位与过水断面 A 关系曲线、水位与流速 v 关系曲线，作为分析水位流量关系曲线的辅助线，如图 10.9 所示。

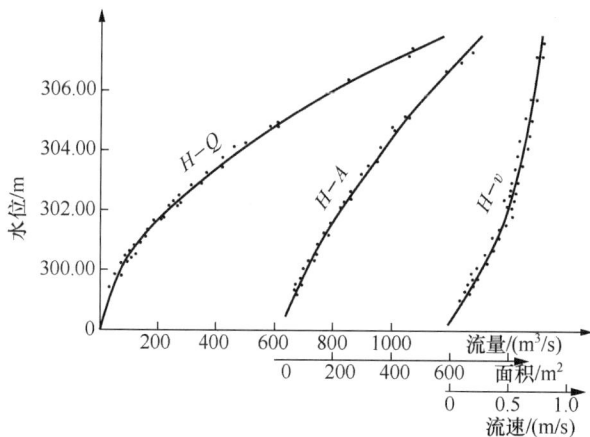

图 10.9　稳定水位与流量关系曲线

在工程实践中，常常需要特大的流量数据，而河道中测流往往只能测到一般大小的流量，因此，需将水位与流量关系曲线向高水位延长，以便根据已知最高水位推求相应的流量。

2. H-Q 曲线向高水位延长

当需要延长的水位变幅小于总水位变幅的 20% 时，可顺曲线趋势徒手直接延长。若延长的水位变幅较大，直接延长 H-Q 曲线，可能造成较大误差，此时可借助 H-A、H-v 曲线间接延长 H-Q 曲线。即先根据本年实测大断面，绘出 H-A 关系曲线，该曲线可准确地绘出到任何水位以上。同时，在高水位段，H-v 曲线通常趋近于直线，大幅度延长时，误差较小。这样便可得到高水位段的 A 和 v 值，进而可推出高水位的流量（$Q=vA$），以此延长 H-Q 曲线。

10.5　水文统计基本知识

跨越河流的桥梁设计，必须以桥梁规定使用期限（年数）内可能发生的一次最大洪水（包括流量、流速、水位）为重要依据。如何推算这种规定使用年限（亦称规定频率）的设计流量及相应设计，是桥位设计中首先应解决的一个问题。本书中介绍用数据统计的方法来推求。

10.5.1　随机变量

1. 事件的分类

自然发生的各种现象，可归纳为三类事件：在一定条件下必然会发生的，称为必然事件。例如，由于受气候因素周期性变化，每年汛期都会出现一次最大的洪峰流量，这种现象就称为必然事件；在一定条件下不可能发生的，称为不可能事件，例如：太阳不可能从西边出来；在一定条件下可能发生也可能不发生，带有偶然性的，称为随机事件（又称为偶然事件）。虽然每年都出现一次最大洪峰流量，但每年的最大洪峰流量出现的时间和数量却年年变化，不全相同，具有偶然性。

实践表明：随机事件也具有一定的规律性，这种规律性只能利用大量同类的随机事件统计而得，称为统计规律。它不是事物固有的客观规律，而是大量随机事件的平均情况。用数理统计法研究水文现象，只能根据这种规律性预估随机事件今后变化的平均可能情况，而不能推断某一随机事件的具体结果。预估的精确程度与统计资料有直接关系，统计资料愈多、愈准确，则精确程度就愈高。

2. 随机变量

若同类随机事件出现的种种结果，都以实数值来表示，人们把这些随机事件的量值称随机变量。水文中的统计法就是利用流量、降雨量等实测水文资料（实数值）作为随机变量，通过分析，推求水文现象（随机事件）的统计规律。

3. 总体与样本

由若干或无数个随机变量组成的系列，称为随机变量系列。把随机变量的全部作为总体，根据研究对象的不同，可分为有限总体和无限总体。总体中的一部分称为样本。同一总体可以随机抽取许多样本（不带主观性），这样的样本称为随机样本。总体或样本中随机变量的项数，分别称为总体或样本的容量。

在很多情况下，总体是不需要或不可能取得的，因而在实际工作中，最常用的是随机样本。因为样本是总体的一个组成部分，具有一定的代表性，在一定程度上反映总体的特征。因而可借助样本的规律性推断总体的规律，推断结果的可靠性与样本对总体的代表程度直接相关。而水文现象的总体都无限的，只能将已有的水文资料作为总体的样本，以推断总体的规律，因而要求所使用的水文资料必须具有足够的代表性。

根据实测或调查的水文资料（样本）反映的统计规律，不能完全反映总体的客观实际情况，这种由样本推断总体规律带来的误差叫做抽样误差。

4. 几率与频率

几率又称为概率，是指随机系列的总体中，某一事件在客观上出现的可能性大小的数值，常以 P 表示。例如，掷一枚均质硬币，每次出现正面或反面的机率都是 50%。几率是事件固有的客观性质，不随人们试验的情况和次数而变动，是一个常数，是理论值。

频率是指若干次试验中，某一事件 A 出现的次数 f 与试验的总次数 n 之比值。即

$$W = \frac{f}{n} \tag{10.14}$$

大量实践证明：当试验次数少时，频率与几率值相差大，试验次数越多，频率越接近于几率。

10.5.2 累积频率和重现期

1. 累积频率

频率只能预示实测系列中单个水文特征值（H、Q 等）未来出现的可能性。在桥位设计中，设计流量的选取是以等于或大于某设计频率的流量来取值的。分析这种等量和超量的问题就是累积频率的计算问题，一般简称为频率计算。

所谓累积频率，即等量和超量值的累计频数 $m(x \geqslant x_i)$ 与总观测次数之比，常用 P 表示。

累积频率计算的公式为

$$P(x \geqslant x_i) = \frac{m}{n} \tag{10.15}$$

【例 10.2】 某桥位处测得 50 年最高水位资料如表 10.4，求水位 $H \geqslant 25\text{m}$ 的累积频率。

表 10.4 某桥位处 50 年最高水位资料及计算表

序号	水位 H_i/m	频数 F_i	频率 $W(H_i)$/%	累积频率 $P(H \geqslant H_i)$/%
1	35	2	4	4
2	30	11	22	26
3	25	19	38	64
4	20	13	26	90
5	15	5	10	100
Σ	—	50	100	—

解：运用几率相加定理可求得各水位的累积频率。由表 10.4 可知，水位 $H=30$m 出现的频率为 22%。水位大于 30m 出现的累积频率为 26%。这表明：如果水位为 30m 时会桥梁有威胁，则高于 30m 的水位对桥梁都会有威胁，其发生的可能性为 $P=26\%$。因此工程上需要推算累积频率情况。

用古典公式计算频率只有在样本无穷大时才是合理的，否则会出现极不合理的结果。例如上表 10.4 中，水位为 15m 出现的频率为 100%，意味着小于 15m 的水位永远不会出现，这与实际水文现象是不符合的，所以在水文计算中一般不采用古典公式。在我国广泛采用维泊尔（Weibull）公式，又称数学期望公式来计算频率。即

$$P=\frac{m}{n+1}\times100\% \tag{10.16}$$

式中，P——频率；

m——系列按递减次序排列时随机变量的顺序号；

n——资料总项数（水文资料观测的总年数）。

在水文分析中通常提到的某洪水频率均指累积频率。

2. 重现期

在水文计算时，常常用重现期来表示各种水文现象发生的可能性。所谓重现期，指等于和大于某频率的洪水平均多少年可能出现一次，简称多少年一遇，常用 T 表示。对洪水和枯水，其重现期表达方式不同。

对于洪水频率，有

$$T_{(Q\geqslant Q_i)}=\frac{1}{P_{(Q\geqslant Q_i)}} \tag{10.17}$$

对于枯水频率，有

$$T_{(Q\leqslant Q_i)}=\frac{1}{1-P_{(Q\leqslant Q_i)}} \tag{10.18}$$

上两式中，P 指累积频率。例如，$P=1\%$ 时，$T=\dfrac{1}{1\%}=100$ 年，称为 100 年一遇的大水；$P=98\%$ 时，$T=\dfrac{1}{1-98\%}=50$ 年，称为 50 年一遇的枯水。

应该指出，上面所说的频率指多年平均出现的机会，重现期指长期内平均若干年出现一次而不是固定的周期，百年一遇的洪水并不意味着 100 年一定出现一次，实际上也许出现几次，也可能一次不出现，它只表示在很长年代中平均 100 年可能出现一次而已。

10.5.3　选样方法

由总体中选取样本叫抽样或选样。对设计洪峰流量或水位，可有以下两种选样方法。

1. 年最大值法

每年选取一个瞬时最大值组成样本系列。此法独立性好，但要求有长期的实测记

录，较难以实施。由此所得的累积频率为年频率，其重现期单位为年，即

$$P = \frac{m}{n} \times 100\%$$

$$T = \frac{1}{P}（年），且 T \geqslant 1 \text{ 年} \tag{10.19}$$

2. 超大值法

此法将 n 年实测洪水位或洪峰流量按大到小排列，并从大到小顺序取 S 个实测系列组成样本。一般取 $S=(3\sim5)n$。若平均每年得 a 个样本，则 $S=an$，由此所得累积频率为次频率，其重现期的单位为次，即

$$P' = \frac{m}{S}$$

$$T' = \frac{1}{P'}（次），且 T' \geqslant 1（年） \tag{10.20}$$

次重现期与年重现期可按下式换算，即

$$T = \frac{n}{S}T' \tag{10.21}$$

10.5.4 设计洪水频率

桥涵及其附属工程的基本尺寸，都取决于设计流量的大小。求得的设计流量偏大将造成浪费，偏小则不安全。合理选择设计流量，需要一个设计标准。目前，桥涵工程均采用一定频率作为设计标准，称为设计洪水频率。对于公路桥涵工程，采用交通部 2015 年发布的《公路桥涵设计通用规范》（JTG D60—2015）中规定的设计洪水频率，见表 10.5。相应于设计洪水频率的洪峰流量，就是桥涵工程的设计流量。水文统计法中，就是利用累积频率曲线推求相应于设计洪水频率的流量，作为桥涵的设计流量。

表 10.5 桥涵设计洪水频率

构造物名称	公路等级				
	高速公路	一	二	三	四
特大桥	1/300	1/300	1/100	1/100	1/100
大、中桥	1/100	1/100	1/100	1/50	1/50
小桥	1/100	1/100	1/50	1/25	按具体情况确定
涵洞及小型排水构造物	1/100	1/100	1/50	1/25	按具体情况确定

10.5.5 频率分布及其特征

在一个随机变量系列中，每一个随机变量的取值，都对应着一定的机率，不同变量对应的几率变化，称为机率分布。水文现象都是复杂的随机事件，通常是利用已有的实测水文资料组成一个样本（随机变量系列）推求变量的频率分布，来近似地代替机率分布。现以某水文站 75 年的年最大流量实测资料为例进行分析，说明频率分布的

基本概念，见表 10.6。

表 10.6　某水文站 75 年的年最大流量实测资料

流量 $x/(\mathrm{m^3/s})$	出现次数/年	频率/%	累计出现次数/年	累积频率/%
1400～1300	1	1.3	1	1.3
1300～1200	1	1.3	2	2.6
1200～1100	2	2.7	4	5.3
1100～900	3	4.0	7	9.3
900～800	5	6.7	12	16.0
800～700	8	10.7	20	26.7
700～600	14	18.6	34	45.3
600～500	20	26.7	54	72.0
500～400	11	14.7	65	86.7
400～300	6	8.0	71	94.7
300～200	3	4.0	74	98.7
200～100	1	1.3	75	100.0
总计	75	100.0		

注：各组区间均不包括其上限数值。

按实测资料的大小，将资料按组距为 $100\mathrm{m^3/s}$ 等区间地划分为若干组，统计各组中流量出现的次数。各组中流量出现次数与总次数的比值表示频率，它表示每组所在区间的流量值出现的可能性大小；各组累计出现次数与总次数之比为累积频率，它表示等于和大于该组所在区间的流量值出现的可能性大小，均以百分比表示。

根据表 10.6 计算的结果，以流量 x 为横坐标，以频率为纵坐标，绘出流量与频率关系的直方图，表示年最大流量的频率分布，如图 10.10 所示。

为便于数学上的分析，引入频率密度概念。频率密度是频率在区间内的平均值。若组距为 Δx，区间的频率为 ΔP，则频率密度为 $\dfrac{\Delta P}{\Delta x}$，以频率密度为底的矩形面积表示各组的累积频率 ΔP。若流量资料的实测次数（年数）趋于无穷大，组距趋于无穷小，则图 10.10 将形成一条中间高、两侧低的偏斜钟形曲线，如图 10.10 中的虚线所示，称为频率密度曲线，简称为密度曲线。若令其纵坐标 $\lim \dfrac{\Delta P}{\Delta x}=f(x)$，则 $f(x)$ 即为密度函数，它表示点 x 处的频率曲线。

若以流量为纵坐标，累积频率为横坐标，绘出流量与累积频率关系的阶梯形折线图，见图 10.11，它表示年最大流量的累积频率分布。当流量资料的实测次数（年数）趋于无穷多，$(n \to \infty)$，组距趋于无穷小时（$\Delta x \to 0$），图 10.11 将形成一条中间平缓、两侧陡峭的横置 S 形曲线，如图 10.11 中虚线所示，称为累积频率分布曲线，简称分布曲线，其函数为

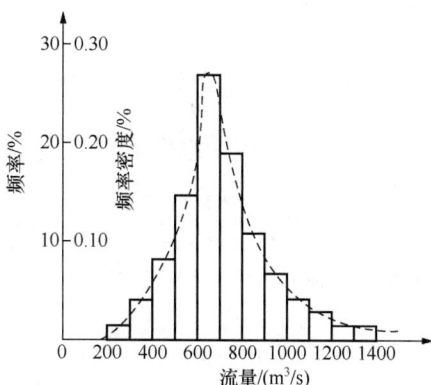

图 10.10　流量与频率关系的直方图

$$F(x) = P(x \geqslant x_i) = \int_{x_P}^{\infty} f(x)\mathrm{d}x \qquad (10.22)$$

频率分布曲线与频率密度曲线的关系如图 10.12 所示。由上式表明，若获得 $f(x)$ 的数学方程，则可运用数学方法求得累积频率曲线。

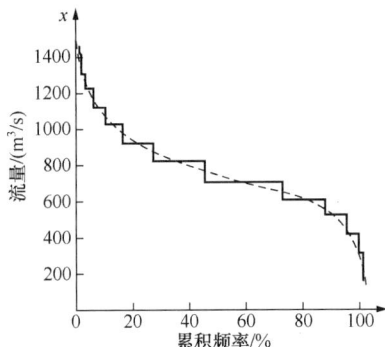

图 10.11　流量与累积频率关系的折线图

图 10.12　分布曲线与密度曲线的关系

10.6　经验频率曲线的绘制

在水文计算中，一般通过频率曲线来表示水文要素与其对应的频率之间的关系，来确定某指定频率 P 的水文要素特定值 x_P。根据实测水文资料各值（H、Q 等）和其累积频率关系，点绘而成的曲线叫做经验频率曲线。

10.6.1　经验频率曲线的绘制

将实测水文资料作为随机变量，按从大到小的顺序排列，用频率计算公式计算出各随机变量的累积频率，以随机变量为纵坐标，累积频率为横坐标，在坐标格纸上点出经验频率点，再按点群趋势，并注意侧重比较可靠的点，勾绘出一条光滑的曲线，这条曲线称为经验频率曲线，如图 10.13 所示。

1. 经验频率曲线的绘制步骤

1）将搜集到的实测水文资料按大小递减的顺序排列，计算资料的总项数 n 及各变量的序号 m。

2）利用公式 $P = \dfrac{m}{n+1} \times 100\%$ 计算各实测值 x_i 的经验频率 P_i。

3）以各实测值为纵坐标，以累积频率 P_i 为横坐标，将各实测值点据（P_1，x_1），（P_2，x_2），…，（P_n，x_n）点绘于坐标纸上。

4）通过点群分布中心，目估连成一条光滑曲线，即得经验累积频率曲线或称经验频率曲线，如图 10.13（a）所示。

2. 几率格纸

坐标纸有均匀分格的普通坐标纸和特殊分格的海森几率格纸。用普通格纸绘制，使频率曲线头尾两端较陡，中间缓和平坦，呈卧 S 形，如图 10.13（a）所示。水文计算中，若系列资料不长，欲求小频率的流量值，需对该曲线头部进行适当外延，而均匀分格的频率曲线两端较陡，外延任意性大，推求的结果会产生较大误差。

用海森机率格纸点绘的经验频率曲线，其线形的两端要平缓得多，海森几率格纸的纵坐标可按均匀分格或对数分格，横坐标是中间密两侧渐疏的不均匀分格。其特征是将正态分布的频率曲线在坐标纸中呈现为一条直线。但由于年洪峰资料多为偏态分布，则点绘的频率曲线在海森几率格纸上仍将是曲线，只是曲率小得多，如图 10.13（b）所示。水文计算中一般用海森几率格纸来点绘经验频率曲线。

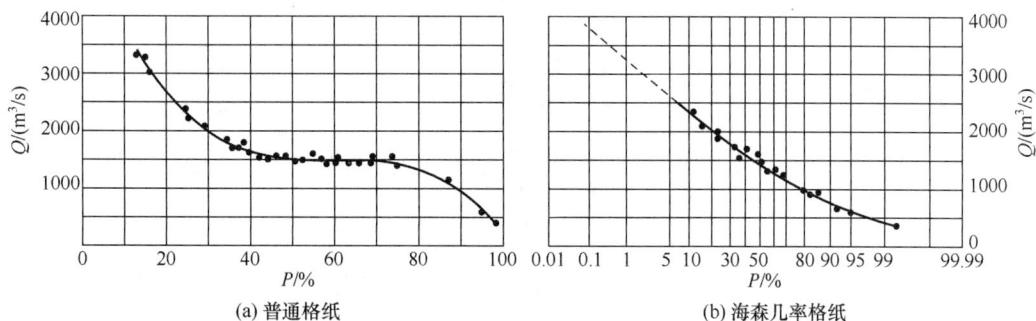

(a) 普通格纸　　　　　　　　　　(b) 海森几率格纸

图 10.13　经验频率曲线

10.6.2　经验频率曲线的外延

当有足够长的实测水文资料时，其经验频率曲线的高低和形状基本上是稳定的，因此利用足够多的实测水文资料绘出的经验频率曲线可近似地作为总体的频率曲线，然后用内插法或外延法推算相应于设计洪水频率的流量——设计流量。

【例 10.3】　某水文站有 22 年不连续的年最大流量资料，见表 10.7 第 2、3 栏，试绘制该站的经验频率曲线，并目估延长，推算洪水频率为 0.2%、1%、2% 的流量。

解：把历年的最大流量资料按从大到小的顺序排列，如表 10.7 第 5 栏。采用数学期望公式计算各项流量的经验频率 P，列入表 10.7 第 6 栏。然后按表中经验频率和流量值在海森机率格纸上绘出经验频率点，如图 10.14 中的圆点。再依点群的趋势描绘成一条圆滑的曲线，如图 10.14 所示的经验频率曲线。

表 10.7　某水文站 22 年最大流量及计算

顺序号	按年份顺序排列		按流量大小排列		经验频率 $P = \dfrac{m}{n+1} \times 100\%$
	年份	流量/(m³/s)	年份	流量/(m³/s)	
1	1964	2000	1991	2950	4.3
2	1965	2100	1985	2600	8.7
3	1971	2380	1974	2500	13.0
4	1972	2170	1971	2380	17.4
5	1973	1700	1982	2250	21.7
6	1974	2500	1972	2170	26.1

续表

顺序号	按年份顺序排列		按流量大小排列		经验频率 $P=\dfrac{m}{n+1}\times100\%$
	年份	流量/(m³/s)	年份	流量/(m³/s)	
7	1977	600	1965	2100	30.4
8	1978	1080	1964	2000	34.8
9	1982	2250	1986	1900	39.1
10	1983	1100	1994	1850	43.5
11	1984	1480	1973	1700	47.8
12	1985	2600	1987	1650	52.2
13	1986	1900	1995	1530	56.5
14	1987	1650	1984	1480	60.9
15	1988	1300	1990	1360	65.2
16	1989	1000	1998	1300	69.6
17	1990	1360	1983	1100	73.9
18	1991	2950	1978	1080	78.3
19	1992	900	1993	1010	82.6
20	1993	1010	1989	1000	87.0
21	1994	1850	1992	900	91.3
22	1995	1530	1977	600	95.7
合计				37 410	

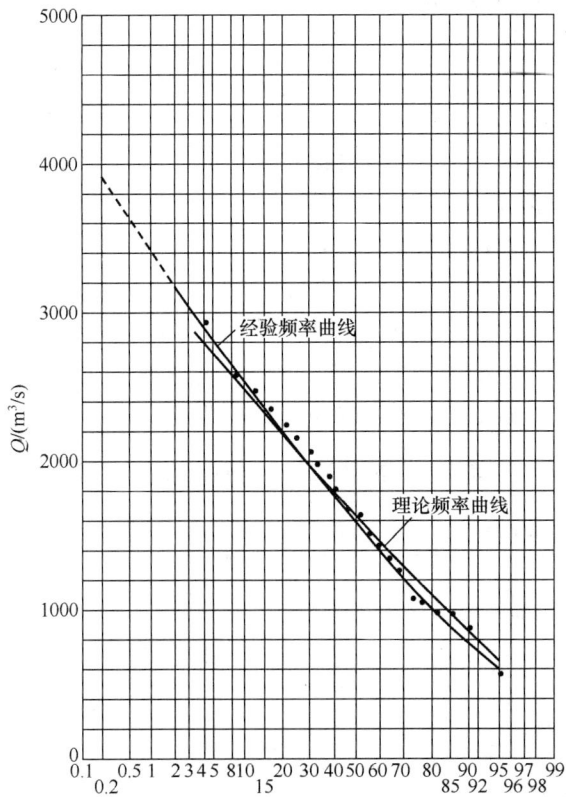

图 10.14　频率曲线

因经验频率曲线上最小的频率为 4%，而题目中要求小频率的流量，只有将曲线按点群趋势向上延长，如图 10.14 中的虚线所示。在图中可直接读出所求洪水频率的流量为

$$Q_{2\%}=3180\mathrm{m}^3/\mathrm{s}$$
$$Q_{1\%}=3420\mathrm{m}^3/\mathrm{s}$$
$$Q_{0.2\%}=3900\mathrm{m}^3/\mathrm{s}$$

需要提出的是，利用实测水文资料推求小频率桥涵设计流量时，常常需要将频率曲线头部外延很远，尽管采用了海森机率格纸，仍有较大的任意性，会出现一定的误差，因此，必须寻求更精确绘制和外延频率曲线的方法。

10.7　理论频率曲线的绘制

直接应用经验频率曲线外延来推求小频率的流量具有很大的任意性，所以人们试图从数理统计理论中的某些曲线线形（对应相应的数学方程式）中，选择比较符合水文现象规律者来表示所需的经验曲线，使曲线的绘制与外延具有一定的数学依据。这种用一定数学方程式表示的频率曲线，称为理论频率曲线。由于水文观测的年代有限，目前还无法依靠水文现象本身的实测资料建立理论频率曲线，只能选择与水文现象的变化规律类似的线形，作为水文现象总体的频率曲线，进行分析计算。现在理论频率曲线的类型很多，其中以皮尔逊十三种曲线中的第Ⅲ种比较符合我国的水文情况。所以在实际计算中，通常根据样本（实测资料），选择与经验频率点群配合最好的皮尔逊Ⅲ型（P-Ⅲ）曲线作为总体的理论频率曲线，用以满足实际水文计算的需要。

10.7.1　皮尔逊Ⅲ型曲线方程

为了解决经验累积频率曲线绘制和延长的主观性和任意性及绘制曲线方法的规范化，皮尔逊（K.Pearson）根据许多经验资料的统计分析，在 1895 年为随机现象提出并建立了一种概括性的曲线族，其几率分布曲线的一般微分方程式为

$$\frac{\mathrm{d}y}{\mathrm{d}x}=\frac{(x+d)y}{b_0+b_1x+b_2x^2} \tag{10.23}$$

解上式可得十三种曲线。当 $b_2=0$ 时为第三种，称为皮尔逊Ⅲ曲线，则有

$$\frac{\mathrm{d}y}{\mathrm{d}x}=\frac{(x+d)y}{b_0+b_1x} \tag{10.24}$$

若将坐标原点移至众值处时，如图 10.15 所示，则 P-Ⅲ型曲线（密度曲线）的方程式（密度函数）为

$$y=y_\mathrm{m}\left(1+\frac{x}{a}\right)^{\frac{a}{d}}\cdot\mathrm{e}^{-\frac{x}{d}} \tag{10.25}$$

式中，y_m——众值处的纵坐标值，即曲线的最大纵坐标值；

　　　a——曲线左端起点到众值点的距离；

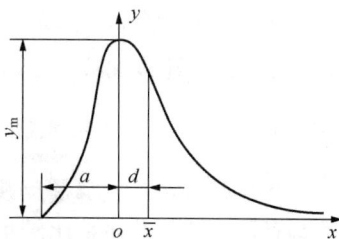

图 10.15　P-Ⅲ曲线

d ——曲线偏态半径，均值与众值的距离。

由上式可知，y_m、a、d 是密度曲线的三个参数。如果确定了这三个参数，就可以绘出曲线。

曲线的这三个参数经过适当的换算可以采用系列的三个统计参数——均值$\bar{x}$、离差系数 C_v、偏差系数 C_s 来表示，它们的关系式为

$$a = \frac{\bar{x}C_v(4-C_s^2)}{2C_s} \tag{10.26}$$

$$d = -b = \frac{\bar{x}C_vC_s}{2} \tag{10.27}$$

$$y_m = \frac{2C_s\left(\frac{4}{C_s^2}-1\right)^{\frac{4}{C_s^2}}}{\bar{x}C_v(4-C_s^2)e^{\left(\frac{4}{C_s^2}-1\right)}\Gamma\left(\frac{4}{C_s^2}\right)} \tag{10.28}$$

式中，$\bar{x}$ ——实测系列的平均数；

C_v ——实测系列的离差系数；

C_s ——实测系列的偏差系数；

$\Gamma\left(\frac{4}{C_s^2}\right)$ ——Γ 函数，有专门计算表可查。

由此，皮尔逊曲线也可表达为

$$y = f(x, \ C_v, \ C_s)$$

此式表明，当$\bar{x}$、C_v、C_s 确定时皮尔逊Ⅲ型曲线亦可确定，即为理论累积频率曲线。

10.7.2 统计参数的计算

1. 均值$\bar{x}$

均值是系列中所有随机变量的算术平均值。在水文计算中实测或调查得 n 个年洪峰流量值x_1、x_2、$\cdots$、x_n，则其均值为

$$\bar{x} = \frac{x_1+x_2+\cdots+x_n}{n} = \frac{1}{n}\sum_1^n x_i \tag{10.29}$$

与均值$\bar{x}$相类似，反映系列变量平均水平的还有中值$\check{x}$ 和众值$\hat{x}$。

中值$\check{x}$ 是指在按大小顺序排列的系列中位居中央的那个随机变量值。众值$\hat{x}$ 是指系列中数值相同而出现次数最多的那个随机变量值。当$\bar{x}=\check{x}=\hat{x}$ 时，即三者重合，频率密度曲线成左右对称铃形，称为正态分布。当$\bar{x}>\check{x}>\hat{x}$ 时，曲线峰偏左，称为正偏态分布；当$\hat{x}>\check{x}>\bar{x}$时，密度曲线峰偏右，称为负偏态分布。皮尔逊Ⅲ型曲线属于正偏态分布。

2. 均方差 σ 与离差系数C_v

均方差和离差系数都是反映随机变量系列对其均值离散程度的参数，表明系列分布对均值是比较分散还是比较集中。系列中各随机变量 x_i 对其均值$\bar{x}$的差称为离差 Δ_i，由于$\sum\Delta_i=0$，不能说明系列中各随机变量整体对均值的离散情况，因此引入均方差，

它表达各随机变量对其均值的平均离散程度。

对总体，有

$$\sigma = \sqrt{\dfrac{\displaystyle\sum_{i=1}^{n}(x_i - \bar{x})^2}{n}} \tag{10.30}$$

对样本，有

$$\sigma = \sqrt{\dfrac{\displaystyle\sum_{i=1}^{n}(x_i - \bar{x})^2}{n-1}} \tag{10.31}$$

但不同系列中，如 5，10，15 和 995，1000，1005，其均方差相同，但离散程度不同，因此引入离差系数 C_v 来反映相对离散程度。

对总体，有

$$C_v = \frac{\sigma}{\bar{x}} = \sqrt{\dfrac{\displaystyle\sum_{i=1}^{n}(x_i - \bar{x})^2}{n\,\bar{x}^2}} = \sqrt{\dfrac{\displaystyle\sum_{i=1}^{n}(K_i - 1)^2}{n}} = \sqrt{\dfrac{\displaystyle\sum_{i=1}^{n}K_i^2 - n}{n}} \tag{10.32}$$

对样本，有

$$C_v = \frac{\sigma}{\bar{x}} = \sqrt{\dfrac{\displaystyle\sum_{i=1}^{n}(x_i - \bar{x})^2}{(n-1)\,\bar{x}^2}} = \sqrt{\dfrac{\displaystyle\sum_{i=1}^{n}(K_i - 1)^2}{n-1}} = \sqrt{\dfrac{\displaystyle\sum_{i=1}^{n}K_i^2 - n}{n-1}} \tag{10.33}$$

式中，K_i——模比系数（变率），$K_i = \dfrac{x_i}{\bar{x}}$。

3. 偏差系数 C_s

偏差系数是反映随机变量系列中各随机变量对其均值对称性的参数，它表明系列分布对均值是对称的还是不对称的，是正偏态还是负偏态，反映频率分布对均值的偏斜程度，用 C_s 表示，可用下式计算：

对总体，有

$$C_s = \frac{\displaystyle\sum_{i=1}^{n}(x_i - \bar{x})^3}{n\,\bar{x}^3 C_v^3} = \frac{\displaystyle\sum_{i=1}^{n}(K_i - 1)^3}{n C_v^3} \tag{10.34}$$

对样本，有

$$C_s = \frac{\displaystyle\sum_{i=1}^{n}(x_i - \bar{x})^3}{(n-3)\,\bar{x}^3 C_v^3} = \frac{\displaystyle\sum_{i=1}^{n}(K_i - 1)^3}{(n-3) C_v^3} \tag{10.35}$$

10.7.3 三个统计参数对理论频率曲线的影响

为了使理论频率曲线较好地与经验频率曲线相符合，在（适线）调整过程中就应该了解改变了各个统计参数值将会给理论频率曲线带来何种变化，即必须分别了解三个统计参数对理论频率曲线的影响。

1. 均值 $\bar{x}$ 反映频率曲线的位置高低

若 C_v、C_s 不变，$\bar{x}$ 越大则曲线上移，越小则曲线下移，如图 10.16（a）所示。

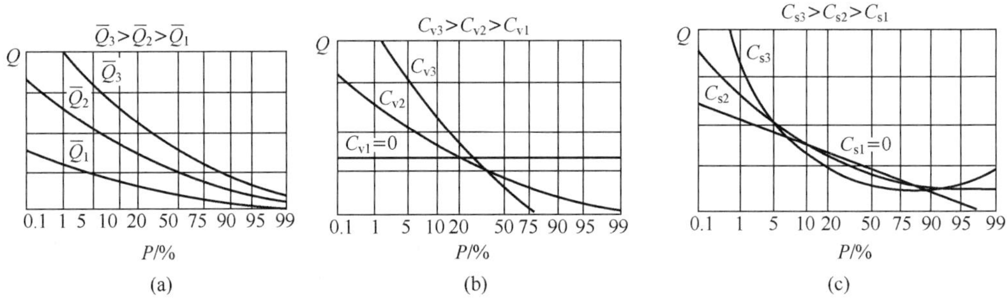

图 10.16　Q、C_v、C_s 对累积频率曲线的影响

2. 变差系数 C_v 反映频率曲线的陡坦程度

若 $\bar{x}$、C_s 不变，C_v 越大则曲线左上右下，线形变陡；反之，C_v 减少则曲线左下右上，线形变坦；C_v 为零时将成为一条水平线，如图 10.16（b）所示。

3. 偏差系数 C_s 反映频率曲线的弯曲程度

若 $\bar{x}$、C_v 不变，当 $C_s>0$ 时，C_s 增大，曲线弯曲严重，线形凹曲较大；反之，C_s 减小则曲线弯曲不严重，线形凹曲较小；C_s 为零时曲线将成为一条斜直线，如图 10.16（c）所示。

10.7.4　皮尔逊Ⅲ型曲线的应用

水文统计法所需要的是频率曲线及相应的方程式，并用以推求指定频率的变量或某一变量的频率。频率曲线即分布曲线，其相应的方程式即为分布函数，可以由密度函数积分而得。因此，将 P-Ⅲ型曲线的方程式进行一定的积分计算，可得频率曲线纵坐标值 x_P 的计算公式，即频率曲线的方程式（分布函数）为

$$x_P=(\Phi C_v+1)\,\bar{x}=K_P\bar{x} \tag{10.36}$$

式中，x_P——频率为 P 的随机变量；

Φ——离均系数，$\Phi=\dfrac{K_P-1}{C_v}=\dfrac{x_P-\bar{x}}{C_v\bar{x}}=\dfrac{x_P-\bar{x}}{\sigma}=f(P，C_s)$，它是频率 P 和偏

　　　差系数 C_s 的函数，为了便于实际应用，制成离均系数 Φ 值表供查阅，见

　　　表 10.8；

K_P——模比系数，$K_P=\dfrac{x_P}{\bar{x}}=\Phi C_v+1$，可根据拟定的比值 C_s/C_v 制成模比系数

　　　K_P 值表，可查阅相关书籍。

其他符号意义同前。

表 10.8　皮尔逊Ⅲ型曲线的离均系数 Φ 值

C_s \ P/%	0.01	0.1	0.2	0.33	0.5	1	2	5	10	20	50	75	90	95	99
0.0	3.72	3.09	2.88	2.71	2.58	2.33	2.05	1.64	1.28	0.84	0.00	−0.67	−1.28	−1.64	−2.33
0.1	3.94	3.23	3.00	2.82	2.67	2.40	2.11	1.67	1.29	0.84	−0.02	−0.68	−1.27	−1.62	−2.25
0.2	4.16	3.38	3.12	2.92	2.76	2.47	2.16	1.70	1.30	0.83	−0.03	−0.69	−1.26	−1.59	−2.18
0.3	4.38	3.52	3.24	3.03	2.86	2.54	2.21	1.73	1.31	0.82	−0.05	−0.70	−1.24	−1.55	−2.10
0.4	4.61	3.67	3.36	3.14	2.95	2.62	2.26	1.75	1.32	0.82	−0.07	−0.71	−1.23	−1.52	−2.03
0.5	4.83	3.81	3.48	3.25	3.04	2.68	2.31	1.77	1.32	0.81	−0.08	−0.71	−1.22	−1.49	−1.96
0.6	5.05	3.96	3.60	3.35	3.13	2.75	2.35	1.80	1.33	0.80	−0.10	−0.72	−1.20	−1.45	−1.88
0.7	5.28	4.10	3.72	3.45	3.22	2.82	2.40	1.82	1.33	0.79	−0.12	−0.72	−1.18	−1.42	−1.81
0.8	5.50	4.24	3.85	3.55	3.31	2.89	2.45	1.84	1.34	0.78	−0.13	−0.73	−1.17	−1.38	−1.74
0.9	5.73	4.39	3.97	3.65	3.40	2.96	2.50	1.86	1.34	0.77	−0.15	−0.73	−1.15	−1.35	−1.66
1.0	5.96	4.53	4.09	3.76	3.49	3.02	2.54	1.88	1.34	0.76	−0.16	−0.73	−1.13	−1.32	−1.59
1.1	6.18	4.67	4.20	3.86	3.58	3.09	2.58	1.89	1.34	0.74	−0.18	−0.74	−1.10	−1.28	−1.52
1.2	6.41	4.81	4.32	3.95	3.66	3.15	2.62	1.91	1.34	0.73	−0.19	−0.74	−1.08	−1.24	−1.45
1.3	6.64	4.95	4.44	4.05	3.74	3.21	2.67	1.92	1.34	0.72	−0.21	−0.74	−1.06	−1.20	−1.38
1.4	6.87	5.09	4.56	4.15	3.83	3.27	2.71	1.94	1.33	0.71	−0.22	−0.73	−1.04	−1.17	−1.32
1.5	7.09	5.23	4.68	4.24	3.91	3.33	2.74	1.95	1.33	0.69	−0.24	−0.73	−1.02	−1.13	−1.26
1.6	7.31	5.37	4.80	4.34	3.99	3.39	2.78	1.96	1.33	0.68	−0.25	−0.73	−0.99	−1.10	−1.20
1.7	7.54	5.50	4.91	4.43	4.07	3.44	2.82	1.97	1.32	0.66	−0.27	−0.72	−0.97	−1.06	−1.14
1.8	7.76	5.64	5.01	4.52	4.15	3.50	2.85	1.98	1.32	0.64	−0.28	−0.72	−0.94	−1.02	−1.09
1.9	7.98	5.77	5.12	4.61	4.23	3.55	2.88	1.99	1.31	0.63	−0.29	−0.72	−0.92	−0.98	−1.04

续表

C_s \\ $P/\%$	0.01	0.1	0.2	0.33	0.5	1	2	5	10	20	50	75	90	95	99
2.0	8.21	5.91	5.22	4.70	4.30	3.61	2.91	2.30	1.30	0.61	−0.31	−0.71	−0.895	−0.949	−0.989
2.1	8.43	6.04	5.33	4.79	4.37	3.66	2.93	2.00	1.29	0.59	−0.32	−0.71	−0.869	−0.914	−0.945
2.2	8.65	6.17	5.43	4.88	4.77	3.71	2.96	2.00	1.28	0.57	−0.33	−0.70	−0.844	−0.879	−0.905
2.3	8.87	6.30	5.53	4.97	4.51	3.76	2.99	2.00	1.27	0.55	−0.34	−0.69	−0.820	−0.849	−0.867
2.4	9.08	6.42	5.63	5.05	4.58	3.81	3.02	2.01	1.26	0.54	−0.35	−0.68	−0.795	−0.820	−0.831
2.5	9.80	6.55	5.73	5.13	4.65	3.85	3.04	2.01	1.25	0.52	−0.36	−0.67	−0.772	−0.791	−0.800
2.6	9.51	6.67	5.82	5.20	4.72	3.89	3.06	2.01	1.23	0.50	−0.37	−0.66	−0.748	−0.764	−0.769
2.7	9.72	6.79	5.92	5.28	4.78	3.93	3.09	2.01	1.22	0.48	−0.37	−0.65	−0.726	−0.736	−0.740
2.8	9.93	6.91	6.01	5.36	4.84	3.97	3.11	2.01	1.21	0.46	−0.38	−0.64	−0.702	−0.710	−0.714
2.9	10.14	7.03	6.10	5.44	4.90	4.01	3.13	2.01	1.20	0.44	−0.39	−0.63	−0.680	−0.687	−0.690
3.0	10.35	7.15	6.20	5.51	4.96	4.05	3.15	2.00	1.18	0.42	−0.39	−0.62	−0.658	−0.665	−0.667
3.1	10.56	7.26	6.30	5.59	5.02	4.08	3.17	2.00	1.16	0.40	−0.40	−0.60	−0.639	−0.644	−0.645
3.2	10.77	7.38	6.39	5.66	5.08	4.12	3.19	2.00	1.14	0.38	−0.40	−0.59	−0.621	−0.624	−0.625
3.3	10.97	7.49	6.48	5.74	5.14	4.15	3.21	1.99	1.12	0.36	−0.40	−0.58	−0.604	−0.606	−0.606
3.4	11.17	7.60	6.56	5.80	5.20	4.18	3.22	1.98	1.11	0.34	−0.41	−0.57	−0.587	−0.588	−0.588
3.5	11.37	7.72	6.65	5.86	5.25	4.22	3.23	1.97	1.09	0.32	−0.41	−0.55	−0.570	−0.571	−0.571
3.6	11.57	7.83	6.73	5.93	4.30	4.25	3.24	1.96	1.08	0.30	−0.41	−0.54	−0.555	−0.556	−0.556
3.7	11.77	7.94	6.81	5.99	6.35	4.28	3.25	1.95	1.06	0.28	−0.42	−0.53	−0.540	−0.541	−0.541
3.8	11.97	8.05	6.89	6.05	5.40	4.31	3.26	1.94	1.04	0.26	−0.42	−0.52	−0.526	−0.526	−0.526
3.9	12.16	8.15	6.97	6.11	5.45	4.34	3.27	1.93	1.02	0.24	−0.41	−0.506	−0.513	−0.513	−0.513

对于年最大流量系列，公式（10.36）可写成

$$Q_P = (\Phi C_v + 1)\,\overline{Q} = K_P\,\overline{Q} \qquad (10.37)$$

式中，Q_P——频率为 P 的洪峰流量（m^3/s）；

$\quad\overline{Q}$——平均流量（m^3/s）；

$\quad K_P$——模比系数，$K_P = \dfrac{Q_P}{\overline{Q}} = \Phi C_v + 1$，可查《公路桥涵设计手册·桥位设计》；

$\quad\Phi$——离均系数，按表 10.8 查阅。

式（10.37）显示，根据已知的三个统计参数，就可以利用上述公式推求任一频率的变量值，并能绘出理论频率曲线。

【例 10.4】　利用例 10.3 的年最大流量资料，参照表 10.9，计算三个统计参数 $\overline{Q}$、C_v、C_s，绘制理论频率曲线，并推算频率为 0.2%、1% 和 2% 时相应的流量。

表 10.9　某水文站 22 年最大流量及计算

顺序号	按年份顺序排列		按流量大小排列		经验频率 $P = \dfrac{m}{n+1} \times 100\%$	K_i	$(K_i-1)^2$	$(K_i-1)^3$
	年份	流量/(m^3/s)	年份	流量/(m^3/s)				
1	1964	2000	1991	2950	4.3	1.735	0.540	0.397
2	1965	2100	1985	2600	8.7	1.529	0.280	0.148
3	1971	2380	1974	2500	13.0	1.471	0.222	0.104
4	1972	2170	1971	2380	17.4	1.400	0.160	0.064
5	1973	1700	1982	2250	21.7	1.324	0.105	0.034
6	1974	2500	1972	2170	26.1	1.276	0.076	0.021
7	1977	600	1965	2100	30.4	1.235	0.055	0.013
8	1978	1080	1964	2000	34.8	1.176	0.031	0.005
9	1982	2250	1986	1900	39.1	1.118	0.014	0.002
10	1983	1100	1994	1850	43.5	1.088	0.008	0.001
11	1984	1480	1973	1700	47.8	1.000	0.000	0.000
12	1985	2600	1987	1650	52.2	0.971	0.001	−0.001
13	1986	1900	1995	1530	56.5	0.900	0.010	−0.001
14	1987	1650	1984	1480	60.9	0.871	0.017	−0.002
15	1988	1300	1990	1360	65.2	0.800	0.040	−0.008
16	1989	1000	1998	1300	69.6	0.765	0.055	−0.013
17	1990	1360	1983	1100	73.9	0.647	0.125	−0.044
18	1991	2950	1978	1080	78.3	0.635	0.133	−0.049
19	1992	900	1993	1010	82.6	0.594	0.165	−0.067
20	1993	1010	1989	1000	87.0	0.588	0.170	−0.070
21	1994	1850	1992	900	91.3	0.529	0.222	−0.104
22	1995	1530	1977	600	95.7	0.353	0.419	−0.271
合　计				37 410		22.005	2.848	0.160

解： 与例 10.3 相同，把历年的年最大流量资料按大小递减次序排列，如表 10.9 第 5 栏，然后计算 K_i、$(K_i-1)^2$、$(K_i-1)^3$，列入表 10.9 第 7、8、9 栏。根据表 10.9 中数据按公式计算。

$$\overline{Q}=\frac{1}{n}\sum_{i=1}^{n}Q_i=37\,410/22=1700\text{m}^3/\text{s}$$

$$C_{\text{v}}=\sqrt{\frac{\sum_{i=1}^{n}(K_i-1)^2}{n-1}}=\sqrt{\frac{2.848}{22-1}}=0.37$$

$$C_{\text{s}}=\frac{\sum_{i=1}^{n}(K_i-1)^3}{(n-3)C_{\text{v}}^3}=\frac{0.160}{(22-3)\times0.37^3}=0.17$$

按公式 $Q_P=(\Phi C_{\text{v}}+1)\overline{Q}=K_P\overline{Q}$ 计算各个指定频率的流量值，列于表 10.10 中。

$$Q_{2\%}=(2.14\times0.37+1)\times1700=3043\text{m}^3/\text{s}$$

$$Q_{1\%}=(2.45\times0.37+1)\times1700=3247\text{m}^3/\text{s}$$

$$Q_{0.2\%}=(2.89\times0.37+1)\times1700=3638\text{m}^3/\text{s}$$

表 10.10　各指定频率流量值

$P/\%$	0.01	0.2	1	2	5	10	20	50	75	90	95
Φ	4.09	3.08	2.45	2.14	1.69	1.30	0.83	−0.03	−0.69	−1.26	−1.60
K_P	2.51	2.14	1.91	1.79	1.63	1.48	1.31	0.99	0.74	0.53	0.41
$Q_P/(\text{m}^3/\text{s})$	4267	3638	3247	3043	2771	2516	2227	1683	1258	901	697

根据表中各个频率及其对应的流量值，在海森几率格纸上绘成一条圆滑的曲线，如图 10.17 所示的粗实线就是理论频率曲线。由于本题流量资料为较短的不连续系列，同时未经过适线调整，理论频率曲线与经验频率曲线符合较差。

10.7.5　现行频率分析方法

频率分析方法实际上是确定合适的参数。由于统计参数直接影响最终所需的设计值，因此要十分慎重。现行的频率分析方法有两种，即矩法和适线法。

所谓矩法，即由实测系列算得 $\bar{x}$、C_{v}、C_{s} 三个统计参数，然后按公式 $Q_P=(\Phi C_{\text{v}}+1)\overline{Q}=K_P\overline{Q}$ 算得设计 x_P。这种方法要求系列长，即样本容量大，否则易受系列中特大值和次大值的影响，使矩法的计算误差偏大。因统计参数本身存在误差，尤其是 C_{s} 值，若系列不够长，误差更大，则结果更不可，因此一般少用此法。

适线法是由矩法与经验频率点据相结合选配合适理论频率曲线的方法。一般通过试算求得与经验频率点据吻合较好的合适的理论频率曲线的统计参数，再根据这一合适的理论频率曲线确定设计值 x_P，这种方法目前用得最多。这里介绍两种常用的方法，即求矩适线法和三点适线法。

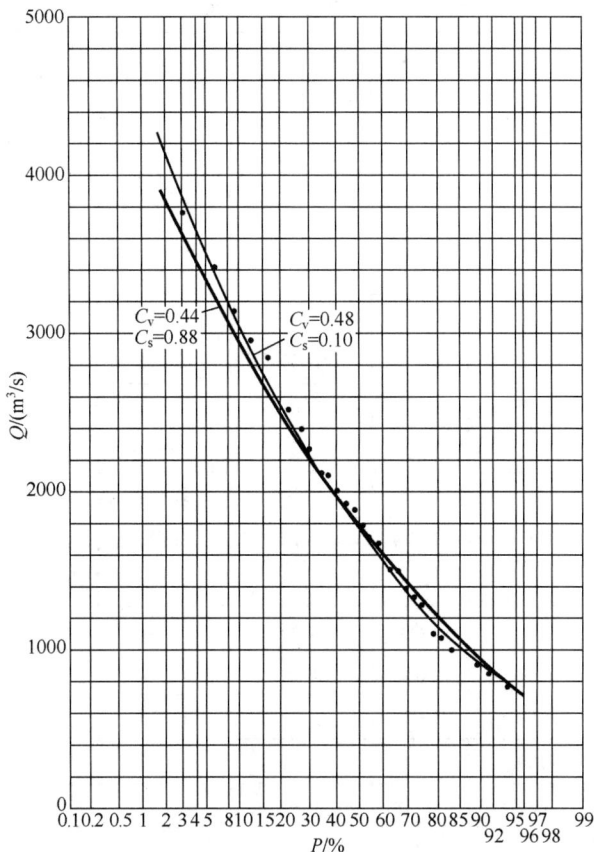

图 10.17　频率曲线

1. 求矩适线法

利用矩法公式计算出 $\bar{x}$、C_v 值，并假定 C_s 值，作为三个统计参数的初始值。一般通过试算适当调整 C_s 值，求与经验频率点据吻合较好的合适的理论频率曲线的统计参数，再根据这一合适的理论频率曲线确定设计值 x_P，这种方法称为求矩适线法。根据我国经验，C_s 值一般可在 $2C_v \sim 4C_v$ 的范围内假定一个数值。

【例 10.5】　某水文站有 32 年实测最大流量资料，见表 10.11，试用求矩适线法求合适的理论频率曲线的统计参数及频率为 1%、2% 的流量。

解：1）将流量从大到小排列。

2）$\bar{Q} = \dfrac{1}{n}\sum_{i=1}^{n} Q_i = 58\,857/32 = 1839\,\text{m}^3/\text{s}$。

3）计算系列流量的经验频率 P_i、K_i、K_i^2，列于表 10.11 中。

4）$C_v = \sqrt{\dfrac{\sum_{i=1}^{n} K_i^2 - n}{n-1}} = \sqrt{\dfrac{37.984 - 32}{32 - 1}} = 0.44$。

表 10.11 某水文站 32 年实测最大流量及计算

顺序号	按年份顺序排列		按流量大小排列		$K_i = \dfrac{Q_i}{\overline{Q}}$	K_i^2	$P = \dfrac{m}{n+1} \times 100\%$
	年份	流量/(m³/s)	年份	流量/(m³/s)			
1	1951	767	1978	3773	2.052	4.211	3.0
2	1952	1781	1967	3408	1.853	3.434	6.1
3	1953	1284	1960	3145	1.710	2.924	9.1
4	1954	1507	1959	2950	1.604	2.573	12.1
5	1955	2000	1974	2854	1.552	2.409	15.2
6	1956	2380	1958	2600	1.414	1.999	18.2
7	1957	2100	1961	2500	1.359	1.847	21.2
8	1958	2600	1956	2380	1.294	1.674	24.2
9	1959	2950	1966	2250	1.223	1.496	27.3
10	1960	3145	1971	2170	1.180	1.392	30.3
11	1961	2500	1957	2100	1.142	1.304	33.3
12	1962	1000	1968	2088	1.135	1.288	36.4
13	1963	1100	1955	2000	1.088	1.184	39.4
14	1964	1360	1979	1900	1.033	1.067	42.4
15	1965	1480	1976	1850	1.006	1.012	45.5
16	1966	2250	1952	1781	0.968	0.937	48.5
17	1967	3408	1982	1700	0.924	0.854	51.5
18	1968	2088	1972	1650	0.897	0.805	54.5
19	1969	600	1970	1530	0.832	0.692	57.6
20	1970	1530	1954	1507	0.819	0.671	60.6
21	1971	2170	1965	1480	0.805	0.648	63.6
22	1972	1650	1964	1360	0.740	0.548	66.7
23	1973	840	1975	1300	0.707	0.500	69.7
24	1974	2354	1953	1284	0.698	0.487	72.7
25	1975	1300	1963	1100	0.598	0.358	75.8
26	1976	1850	1980	1080	0.587	0.345	78.8
27	1977	900	1981	1010	0.549	0.301	81.8
28	1978	3773	1962	1000	0.544	0.296	84.8
29	1979	1900	1977	900	0.489	0.239	87.9
30	1980	1080	1973	840	0.457	0.209	90.9
31	1981	1010	1951	767	0.417	0.174	93.9
32	1982	1700	1969	600	0.326	0.106	97.0
合　计				58 857	32.002	37.984	

5）在 $2C_v \sim 4C_v$ 范围内假定一个 C_s 值，先假设 $C_s = 2C_v = 0.88$，利用公式 $Q_P = (\Phi C_v + 1)\overline{Q} = K_P \overline{Q}$ 计算各指定频率的流量值，列于表 10.12（一）中。根据表中数值，绘出理论频率曲线，见图 10.17 中的细线。曲线头部偏左，尾部略偏高，可增大 C_s 值。假定 $C_s = 1.10$，计算结果列于表 10.12（二）中，其理论频率曲线（未绘出）仍然头部偏左，尾部偏高，可增大 C_v 值。假定 $C_v = 0.48$，$C_s = 1.10$，计算结果列于表 10.12（三）中，绘出其理论频率曲线，如图 10.17 中的粗线，与经验频率点群符合较好，因此可确定三个统计参数：$\overline{Q} = 1839 m^3/s$，$C_v = 0.48$、$C_s = 1.10$。

6）按式 $Q_P = (\Phi C_v + 1)\overline{Q} = K_P \overline{Q}$ 推算所求指定频率下的流量。

$$Q_{2\%} = K_{2\%} \times \overline{Q} = 2.24 \times 1839 = 4119 m^3/s$$

$$Q_{1\%} = K_{1\%} \times \overline{Q} = 2.48 \times 1839 = 4561 m^3/s$$

表 10.12　用求矩适线法计算频率

统计参数 \ P/%			5	10	20	50	75	90	95
（一）	$C_v = 0.44$，$C_s = 0.88$	Φ	1.86	1.34	0.77	−0.15	−0.73	−1.15	−1.36
		K_P	1.82	1.59	1.34	0.93	0.68	0.49	0.40
		Q_P	3347	2924	2464	1710	1251	901	736
（二）	$C_v = 0.44$，$C_s = 1.10$	Φ	1.89	1.34	0.74	−0.18	−0.74	−1.10	−1.28
		K_P	1.83	1.59	1.33	0.92	0.67	0.52	0.44
		Q_P	3365	2924	2446	1692	1232	956	809
（三）	$C_v = 0.48$，$C_s = 1.10$	Φ	1.89	1.34	0.74	−0.18	−0.74	−1.10	−1.28
		K_P	1.91	1.64	1.36	0.91	0.64	0.47	0.39
		Q_P	3512	3016	2501	1673	1177	864	717

2. 三点适线法

在经验频率曲线上任选三个点，利用该三点处的流量值和相应的频率推求三个统计参数的初试值，再通过适线确定三个统计参数的采用值，称为三点适线法。相对于求矩适线法，三点适线法推算统计参数的计算量大大减少，适用于 C_v 值较小的情况。

其基本原理是利用已知的三个流量和相应的频率，列出三个方程式，求解三个统计参数 $\overline{Q}$、C_v、C_s。设三个流量值 Q_1、Q_2、Q_3 相应的离均系数为 Φ_1、Φ_2、Φ_3，则根据式 $Q_P = (\Phi C_v + 1)\overline{Q}$ 可得

$$Q_1 = (\Phi_1 C_v + 1)\overline{Q}$$

$$Q_2 = (\Phi_2 C_v + 1)\overline{Q}$$

$$Q_3 = (\Phi_3 C_v + 1)\overline{Q}$$

联立求解可得

$$\overline{Q} = \frac{Q_3 \Phi_1 - Q_1 \Phi_3}{\Phi_1 - \Phi_3} \tag{10.38}$$

$$S=\frac{\Phi_1+\Phi_2+\Phi_3}{\Phi_1-\Phi_3}=\frac{Q_1+Q_3-2Q_2}{Q_1-Q_3} \tag{10.39}$$

$$C_v=\frac{Q_1-Q_3}{Q_3\Phi_1-Q_1\Phi_3} \tag{10.40}$$

其中，S 称为偏度系数。

由式（10.39）可知，偏度系数 S 是频率 P 与偏差系数 C_s 的函数，可由 Q_1、Q_2、Q_3 三个已知值求得。若已知 C_s 值，则可由附表一查得所取 P_1、P_2、P_3 对应的 Φ_1、Φ_2、Φ_3 值，据此可算得 S 值。按此原理，可编制 $S\sim C_s$ 关系表供实际使用，见表 10.13。

$S\sim C_s$ 关系中 P 的三点取法有四种：1%—50%—99%，3%—50%—97%，5%—50%—95%，10%—50%—90%。例如，$P_{1-2-3}=1\%—50\%—99\%$ 时，如果 $C_s=0.35$，由表 10.13 可查得 $C_s=0.92$。选点时应根据实测系列的长短适当离远些。

表 10.13 三点适线法——S 与 C_s 值关系

S	0	1	2	3	4	5	6	7	8	9
				$P_{1-2-3}=1\%—50\%—99\%$ 时的 C_s 值						
0.0	0.00	0.03	0.05	0.07	0.10	0.12	0.15	0.17	0.20	0.23
0.1	0.26	0.28	0.31	0.34	0.36	0.39	0.41	0.44	0.47	0.49
0.2	0.52	0.54	0.57	0.59	0.62	0.65	0.67	0.7	0.73	0.76
0.3	0.78	0.81	0.84	0.86	0.89	0.92	0.94	0.97	1.00	1.02
0.4	1.05	1.08	1.10	1.13	1.16	1.18	1.21	1.24	1.27	1.30
0.5	1.32	1.36	1.39	1.42	1.45	1.48	1.51	1.55	1.58	1.61
0.6	1.64	1.68	1.71	1.74	1.78	1.81	1.84	1.88	1.92	1.95
0.7	1.99	2.03	2.07	2.11	2.16	2.20	2.25	2.30	2.34	2.39
0.8	2.44	2.50	2.55	2.61	2.67	2.74	2.81	2.89	2.94	3.05
0.9	3.14	3.22	3.33	3.46	3.59	3.73	3.92	4.14	4.44	4.90
				$P_{1-2-3}=3\%—50\%—97\%$ 时的 C_s 值						
0.0	0.000	0.04	0.08	0.11	0.14	0.17	0.20	0.23	0.26	0.29
0.1	0.32	0.35	0.38	0.42	0.45	0.48	0.51	0.54	0.57	0.60
0.2	0.63	0.66	0.70	0.73	0.76	0.79	0.82	0.86	0.89	0.92
0.3	0.95	0.98	1.01	1.04	1.08	1.11	1.14	1.17	1.2	1.24
0.4	1.27	1.30	1.33	1.36	1.40	1.43	1.46	1.49	1.52	1.56
0.5	1.59	1.63	1.66	1.70	1.73	1.76	1.80	1.83	1.87	1.90
0.6	1.94	1.97	2.00	2.04	2.08	2.12	2.16	2.20	2.23	2.27
0.7	2.31	2.36	2.40	2.44	2.49	2.54	2.58	2.63	2.68	2.74
0.8	2.79	2.85	2.90	2.96	3.02	3.09	3.15	3.22	3.29	3.37
0.9	3.46	3.55	3.67	3.79	3.92	4.08	4.26	4.50	4.75	5.21

S	0	1	2	3	4	5	6	7	8	9
			$P_{1-2-3}=5\%—50\%—95\%$时的C_s值							
0.0	0.00	0.04	0.08	0.12	0.16	0.20	0.24	0.27	0.31	0.35
0.1	0.38	0.41	0.45	0.48	0.52	0.55	0.59	0.63	0.66	0.70
0.2	0.73	0.76	0.80	0.84	0.87	0.90	0.94	0.98	1.01	1.04
0.3	1.08	1.11	1.14	1.18	1.21	1.25	1.28	1.31	1.35	1.38
0.4	1.42	1.46	1.49	1.52	1.56	1.59	1.63	1.66	1.70	1.74
0.5	1.78	1.81	1.85	1.88	1.92	1.95	1.99	2.03	2.06	2.10
0.6	2.13	2.17	2.20	2.24	2.28	2.32	2.36	2.40	2.44	2.48
0.7	2.53	2.57	2.62	2.66	2.70	2.76	2.81	2.86	2.91	2.97
0.8	3.02	3.07	3.13	3.19	3.25	3.32	3.38	3.46	3.52	3.60
0.9	3.70	3.80	3.91	4.03	4.17	4.32	4.49	4.72	4.94	5.43
			$P_{1-2-3}=10\%—50\%—90\%$时的C_s值							
0.0	0.00	0.05	0.10	0.15	0.20	0.24	0.29	0.34	0.38	0.43
0.1	0.47	0.52	0.56	0.60	0.65	0.69	0.74	0.78	0.83	0.87
0.2	0.92	0.96	1.00	1.04	1.08	1.13	1.17	1.22	1.26	1.30
0.3	1.34	1.38	1.43	1.47	1.51	1.55	1.59	1.63	1.67	1.71
0.4	1.75	1.79	1.83	1.87	1.91	1.95	1.99	2.02	2.06	2.10
0.5	2.14	2.18	2.22	2.26	2.30	2.34	2.38	2.42	2.46	2.50
0.6	2.54	2.58	2.62	2.66	2.70	2.74	2.78	2.82	2.86	2.90
0.7	2.95	3.00	3.04	3.08	3.13	3.18	3.24	3.28	3.33	3.38
0.8	3.44	3.50	3.55	3.61	3.67	3.74	3.80	3.87	3.94	4.02
0.9	4.11	4.20	4.32	4.45	4.59	4.75	4.96	5.20	5.56	—

【例 10.6】　根据例 10.5 中的已知资料，用三点适线法确定其三个统计参数。

解：绘制经验频率曲线 Q-P，如图 10.17 中的经验频率曲线。

在该曲线上，取频率组合为 5%—50%—95%，读取三个点的流量值 $Q_{5\%}=3500\mathrm{m}^3/\mathrm{s}$、$Q_{50\%}=1680\mathrm{m}^3/\mathrm{s}$、$Q_{95\%}=710\mathrm{m}^3/\mathrm{s}$。

按公式（10.39）计算 S 值。

$$S=\frac{Q_1+Q_3-2Q_2}{Q_1-Q_3}=\frac{3510+710-2\times1680}{3510-710}=0.307$$

由表 10.13 查得 $S=0.307$ 时 $C_s=1.10$，根据 $C_s=1.10$，由表 10.13 得：$\Phi_1=1.89$，$\Phi_2=-0.18$，$\Phi_3=-1.28$。由公式（10.38）和公式（10.40）计算 $\overline{Q}$ 和 C_v 得

$$\overline{Q}=\frac{Q_3\Phi_1-Q_1\Phi_3}{\Phi_1-\Phi_3}=\frac{710\times1.89-3510\times(-1.28)}{1.89-(-1.28)}=1814(\mathrm{m}^3/\mathrm{s})$$

$$C_v=\frac{Q_1-Q_3}{Q_3\Phi_1-Q_1\Phi_3}=\frac{3510-710}{710\times1.89-3510\times(-1.28)}=0.48$$

由此可见，三点适线法比求矩适线法要简单些。当 $C_v < 0.5$ 时，用三点适线法可使理论频率曲线与经验频率点据得到较好的配合；但当 $C_v > 0.5$ 时，往往难以得到理想的适线结果。

上述两种适线法都受到一定主观因素的影响。此外，P-Ⅲ曲线难以概括所有水文现象频率分布特征。因此，在选定参数时，尤其是选定 $\overline{Q}$ 和 C_v 时，还应作认真的调整比较，分析地区特性和流域面积大小等对统计参数的影响，检验计算值的合理性。

10.7.6　资料中特大值（特大洪水）的处理

在桥位设计中，设计洪水的推算多采用数理统计法。但由于一般河流的系列不长，根据短期系列（如 20～30 年）来推求百年一遇或千年一遇的洪水势必产生很大误差。实践表明，在频率分析中考虑特大洪水无疑会增大系列的样本容量，而使其更具有代表性。同时在系列中考虑特大洪水可增加频率曲线前端点，从而更好地控制适线，使所推求出的稀遇洪水更有合理性。

特大洪水来自水文站实测资料、历史洪水调查和历史文献考证三个方面。

特大洪水有的出现在系列之外，有的在系列之内，也有的几个特大值在系列之内而另几个在系列之外，如图 10.18 所示。一般把水文站的现有观测年限称为实测期，把洪水调查和文献考证的最远年份至实际调查时的年限分别称为调查期和考证期。

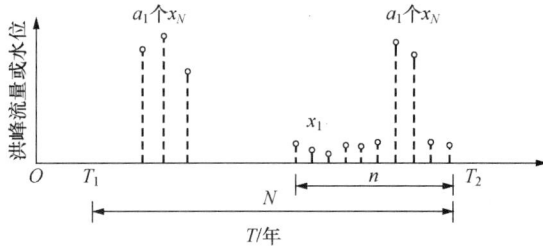

图 10.18　含特大洪水系列示意图

x_1．实测期内一般洪水位；

x_N．查考期内出现的特大洪水量

系列中出现特大值，表明特大洪水流量与一般洪水流量之间缺少资料，是一个不连续系列，也就是说，这些特大洪水流量的重现期远远超出了水文站的现有观测年数（实测流量系列的总项数）。因此，其经验频率和统计参数均应按不连续系列计算（进行特大值处理），而不能直接采用前面介绍的连续系列的计算方法。

1. 经验频率的计算

按不连续系列用下列方法之一估算。

1) 将调查期 N 年中的特大洪水流量和实测洪水流量分别在各自系列中排位，则特大洪水的经验频率估算式为

$$P_M = \frac{M}{N+1} \times 100\% \quad (M = 1, 2, \cdots, a_1 + a_2) \tag{10.41}$$

实测洪水流量的经验频率用式（10.42）估算，即

$$P = \frac{m}{n+1} \times 100\% \quad (m = a_2 + 1, \ a_2 + 2, \ \cdots, \ n - a_2) \quad (10.42)$$

式中，P_M——历史特大洪水流量或实测系列中的特大洪水流量经验频率（%）；

　　　N——调查期的年数；

　　　M——历史特大洪水流量或实测系列中特大洪水流量在调查期内的由大到小的排序序号；

　　　n——实测洪水系列的观测年数（实测期）；

　　　m——实测洪水系列（除特大值）洪水由大到小排序序号。

2) 将调查期 N 年中的特大洪水流量和实测洪水流量组成一个不连续系列，特大洪水流量的经验频率按式（10.41）估算，其余实测洪水流量经验频率可按式（10.43）估算，即

$$P_m = \left[\frac{a}{N+1} + \left(1 - \frac{a}{N+1}\right) \frac{m_i - a_2}{n - a_2 + 1} \right] \times 100 \quad (10.43)$$

式中，P_m——实测洪水流量经验频率（%）；

　　　a——特大洪水的项数；

　　　a_2——实测洪水流量系列中按特大洪水流量处理的项数；

　　　m_i——实测洪水流量系列按递减次序排列的序位。

2. 不连续系列的统计参数计算方法

（1）均值 $\overline{Q}_N$

$$\overline{Q}_N = \frac{1}{N} \left(\sum_{i=1}^{a} Q_{iN} + \frac{N-a}{n-a_2} \sum_{i=1}^{n-a_2} Q_i \right) \quad (10.44)$$

（2）离差系数 C_{vN}

$$C_{vN} = \frac{1}{\overline{Q}_N} \sqrt{ \frac{1}{N-1} \left[\sum_{i=1}^{a} (Q_{iN} - \overline{Q}_N)^2 + \frac{N-a}{n-a_2} \sum_{i=2}^{n-a_2} (Q_i - \overline{Q}_N)^2 \right] } \quad (10.45)$$

（3）偏差系数 C_{sN} 的确定

偏差系数 C_{sN} 的确定与无特大值洪水系列相同，即根据经验先选定 C_{sN}/C_{vN} 的比值，点绘理论频率曲线，与实测流量经验频率点据相比较，如吻合程度不理想，可调整 C_{vN}、C_{sN} 值，使二者吻合较好。

10.7.7 历史洪峰流量重现期的确定方法

确定洪峰流量重现期的方法有：

1) 在查考期 N_1 年内，所得历史洪峰流量 Q_i 为最大时，则重现期为

$$T(Q \geqslant Q_i) = N_1 = T_2 - T_1 + 1 \quad (10.46)$$

2) 在查考期 N_1 年内，已有 a_1 个洪峰流量大于所查得的历史洪峰流量 Q_i 时，有

$$m = a_1 + 1$$

$$T(Q \geqslant Q_i) = \frac{N_1}{a_1 + 1} \tag{10.47}$$

3）若查考期 N_1 内有 a_2 次历史洪水与本次所查得流量 Q_i 接近但又无法判断它们的大小时，则 Q_i 的排位可能为 $m = 1 \sim (a_2 + 1)$ 区间内，取其平均值计算，有 $m = \frac{1}{2} \times [1 + (a_2 + 1)] = 0.5a_2 + 1$，得

$$T = \frac{N_1}{0.5a_2 + 1} \tag{10.48}$$

4）若在 N_1 年内有几个考查期 N_2，N_3 等，且 $N_1 > N_2 > N_3$，得历史洪峰流量为 Q_2，Q_3，但不能确认是否为 N_1 年内最大或排二，则可按各考查期作为重现期，即

$$T_2(Q \geqslant Q_2) = N_2$$
$$T_3(Q \geqslant Q_3) = N_3 \tag{10.49}$$

【例 10.7】 已知某站有 1957～1995 年实测洪峰流量资料，已知实测系列中有两次特大洪水，分别是 $Q_{1976} = 5500 \text{m}^3/\text{s}$，$Q_{1967} = 3000 \text{m}^3/\text{s}$。另经调查考证，得 1887 年、1933 年特大洪峰流量 $Q_{1887} = 4100 \text{m}^3/\text{s}$，$Q_{1933} = 3400 \text{m}^3/\text{s}$，求：

1）特大值的经验频率 $P_{(Q \geqslant 5500)}$、$P_{(Q \geqslant 3400)}$、$P_{(Q \geqslant 3000)}$。

2）特大值的重现期 $T(Q \geqslant 5500 \text{m}^3/\text{s})$，$T(Q \geqslant 4100 \text{m}^3/\text{s})$，$T(Q \geqslant 3000 \text{m}^3/\text{s})$。

解： 1）用第一种方法计算特大洪水的频率。

调查期 $N = 1995 - 1887 + 1 = 109$ 年，调查期 N 年中的特大洪水流量和实测洪水流量分别在各自系列中排位，则特大洪水的经验频率为

$$P_M = \frac{M}{N+1} \times 100\% \quad (M = 1, 2, 3, 4)$$

故

$$P_{(Q \geqslant 5500)} = \frac{1}{109 + 1} \times 100 = 0.91\% \text{（在调查期内所有特大洪水中排第 1 位）}$$

$$P_{(Q \geqslant 3400)} = \frac{3}{109 + 1} \times 100 = 2.73\% \text{（在调查期内所有特大洪水中排第 3 位）}$$

$$P_{(Q \geqslant 3000)} = \frac{4}{109 + 1} \times 100 = 3.64\% \text{（在调查期内所有特大洪水中排第 4 位）}$$

2）重现期的计算。在查考其 N 年内，所得历史洪峰流量 $Q_{1976} = 5500$ 为最大时，则重现期为

$$T(Q \geqslant Q_{1976}) = T_2 - T_1 + 1 = 109$$

在查考期 N 年内，已有 a_1 个洪峰流量大于所查得的历史洪峰流量 Q_i 时，有

$$T = \frac{N}{a_1 + 1}$$

故

$$T(Q \geqslant Q_{1887} = 4100) = \frac{109}{2} = 54.5 \text{ 年}$$

$$T(Q \geqslant Q_{1967} = 3000) = \frac{109}{4} = 27.25 \text{ 年}$$

10.8 相 关 分 析

10.8.1 相关分析的意义和作用

自然界中许多现象并不是孤立的，它们之间往往具有一定的关系，关系的密切程度决定于现象的本质。如果两种现象之间存在着因果关系，或者具有相同的发生原因，那么它们在数量上也会表现一定的关系。例如，降雨与径流、同一断面的水位与流量、一条河流上下游水文站的流量等现象之间都存在一定的关系。在数理统计中把变量之间数量关系称为相关关系，对这种关系的分析称为相关分析。

在水文分析中，相关分析的目的是寻求水文现象之间的这种近似关系，利用长系列资料插补延长相关的短系列资料，以增大样本容量、减小统计误差。例如，某桥位设计断面处，仅有短期的流量资料，这时可利用上下流或邻近河流水文站的流量系列资料作分析进行相关延长。在进行计算之前应认真分析变量之间的成因关系，从气象、自然地理等特征条件进行合理分析，不能机械地凭数字上的巧合硬凑出关系。

相关分析按相关变量的多少可以分为简单相关（两变量之间的关系）和复相关（多个变量之间的关系）。简单相关又可分为直线相关和曲线相关，在水文分析中多用直线相关。

自然界中的相关关系按变量之间的密切程度可有三种相关情况：

1）完全相关（函数关系）：变量的每一个确定值都有唯一的确定值与之对应，如图 10.19（a，b）所示。

2）零相关（毫无关系）：两个变量之间没有对应关系，所绘的点据杂乱无章，如图 10.19（c）所示；或者一变量的变动对另一变量的变动毫无影响，如图 10.19（d）所示。

3）统计相关（相关关系）：变量的每一个确定值 x 所对应的变量 y，由于受多种偶然因素的影响，数字上是不确定的，但经过大量观察，仍可发现 x 与 y 之间存在着

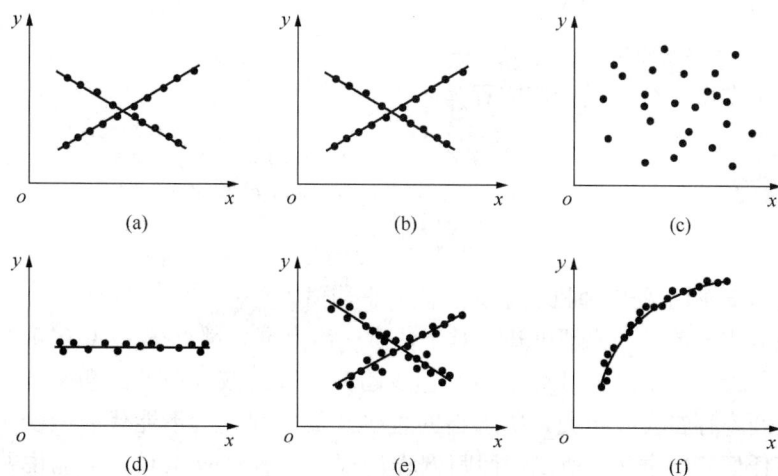

图 10.19 相关关系图

某种关系。根据 x 与 y 的对应值所绘出的点据，虽未严格地落在一条直线或曲线上，但仍显示出一定的趋势，如图 10.19（e，f）所示。

10.8.2 直线相关的回归方程式

简单相关中的直线相关就是两个变量之间可以近似地配成一条直线。以 x_i，y_i 分别表示两个相关系列中随机变量的对应值，n 表示其对应值的个数，可以在坐标纸上点绘 n 个相应点据，这种图形称为散点图。观察散点图的点群趋势，如呈直线趋势（或带状）分布，说明两系列的变量存在着直线相关，可绘制一条穿过点群中心的直线，这条直线称为回归直线，如图 10.20 所示，其方程式称为两变量的回归方程式。

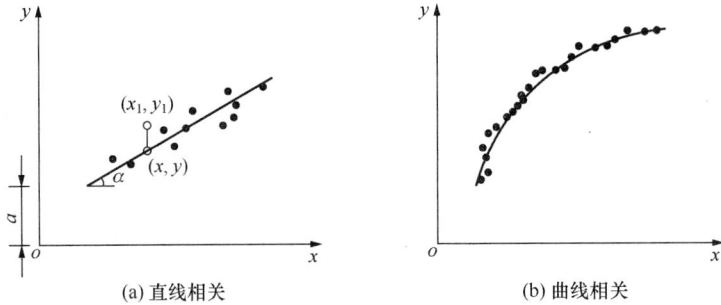

图 10.20　统计相关

根据最小二乘法原理，若要直线与各个点据配合最佳，就应使离差的平方和为最小，即

$$\sum_{i=1}^{n}(y_i-y)^2=极小值$$

由此可得 y 倚 x 的直线回归方程式为

$$y-\bar{y}=\frac{\sum_{i=1}^{n}(x_i-\bar{x})(y_i-\bar{y})}{\sum_{i=1}^{n}(x_i-\bar{x})^2}(x-\bar{x}) \tag{10.50}$$

同理，可求得 x 倚 y 的回归方程为

$$x-\bar{x}=\frac{\sum_{i=1}^{n}(x_i-\bar{x})(y_i-\bar{y})}{\sum_{i=1}^{n}(y_i-\bar{y})^2}(y-\bar{y}) \tag{10.51}$$

式中，$\bar{y}$，$\bar{x}$——两系列中随机变量对应值的平均值。

由回归方程式的推导原理可知，对于任意一组点据，都可按式（10.51）求得一个直线方程式并绘出一条直线。对于不呈直线趋势分布的或分布非常散乱的点据，说明两个变量之间不存在直线相关，所求出的直线及其方程式就不能代表两变量之间的关系，也没有任何实际意义。所以，回归方程仅仅是一种计算工具，不能说明两变量之间存在的何种相关及其相关程度。因此，还需要一个判别标准，用来说明两变量之间是否存在直线相关及相关的密切程度。

10.8.3　相关系数

在数理统计法中，一般采用相关系数 r 来描述和判别两变量之间的相关程度。相关程度即回归直线与点据之间的密切程度，对直线相关来说明是指直线与点据之间关系的密切程度。相关系数 r 可按下列公式计算，即

$$r = \frac{\sum\limits_{i=1}^{n}(x_i - \bar{x})(y_i - \bar{y})}{\sqrt{\sum\limits_{i=1}^{n}(x_i - \bar{x})^2 \sum\limits_{i=1}^{n}(y_i - \bar{y})^2}} \tag{10.52}$$

相关系数 $r = \pm 1$ 时，表示两变量之间存在着直线函数关系，为完全相关；若 $r = 0$ 时，表示两个变量之间不存在直线相关，为零相关；当 $0 < |r| < 1$ 时，表示两变量之间存在着直线相关，为统计相关，而且 r 的绝对值越接近于 1，相关程度越高。当相关系数 r 很小或接近零时，只说明两变量之间的直线相关程度很差或不存在，但也可能存在某种曲线相关。

相关系数只能说明两变量是否存在直线相关及其相关程度，还不能表明两种自然现象之间存在的客观联系，因而相关分析时必须首先考虑所研究的自然现象之间客观上是否存在成因联系，对丝毫不关联的自然现象，只凭数学上的巧合而硬拼它们之间的关系，相关分析就毫无意义。

直线回归方程式也可写成

$$y - \bar{y} = b(x - \bar{x}) = r\frac{\sigma_y}{\sigma_x}(x - \bar{x}) \tag{10.53}$$

$$b = r\frac{\sigma_y}{\sigma_x} \tag{10.54}$$

式中，σ_y，σ_x——两系列中随机变量对应值的均方差，可按下式计算，即

$$\sigma_y = \sqrt{\frac{\sum\limits_{i=1}^{n}(y_i - \bar{y})^2}{n-1}} \tag{10.55}$$

$$\sigma_x = \sqrt{\frac{\sum\limits_{i=1}^{n}(x_i - \bar{x})^2}{n-1}} \tag{10.56}$$

10.8.4　相关分析的误差

1. 回归方程的误差

在统计相关中，两变量之间不是函数关系，回归线只是实用点据的一条最佳配合线，因此存在一定的误差。对于直线相关，实际上点据并不是完全位于一条直线上，而是分散在直线的两侧，如图 10.20 所示。直线与实际点据之间存在一定的误差称为回归线（或回归方程）的误差。其均方差 S_y 为

$$S_y = \sqrt{\frac{\sum_{i=1}^{n}(y_i - y)^2}{n-2}} \tag{10.57}$$

y_i 落在回归线两侧各一个 S_y 的范围内的概率为 68.3%；落在 $3S_y$ 范围内的概率为 99.7%。

2. 相关系数的误差

由于相关系数也是由样本算得的，必然存在抽样误差。其抽样误差可用均方误差 σ_r、机误 E_r、最大误差 $\Delta_{r\max}$ 表示，则可按下式计算，即

$$\sigma_r = \frac{1-r^2}{\sqrt{n}} \tag{10.58}$$

$$E_r = \pm 0.6745\sigma_r \tag{10.59}$$

$$最大误差 \; \Delta_{r\max} = 4E_r = \pm 2.698 \times \frac{1-r^2}{\sqrt{n}} \tag{10.60}$$

水文计算中，一般取 $|r| \geqslant 0.8$ 且 $r > |4E|$，直线相关程度密切，两系列作相关分析的资料代表性较强，计算结果较精确；当 $|r| < 0.6$ 时，则认为相关不成立。

【例 10.8】 某站有 11 年不连续的最大流量记录，但年雨量有较长期的记录，如表 10.14 所示，试作相关分析并用实测年雨量系列插补延长最大流量系列，即插补延长 1950 年、1951 年、1952 年、1953 年、1956 年、1957 年的年最大流量。（此为例题，在利用相关分析插补延长时应有 24 年以上的资料）。

表 10.14　某站 11 年最大流量记录及计算

序号	实测年份	流量 Q_i (y_i)/(m³/s)	雨量 H_i (x_i)/mm	$y_i - \bar{y}$	$x_i - \bar{x}$	$(y_i - \bar{y})^2$	$(x_i - \bar{x})^2$	$(x_i - \bar{x})(y_i - \bar{y})$
1	1950	(82.8)	190					
2	1951	(56.6)	150					
3	1952	(23.8)	98					
4	1953	(25.1)	100					
5	1954	25	110	−19	−20	361	400	380
6	1955	81	184	37	54	1369	2916	1998
7	1956	(17)	90					
8	1957	(66.1)	160					
9	1958	36	145	−8	15	64	225	−120
10	1959	33	122	−11	−8	121	64	88
11	1960	70	165	26	35	676	1225	910
12	1961	54	143	10	13	100	169	130

序号	实测年份	流量 Q_i $(y_i)/(\text{m}^3/\text{s})$	雨量 H_i $(x_i)/\text{mm}$	$y_i - \bar{y}$	$x_i - \bar{x}$	$(y_i - \bar{y})^2$	$(x_i - \bar{x})^2$	$(x_i - \bar{x})(y_i - \bar{y})$
13	1962	20	78	−24	−52	576	2704	1248
14	1963	44	129	0	−1	0	1	0
15	1964	1	62	−43	−68	1849	4624	2924
16	1965	41	130	−3	0	9	0	0
17	1966	75	168	31	38	961	1444	1178
Σ		480	1436	0	0	6086	13 772	8736

解：

$$\overline{H} = \bar{x} = \frac{\sum x_i}{n} = \frac{1436}{11} = 130 (\text{mm})$$

$$\overline{Q} = \bar{y} = \frac{\sum y_i}{n} = \frac{480}{11} = 44 (\text{m}^3/\text{s})$$

$$r = \frac{\sum (x_i - \bar{x})(y_i - \bar{y})}{\sqrt{\sum_{i=1}^{n} (x_i - \bar{x})^2 \sum_{i=1}^{n} (y_i - \bar{y})^2}} = \frac{8736}{\sqrt{13\ 772 \times 6086}} = 0.95$$

$$4E_r = \pm 2.698 \frac{1-r^2}{\sqrt{n}} = \pm 2.698 \times \frac{1-0.95^2}{\sqrt{11}} = \pm 0.079$$

相关系数＞0.8，而且 $|r| > |4E|$，表明两系列的流量之间存在直线相关，相关程度较密切，因此可用直线相关进行流量的插补和延长。

$$\sigma_y = \frac{\sqrt{\sum_{i=1}^{n} (y_i - \bar{y})^2}}{n-1}, \quad \sigma_x = \frac{\sqrt{\sum_{i=1}^{n} (x_i - \bar{x})^2}}{n-1}$$

$$b = r\frac{\sigma_y}{\sigma_x} = 0.95 \times \sqrt{\frac{6086}{13\ 772}} = 0.63$$

可求得 y 倚 x 的回归方程式为

$$y - 44 = 0.63(x - 130)$$
$$y = 0.63x - 37.9$$

根据上式即可插补和延长某站的流量资料，计算结果见表 10.14 括号内的数值。

小　结

本任务介绍了河川径流、河流及流域的一些基础知识，及获取水文资料的方法、水文统计的基础知识。

1. 河川径流

河川径流的形成过程分为降水、蓄渗、坡面漫流、河槽集流。影响径流的主要因素为降水、蒸发和下垫面因素。径流量的表示方法有流量 Q、径流总量 W、径流模数 M、径流深度 Y、径流系数 α。其计算公式为：

$$W = QT, \quad M = 1000\frac{Q}{F}, \quad Y = \frac{1}{1000}\frac{W}{F}, \quad \alpha = \frac{Y}{X} = \frac{h}{X}$$

径流分为地面径流和地下径流。地面径流长期侵蚀地面，冲成沟壑，形成小溪，汇集成河流。一条发育完整的河流，按河段不同的特征，可分为河源、上游、中游、下游、河口等五部分。

河口断面以上的集水区域则称为该河的流域。

2. 水文测验

水文测验的主要内容为水位观测、流速测量和流量计算。水位测量有水尺法和自记水位记法；流速测量有浮标法和流速仪法。用公式 $Q_i = \omega_i v_i$、$Q = \sum\limits_{i=1}^{n} Q_i$、$v = \dfrac{Q}{\omega}$ 来求断面平均流速和断面流量。

3. 水文资料的搜集与整理

水文资料的来源有水文站观测、历史文献调查、洪水调查。洪水调查时，用形态法推求历史洪水位相对应的洪水流量。根据水位和形态断面的特征值（糙率、水面纵坡、断面面积等），利用水力学公式计算历史洪水流量的方法，称为形态法，计算公式可按均匀流公式。

4. 水文统计基本知识

频率是指若干次试验中，某一事件 A 出现的次数 f 与试验的总次数 n 之比值。即

$$W = \frac{f}{n}$$

几率又称为概率，是指随机系列的总体中，某一事件在客观上出现的可能性大小的数值；累积频率是指等量和超量值的累计频数 $m(x \geqslant x_i)$ 与总观测次数之比；重现期指等于和大于某频率的洪水平均多少年可能出现一次。桥涵工程均采用一定频率作为设计标准，称为设计洪水频率。

5. 经验频率曲线

经验频率曲线是根据实测水文资料各值（H、Q 等）和其累积频率关系点绘的曲线。可将经验频率曲线内插或外延来推求小频率桥涵设计流量，但是因为外延的任意性，有一定的误差。

6. 理论频率曲线

用一定数学方程式表示的频率曲线，称为理论频率曲线。其三个统计参数为均值、离差系数、偏差系数。其计算公式分别为：

$$\bar{x} = \frac{x_1 + x_2 + \cdots + x_n}{n} = \frac{1}{n}\sum_{i=1}^{n} x_i$$

对总体

$$C_v = \frac{\sigma}{\bar{x}} = \sqrt{\frac{\sum\limits_{i=1}^{n}(x_i - \bar{x})^2}{n\bar{x}^2}} = \sqrt{\frac{\sum\limits_{i=1}^{n}(K_i - 1)^2}{n}} = \sqrt{\frac{\sum\limits_{i=1}^{n}K_i^2 - n}{n}}$$

对样本

$$C_{\mathrm v}=\frac{\sigma}{\bar{x}}=\sqrt{\frac{\sum_{i=1}^{n}(x_i-\bar{x})^2}{(n-1)\bar{x}^2}}=\sqrt{\frac{\sum_{i=1}^{n}(K_i-1)^2}{n-1}}=\sqrt{\frac{\sum_{i=1}^{n}K_i^2-n}{n-1}}$$

对总体

$$C_{\mathrm s}=\frac{\sum_{i=1}^{n}(x_i-\bar{x})^3}{n\bar{x}^3C_{\mathrm v}^3}=\frac{\sum_{i=1}^{n}(K_i-1)^3}{nC_{\mathrm v}^3}$$

对样本

$$C_{\mathrm s}=\frac{\sum_{i=1}^{n}(x_i-\bar{x})^3}{(n-3)\bar{x}^3C_{\mathrm v}^3}=\frac{\sum_{i=1}^{n}(K_i-1)^3}{(n-3)C_{\mathrm v}^3}$$

7. 现行频率分析方法

现行频率分析方法有矩法和适线法，矩线法如果系列资料少的话，误差较大，所以得很少，一般常有适线法，它分为求矩适线法和三点适线法。

8. 资料中特大洪水的处理

由于由短期实测资料来推求百年一遇的洪水有较大的误差，所以在实测资料里考虑特大洪水可增加准确性。特大洪水来自水文站实测资料、历史洪水调查和历史文献考证三个方面。当系列中含特大洪水时，其统计参数的计算公式与一般洪水不一样，其计算公式如下：

$$P_M=\frac{M}{N+1}\times100\%$$

$$P_m=\left[\frac{a}{N+1}+\left(1-\frac{a}{N+1}\right)\frac{m_i-a_2}{n-a_2+1}\right]\times100\%$$

9. 相关分析

在数理统计中把变量之间数量关系称为相关关系，当两个变量之间存在相关关系时，可利用长系列资料插补延长相关的短系列，以增大样本容量，减小统计误差。

思 考 题

1. 河流地质作用包括哪些内容？
2. 试说明河川水文现象的特点及桥涵水文的研究方法有哪些？
3. 桥涵设计中河段怎样分类？
4. 怎样进行河床断面测量？
5. 用浮标法测流速时除了选定上中下三个断面外，为什么要选择一个投放断面？
6. 水文资料的来源有哪些方面？
7. 水文观测包括哪些内容？什么叫水文断面？水文断面的选择应注意哪些条件？什么叫洪水比降？

8. 绘制水位与流速关系曲线的目的何在？

9. 几率与频率有何区别和联系？频率和累积频率有可区别和联系？交通土建工程中为什么按累积频率标准确定设计值？

10. 什么叫经验频率曲线？如何绘制？

11. 什么叫理论频率曲线？如何绘制？

12. 在洪水调查中，重现期、考证期有何异同？

13. 试比较矩法、求矩试线法、三点试线法的异同。

14. 相关分析有何作用？

习　题

1. 某桥位处的流域面积 $F=566km^2$，多年平均流量为 $8.8m^3/s$，多年平均降雨量为 688.7mm，试求其年径流总量、径流模数、径流深度及径流系数。

2. 设有一系列1，3，5，7，8，20，试求此系列的统计参数 $\bar{x}$，C_v，C_s。

3. 已知累积频率 $P=5\%$，$C_s=0.4$，求离均系数 Φ_P。

4. 按三点适线法，取累积频率 $P_1=5\%$，$P_2=50\%$，$P_3=95\%$，求 $C_{s1}=0.19$，$C_{s2}=0.21$，$C_{s3}=2.01$ 的相应偏度系数 S_1，S_2，S_3。

5. 已知某站有22年实测最大流量记录，如表10.15所示，试分别用求矩适线法、三点试线法、矩法求 $Q_{1\%}$、$Q_{2\%}$。

表 10.15　某水文站 22 年实测最大流量记录

年份	流量/(m³/s)	年份	流量/(m³/s)	年份	流量/(m³/s)	年份	流量/(m³/s)
1971	1200	1980	960	1986	1256	1992	1560
1972	1100	1981	670	1987	1358	1993	1200
1973	1305	1982	1060	1988	962	1994	1231
1974	1200	1983	1788	1989	2500	1995	1421
1975	1900	1984	1658	1990	1300		
1976	2300	1985	1300	1991	1450		

6. 已知某站1959～1978年实测洪峰流量资料如表10.16所示，另经调查考证，得1887年、1933年特大洪峰流量 $Q_{1887}=4100m^3/s$，$Q_{1933}=3400m^3/s$，求 $Q_{1\%}$。

表 10.16　某站 1959～1978 年实测洪峰流量资料

年份	Q_{max}/(m³/s)	年份	Q_{max}/(m³/s)	年份	Q_{max}/(m³/s)	年份	Q_{max}/(m³/s)
1959	1810	1964	1400	1969	721	1974	1510
1960	1300	1965	996	1970	1365	1975	2320
1961	990	1966	1170	1971	2389	1976	5650
1962	1000	1967	2900	1972	1456	1977	2850
1963	2140	1968	1260	1973	1230	1978	2380

7. 按年最大值法选样，得 1960～1980 年连续实测最大流量的总量 $\sum_{i=1}^{n} Q_i =$ 4812m^3/s，其中 1976 年特大流量 $Q_{1976} = 1200\text{m}^3/\text{s}$，又考察得 1880 年特大流量 $Q_{1880} = 1000\text{m}^3/\text{s}$，1890 年特大流量 $Q_{1890} = 1100\text{m}^3/\text{s}$，试求：

1）系列平均流量 $\overline{Q}_N$。

2）各特大值重现期 $T(Q \geq Q_{1976})$，$T(Q \geq Q_{1880})$，$T(Q \geq Q_{1890})$。

3）各特大值的累积频率 $P(Q \geq Q_{1880})$，$P(Q \geq Q_{1976})$。

4）连续 n 年系列中次大流量的重现期（Q_{1976} 为其中最大值）。

8. 某河有甲、乙两水文站，甲站有 18 年的实测资料，乙站有 12 年的实测资料，如表 10.17 所示，试用甲站的资料插补和延长乙站的资料。

表 10.17　某河甲、乙两水文站实测资料及计算

序号	年份	甲站流量/(m^3/s)	乙站流量/(m^3/s)	序号	年份	甲站流量/(m^3/s)	乙站流量/(m^3/s)
1	1971	90	—	10	1980	78	102
2	1972	172	—	11	1981	120	130
3	1973	166	175	12	1982	66	92
4	1974	110	127	13	1983	130	140
5	1975	165	181	14	1984	168	170
6	1976	182	—	15	1985	132	151
7	1977	145	160	16	1986	136	—
8	1978	122	135	17	1987	128	—
9	1979	142	154	18	1988	90	—

任 务 ⑪

桥 涵 布 置

学习目标与要求 ☞

1. 掌握现行桥涵分类标准；
2. 掌握桥涵布置的一般原则；
3. 熟悉桥位选择的一般规定及在通航、水文、地质等方面的具体规定；
4. 了解各类河段上桥位选择的特点；
5. 熟悉桥孔不同位置的布设要求。

任务重点 ☞

桥涵分类；桥涵布置的一般原则；桥位选择的规定；桥孔不同位置的布设要求。

任务难点 ☞

桥涵布置；桥位选择。

11.1 桥涵分类及其布置

11.1.1 桥涵分类

桥梁通常按跨径分类，按现行《公路桥涵设计通用规范》（JTG D60—2015）规定，其类别划分见表 11.1。

表 11.1 桥涵分类标准

分类	多孔跨径总长 L/m	单孔跨径总长 L_k/m	分类	多孔跨径总长 L/m	单孔跨径总长 L_k/m
特大桥	$L>1000$	$L_k>150$	小桥	$8\leqslant L\leqslant30$	$5\leqslant L_k<20$
大桥	$100\leqslant L\leqslant1000$	$40\leqslant L_k\leqslant150$	涵洞	—	$L_k<5$
中桥	$30<L<100$	$20\leqslant L_k<40$			

注：1) 单孔跨径系指标准跨径。

2) 梁式桥、板式桥的多孔跨径总长为多孔标准跨径的总长；拱式桥为两桥台内起拱线间的距离；其他形式桥梁为桥面系行车道长度。

3) 管涵及箱涵不论管径或跨径大小、孔数多少，均称为涵洞。

4) 标准跨径：梁式桥、板式桥以两桥墩中线间距离或墩台中线与桥台台背前缘间距为准；拱式桥和涵洞以净跨径为准。

11.1.2 公路桥涵布置的一般原则及规定

1) 公路桥涵应根据所在公路作用、性质和将来发展的需要，按照安全、适用、美观和有利环保的原则进行设计，并考虑因地制宜、就地取材、便于施工和养护等因素。

2) 桥梁应根据公路功能、等级、通行能力及抗洪防灾要求，结合水文、地质、通航、环境等条件进行综合设计。

特大桥、大桥桥位应选择河道顺直稳定、河床地质良好、河槽能通过大部分设计流量的河段。桥位不宜选择在河汊、沙洲、古河道、急弯、汇合口、港口作业区及易形成流冰、流木阻塞的河段以及断层、岩溶、滑坡、泥石流等不良地质的河段。

3) 当桥址处有二个及二个以上的稳定河槽，或滩地流量占设计流量比例较大，且水流不易引入同一座桥时，可在各河槽、滩地、河汊上分别设桥，不宜用长大导流堤强行集中水流。平坦、草原、漫流地区，可按分片泄洪布置桥涵。天然河道不宜改移或截弯取直。

4) 桥梁纵轴线应与洪水主流流向正交。对通航河流上的桥梁，其墩台沿水流方向的轴线应与最高通航水位时的主流方向一致。当斜交不能避免时，交角不宜大于5°；当交角大于5°时，应增加通航孔净宽。

5) 桥涵水文、水力的计算应符合《公路工程地质勘察规范》（JTG C20—2011）和《公路工程水文勘测设计规范》（JTG C30—2015）的规定。

6) 通航海轮桥梁的桥孔布置及净高应满足《通航海轮桥梁通航标准》的规定。通航内河桥梁的桥孔布置及净高应满足《内河通航标准》（GB 50139—2014）的规定，并应充分考虑河床演变和不同通航水位航迹线的变化。

7）为保证桥位附近水流顺畅，河槽、河岸不发生严重变形，必要时可在桥梁上、下游修建调治构造物。调治构造物的形式及其布置应根据河流性质、地形、地质、河滩水流情况以及通航要求、桥头引道、水利设施等因素综合考虑确定。非淹没调治构造物的顶面，应高出桥涵设计洪水频率的水位至少 0.25m，必要时尚应考虑壅水高、波浪爬高、斜水流局部冲高、河床淤积等影响。允许淹没的调治构造物的顶面应高出常水位。单边河滩流量不超过总流量的 15% 或双边河滩流量不超过 25% 时，可不设导流堤。

8）公路桥涵的设计洪水频率应符合表 11.2 的规定。二级公路上的特大桥及三、四级公路上的大桥，在水势猛急、河床易于冲刷的情况下，可提高一级洪水频率验算基础冲刷深度。沿河纵向高架桥和桥头引道的设计洪水频率应符合《公路工程技术标准》（JTG B01—2014）表 4.0.2 路基设计洪水频率的规定。三、四级公路，在交通容许有限度的中断时，可修建漫水桥和过水路面。漫水桥和过水路面的设计洪水频率，应根据容许阻断交通的时间长短和对上下游农田、城镇、村庄的影响以及泥沙淤塞桥孔、上游河床的淤高等因素确定。

表 11.2　设计洪水频率

构造物名称	公 路 等 级				
	高速公路	一	二	三	四
特大桥	1/300	1/300	1/100	1/200	1/100
大、中桥	1/100	1/100	1/100	1/50	1/50
小桥	1/100	1/100	1/50	1/25	1/25
涵洞及小型排水构造物	1/100	1/100	1/50	1/25	按具体情况确定
路基	1/100	1/100	1/50	1/25	按具体情况确定

11.2　桥位选择与桥位调查

11.2.1　桥位选择的一般规定

桥位选择是指对各个可选方案进行详细调查和勘测，经全面分析论证，最后确定推荐方案的过程。对复杂的大桥、特大桥，应进行必要的地质物探和钻探；从技术和经济角度出发，既考虑当前现状、又照顾将来的发展，并征求有关部门意见。

桥位选择应从国民经济发展和国防需要出发，并在整体布局上宜与铁路、水利、航运、城建等方面规划互相协调配合；注意保护文物、环境和军事设施等；同时还要照顾群众利益，少占良田、少拆迁有价值的建筑物。

汽车专用公路上，大、中桥桥位线形一般应符合路线布设规定。一般公路上，大、中桥桥位原则上也应服从路线走向，桥、路综合考虑，在适当的范围内，根据河段水文、工程地质条件等特点进行综合比较后确定。

11.2.2 一般地区的桥位选择

桥位一般选在水文、地形、地质条件较好的地段。在通航方面，一般应选在航道稳定、顺直、有足够水深的河段，且离码头、锚泊区和排筏信集散场的上游一定距离处。桥轴线应与主流正交，如无法正交，斜交角不宜大于5°。桥位应避开险滩、浅滩、急弯、卡口、汇流口和水工设施、港口作业区和船舶锚地。

11.2.3 各类河段上桥位选择特点

1. 山区峡谷河段

桥孔不得压缩水流，桥位宜选在可一孔跨越处；否则宜选在水深较浅、流速较缓的山区开阔河段上。

2. 平原顺直（微弯）河段

选在河槽与河谷方向一致，槽流量较大处；桥轴线与河岸线正交。

3. 平原弯曲河段

桥位应选在主槽流向与河流总趋势一致、较长的河段上；如河弯已逼近岸处，应选在河湾的中部，如弯顶正在向一侧发展且难以固定时，宜在两弯之间较稳定的直线段上设桥。

4. 平原分汊河段

桥位尽量避开河汊、分流、汇流点，不得已时，选在分流点、汇流点上游，流向基本顺直段。

5. 平原宽滩河段

桥位应选在滩地较高、河槽居中、稳定、顺直、滩槽洪水流向一致的河段。河滩可做较大压缩。

6. 平原游荡河段

桥位应选在两岸有固定依托的较长束窄河段；如岸壁是崖坎、人工建筑物或具有抗冲能力的土质等地段，桥轴线应尽量与河岸正交。

7. 山前区变迁河段

桥位应选在与河槽相对稳定的束窄河段上；若必须跨越扩散河段时，应选在摆动范围较小的河段上，桥轴线应与洪水流向正交。

8. 山前冲积漫流河段

桥位应选在上游狭窄段或下游收缩段上，不宜选在中游扩散段；如必须通过中游扩散段时，宜采用一河多桥方案，且使各桥位大致在同一等高线上。

9. 潮汐河口河段

桥位应避开涌潮、滩岸多变的区段；潮汐河段上游段的桥位，可按一般情况处理；潮汐下游段、中间段的桥梁，桥孔长度可按一般情况下的长度加大 5%～15%。

另外，泥石流、黄土、岩溶、地震、冲积漫流等特殊地区的桥位选择，请查阅《公路工程水文勘测设计规范》（JTG C30—2015）相关章节。

11.2.4 桥位调查的内容

桥位调查主要包括桥位测量、水文调查和工程地质调查等三方面的内容。

1. 桥位测量

为了提供选择桥位和布置桥孔、引道、调治构造物、施工场地轮廓等需要，应测绘桥位平面图。桥位平面图包括桥位总平面和桥址地形图。对于河面不宽的中桥可将二者绘在同一张图上。桥位总平面图的测绘范围应能满足桥位比选、桥头引道、调治构造物和施工场地布置的需要。桥址地形图的测绘范围应能满足桥梁孔径、桥头引道和调治构造物的平面设计需要。

为了提供桥位的总体布置，标注设计水位，布设桥孔、桥头引道、调治构造物，确定桥面设计标高、桥梁各部分结构高度，以及确定桥下冲刷和基底埋置深度等，应测绘桥轴纵断面图。桥轴纵断面图的测绘范围：受地形控制的桥梁，应测至两岸路线设计高程以上，洪水漫流河滩过宽时，则应满足设计桥梁孔径、桥头引道、调治构造物的需要。

若桥址地形起伏较大，地质复杂，应在桥轴线上下游各 6～20m 增测辅助纵断面，并根据需要，在墩台基础范围内增测辅助横断面。

若河床纵坡度较大，桥梁压缩水流又较大，为了表示桥前形成的较高壅水，必要时可绘制沿河流向的断面图。

有关各图的测绘内容以及比例尺等具体要求见《桥位设计》手册。水上地面测量的方法见《测量学》，水下测量的方法在本书任务 10 中已介绍。

2. 水文调查

水文调查主要包括水文观测、洪水调查和文献考证等有关资料的搜集和分析（具体确定方法见任务 13）。此外，还应向气象部门收集风向、风速、气温、降水量和冰雪覆盖厚度等资料，向航运部门调查河道的有关通航情况。

3. 工程地质调查

为了查清桥位及附近的地质构造，查明河床土壤抗冲刷的能力，提供决定桥梁墩台的型式及埋置深度的依据，检验引道路堤及调治构造物的稳定性，工程地质调查中，应根据墩台初拟设置的情况，结合实地勘察，按规范的要求确定钻孔位置、数目和深度。

考虑就地取材建桥，还应在桥位附近对工程所需的当地材料进行来源调查。具体方法见《公路工程管理》有关内容。

在进行详细调查及钻探后，一般应绘制沿桥轴线的桥位工程地质纵断面图，以及附在桥位平面图上的工程地质平面图。必要时还需绘制沿水流向的工程地质剖面图。

11.2.5 桥孔布设

1. 桥孔设计的一般规定

桥孔具体位置的设计，对桥梁的工作状态和安全影响很大。桥孔设计必须保证洪水以内的各级洪水和泥沙安全通过，并满足通航、流冰、流木及其他漂浮物通过的要求。桥孔设计应考虑桥位上下游已建或拟建的水利工程、航道码头和管线等引起的河床变化对桥孔的影响。跨越河口、海湾及海岛之间的桥梁，必须保证在潮汐、海浪、风暴潮、海流及海底泥沙等各种海洋水文条件影响下正常使用和满足通航的要求。桥位河段的天然河道不宜开挖或改移。开挖、改移河道应具有可靠的技术经济论证。

2. 桥孔布设

当桥孔最小净长 L_j（详见任务 13）确定后，尽量选用合理的标准跨径，在桥轴纵断面和桥位平面图上进行合理的桥孔布设，使桥下实际的水面宽度等于或稍大于计算的桥孔长度。桥孔布置，应先河槽，后河滩，这样才能满足排洪输沙需要，确保桥梁安全。

桥孔布设应与天然河流断面流量分配相适应。在稳定性的河段上，左右河滩桥孔长度之比应近似与左右河滩流量之比相当；在次稳定和不稳定河段上，桥孔布设应考虑河床变形和流量分布变化趋势的影响。桥孔不宜压缩河槽，可适当压缩河滩。

桥孔布设应适应各类河段的特性及演变特点，避免河床产生不利变形，且做到经济合理。在内河通航的河段上，应将通航孔布设在稳定的航道上，通航孔布设应符合《内河通航标准》（GB 50139—2014）的规定；同时应充分考虑河床演变和不同水位所引起的航道变化。通航海轮的桥梁桥孔布设应符合《通航海轮桥梁通航标准》（JTJ311—1997）的规定。

（1）山区河段的桥孔布设

峡谷河段桥孔布设不应压缩河槽，一般宜采用单孔跨越。若单孔跨越有困难，可选在河谷比较宽阔、水深较浅、流速较缓之处设墩跨越。墩台基础可置于不同高程的基岩上。桥面高程应根据设计洪水位，并结合两岸地形和路线等条件确定。

开阔河段桥孔布设允许压缩河滩，但不能压缩河槽。桥头河滩引道路堤应尽量与洪水主流向正交，否则应增大桥孔及增设调治工程。

（2）山前区河段的桥孔布设

山前区河段为变迁河段，变迁河段的特点是整个河床宽度很大，河岸抗冲能力弱，主流摆大。当桥孔过长时，河槽内股流摆动，会在桥下产生较大的偏斜冲刷，威胁桥台和调治构造物的安全。按计算出的最小桥孔长度布设桥孔后，桥梁成为河流的节点，可以有效地控制河段的平面和纵断面变形，使桥下冲刷均匀。变迁河段布设桥孔允许较大压缩河滩，但一般需设置必要的调治构造物。由于主流摆、墩台基础埋深应置于同一高程。一般河滩路堤内不宜设置小桥涵。如采用一河多桥方案，则临近主河槽的支汊需堵截。

冲积漫流河段上，桥位宜在河流上游狭窄或下游收缩段跨越；桥位若无法避让，必须通过河床宽阔、水流具有显著分支处时，除了桥孔布设采用一河多桥方案，路线大致沿冲积扇等高线布置之外，各桥间常采用相应的分流和防护措施。桥下净空应考虑河床淤积影响。

（3）平原区河段的桥孔布设

顺直微弯和弯曲河段应通过河床演变调查，预测河弯的发展和中泓线的摆动，桥孔布设应考虑河床演变带来的影响。

滩槽稳定的分汊河段断面流量分配基本稳定，可考虑布设一河多桥。在滩槽不稳定的分汊河段上，桥孔布设应预估各汊流量分配比例的变化，并设置同一流量分配相对应的导流构造物。

宽滩河段桥孔布设可根据桥位上下游主流趋势及洪水中泓线摆范动围布置。并可适当压缩河滩，但应考虑壅水对上游的影响。若河汊稳定而又不宜合并一处，以及河滩的大股水流无法导入桥孔时，可考虑修建一河多桥。

游荡河段主流迁徙不定，桥孔布设不宜过多压缩河床，应结合当地治理规划，辅以必要的调治构造物，在中泓线可能摆动范围内不宜设置桥墩。

3. 桥墩布设

桥梁墩台基础应避开断层、陷穴、溶洞、滑坡等地质不良地段，主流深泓线上或主航道上不宜布设桥墩；在有流水、流木的河段上，桥孔应适当放大，必要时，墩台应设置破冰体。

建桥后引起的桥前壅水高度、流势变化和河床变形，应在安全允许范围之内。

小　结

本次任务介绍了桥涵分类标准，桥涵布置的一般规定，桥位选择的对各方面的要求以及桥孔不同位置的布设要求。

1. 桥涵分类

桥涵根据跨径可分为特大桥、大桥、中桥、小桥、涵洞等。

2. 桥位选择

桥位选择要考虑政治、经济、技术、环境、地质等多方面的因素。在各类河段上，桥位选择有不同的特点。

3. 桥位调查

桥位调查主要包括桥位测量、水文调查和工程地质调查等三方面的内容。

4. 桥孔布设

桥孔布设应适应各类河段的特性及演变特点，避免河床产生不利变形，且做到经济合理。

思 考 题

1. 什么是标准跨径？

2. 桥涵是以什么分类的？可分为哪几类？各有什么特性？

3. 简述公路桥涵布置的一般原则及规定。

4. 桥位选择在水文、地形、地质、通航等方面各有什么要求？

5. 在各类河段上选择桥位时，应注意哪些方面要求？

6. 桥位勘测前要准备哪些方面的工作？

7. 桥位测量的成果应包括哪些图形？各有什么要求？

8. 桥位工程地质勘察的目的是什么？其成果应包括哪些图表？

学习情境 4

设计流量与桥孔径、冲刷计算

任 务 ⑫

内河桥设计流量的确定

学习目标与要求 ☞

1. 掌握有流量观测资料的设计流量推算方法；
2. 掌握缺乏流量观测资料时设计流量推算方法；
3. 掌握桥位断面处设计流量、设计水位的推算方法。

任务重点 ☞

有流量观测资料设计流量的计算方法；无流量观测资料时的设计流量推算方法。

任务难点 ☞

缺乏流量观测资料时设计流量推算方法。

桥梁与涵洞的建造，必须考虑运用期间未来洪水的威胁。技术标准规定的设计洪水频率对应的洪峰流量，称为设计洪水流量或设计流量，其相应的水位称为设计水位。技术标准规定的设计洪水频率越小，桥涵遭遇洪水破坏的可能性越小，结构越安全，但工程造价越高。

推算桥涵设计流量，应按有关规定的要求，根据所掌握的资料，选择适当的计算方法。推算桥涵设计流量时，无论采用什么方法，都是以水文资料作为主要依据。如所依据的资料不够正确，则使用任何精确的方法，也不能获得正确的结果。因此，应广泛搜集所需的水文资料，认真审查选样，反复校核，才能保证所依据的资料完整可靠，使计算结果具有足够的精度。

12.1 有观测资料时设计流量的推算

桥位附近有水文站时，应充分利用水文站的观测资料，经审查和插补延长后，如能获得足够多的年最大流量资料（不宜少于 20 年），则可采用水文统计法推算设计流量。但实测流量资料只能组成一个有限的系列（样本），为了提高计算结果的精度，还应该通过洪水调查和文献考证，尽量搜集历史洪水资料，以补充和延长实测流量资料系列，使基本资料满足计算要求。

12.1.1 用于分析计算的洪水资料应满足的条件

从水文站观测资料、洪水调查和文献考证所得来的资料，必须满足以下几个方面的要求，才能获得合理的计算结果。

（1）资料的一致性

水文统计法是利用已有的水文资料，根据统计规律推断今后的情况。统计计算要求同一系列中的所有资料必须是同一类型，且是在同样条件下产生的，即各样本的形成条件应具有同一基础，所以不能将性质不同的水文资料放在一起分析计算。例如不同基准面的水位资料、瞬时最高水位与最低水位资料等均属不同性质或不同类型的水文资料，不能统计在一起。

（2）资料的代表性

水文统计是以样本推算总体的参数值，样本的代表性直接影响计算结果，因此系列应包括丰水年、平水年、枯水年在内。否则，推算结果会偏大或偏小而不符合总体的客观规律。频率计算要求实测年份多于 20 年，无论实测期长短，均须进行历史洪水的调查和考证工作，以增加系列的代表性。

（3）资料的可靠性

系列中的每一个变量的可靠性，都直接影响统计计算的结果，必须认真检查。应对收集的资料逐一检查，特别是对设计洪水影响较大的首要几项洪水。保证每一个数据的可靠性。

（4）资料的独立性

统计计算要求同一系列中的所有变量必须是相互独立的。因此在水文统计法中，不能将彼此关联的水文资料统计在一起分析计算。

12.1.2　实测流量资料的审查和选择

选择同一洪水类型、符合独立随机条件的各年实测最大洪水流量。各年实测最大洪水流量，如有人为影响或河道自然决口、改道等情况，应按天然条件修正还原。不同时期的实测最大洪水流量，如有站址、水准基面等基本要素改动，就根据历次变动的相关关系修正。实测洪水流量系列中的为首几项，应通过流域洪水分析、比较或实地调查考证。

12.1.3　实测洪水流量系列的插补、延长

采用水文统计法推算设计流量时，如果桥位附近水文站流量观测资料的观测年限较短或有缺测年份，则应尽量利用上下游或邻近流域内的水文站观测资料，进行插补和延长。对于流量资料的插补和延长，有以下几种方法：

1. 流域面积比拟法

位于同一河流上、下游的两个水文站（参证站与分析站），若两站的流域面积之差不超过 10%，两站之间又无分洪或滞洪现象时，可直接利用参证站的流量资料，对分析站的流量资料进行插补和延长。若两站的流域面积之差不超过 20%，全流域的自然地理条件较为一致，暴雨分布也比较均匀，两站之间的河道又无特殊调蓄作用时，则可通过公式（12.1）进行插补和延长：

$$Q_1 = \left(\frac{A_1}{A_2}\right)^n Q_2 \tag{12.1}$$

式中，Q_1、A_1——分析站的流量（m^3/s）和流域面积（km^2）；

Q_2、A_2——参证站的流量（m^3/s）和流域面积（km^2）；

n——经验指数，可根据已有的实测资料反求，或者一般大、中流采用 $n=0.5\sim0.7$，较小河流采用 $n\geqslant0.7$。

2. 水位流量关系曲线法

当实测洪水位系列长于实测洪水流量系列，或缺测洪水流量年份而有实测洪水位资料时，宜建立实测水位与流量关系曲线，以此延长或插补洪水流量系列。

3. 相关分析法

详见任务 10 相关分析法。

4. 过程线叠加法

若上游的两支流河道上均有水文站，可以作为参证站，而分析站位于它们合流后的河道上，则可以利用两支流的流量过程线叠加的方法，求算合流后的洪峰流量，进行插补和延长。其洪水传播时间 t 按公式（12.2）计算：

$$t = \frac{L}{v_{\text{p}}} \tag{12.2}$$

式中，L——洪水传播距离（m）；

v_{p}——洪水传播速度（m/s），根据实测资料选其出现次数最多者。

但插补、延长年数不宜超过实测洪水流量的年数，并应结合气象和地理条件作合理分析。

12.1.4 实测洪水流量系列的转换

当水文计算断面的汇水面积与水文站的汇水面积之差，小于水文站汇水面积的20%，不大于 1000km^2，汇水区的暴雨分布较均匀，区间无分洪、滞洪时，可按公式（12.3）将水文站的实测最大洪水流量转换为水文计算断面的洪水流量。

$$Q_1 = \left(\frac{F_1}{F_2}\right)^{n1} Q_2 \tag{12.3}$$

式中，Q_1，F_1——水文计算断面的洪水流量（m^3/s）和汇水面积（km^2）；

Q_2，F_2——水文站的实测最大洪水流量（m^3/s）和汇水面积（km^2）；

n_1——面积指数。

12.1.5 经验频率的计算

如是连续系列，则按公式（10.16）计算；如为含特大值的不连续系列，则可用公式（10.41）计算。

12.1.6 绘制经验频率曲线

把年最大流量资料按大小递减次序排列，计算各项流量的经验频率，并在海森几率格纸上绘出经验频率点据或经验频率曲线。

12.1.7 绘制理论频率曲线

理论频率曲线统计参数可采用求矩适线法或三点适线法等方法计算 $\overline{Q}$、C_{v}、C_{s} 三个统计参数的初始值，点绘理论频率曲线（P-Ⅲ型），与实测流量经验频率曲线相比较，如吻合不理想，可调整 C_{v}、C_{s} 值，使二者基本吻合。

12.1.8 设计流量计算

用调整后的三个统计参数按公式 $Q_{\text{P}} = \overline{Q}(1 + \Phi_{\text{p}}C_{\text{v}})$ 计算设计洪水频率相应的流量即设计流量。

12.1.9 审查计算结果

将计算设计洪水频率相应的流量与实测洪水流量进行分析、比较，审查计算结果的合理性、准确性。

12.2　缺乏流量观测资料时推算设计流量

公路沿线跨越的河流一般以中小河流居多，这些河流上往往没有设立水文站，或者虽有水文站观测资料但是年限较短（少于 20 年），而且无条件进行插补和延长，因而在实际工作中经常需要在缺乏流量观测资料的情况下，推算设计流量，但由于无法得到足够的资料，不能按上节的方法推算设计流量。

如前所述，如能找到该河段的理论频率曲线，就可求出设计流量。而确定理论频率曲线的关键在于确定该河段的 $\overline{Q}$、C_V 和 C_S（或 C_S/C_V）。缺乏流量观测资料时推算设计流量的方法很多，大致可分为三类。

12.2.1　利用历史洪水位推算设计流量

1. 历史洪水流量的计算

1）当调查的历史洪水位处于水面比降均一、河道顺直、河床断面较规整的稳定均匀流河段时，可按公式（12.4）计算：

$$\left.\begin{aligned} Q &= A_c V_c + A_t V_t \\ V_c &= \frac{1}{n_c} R_c^{\frac{2}{3}} I^{\frac{1}{2}} \\ V_t &= \frac{1}{n_t} R_t^{\frac{2}{3}} I^{\frac{1}{2}} \end{aligned}\right\} \tag{12.4}$$

式中，Q——历史洪水流量（m^3/s）；

A_c、A_t——河槽、河滩过水面积（m^2）；

V_c、V_t——河槽、河滩平均流速（m/s）；

n_c、n_t——河槽、河滩糙率；

R_c、R_t——河槽、河滩水力半径（m），当宽深比大于 10 时，可用平均水深代替；

I——水面比降。

2）当调查的历史洪水位处于其他非均匀河段时，可按公式（12.5）计算：

$$\left.\begin{aligned} Q &= \overline{K} \sqrt{\frac{\Delta H}{L - \left(\frac{1-\xi}{2g}\right)\left(\frac{\overline{K}^2}{A_1^2} - \frac{\overline{K}^2}{A_2^2}\right)}} \\ \Delta H &= H_1 - H_2 \\ \overline{K} &= \frac{1}{2}(K_1 + K_2) \\ K_1 &= \frac{1}{n_{c1}} A_{c1} R_{c1}^{2/3} + \frac{1}{n_{t1}} A_{t1} R_{t1}^{2/3} \\ K_2 &= \frac{1}{n_{c2}} A_{c2} R_{c2}^{2/3} + \frac{1}{n_{t2}} A_{t2} R_{t2}^{2/3} \end{aligned}\right\} \tag{12.5}$$

式中，H_1，H_2——上、下游断面的水位（m）；

ΔH——上、下游断面的水位差（m）；

L——上、下游断面间距离（m）；

A_1，A_2——上、下游断面总过水面积（m²）；

A_{c1}，A_{t1}——上游断面河槽、河滩过水面积（m²）；

A_{c2}，A_{t2}——下游断面河槽、河滩过水面积（m²）；

R_{c1}，R_{t1}——上游断面河槽、河滩水力半径（m）；

R_{c2}，R_{t2}——下游断面河槽、河滩水力半径（m）；

n_{c1}，n_{t1}——上游断面河槽、河滩糙率；

n_{c2}，n_{t2}——下游断面河槽、河滩糙率；

K_1，K_2——上、下游断面输水系数（m³/s）；

$\overline{K}$——上、下游断面输水系数的平均值（m³/s）；

g——取用 9.80m/s²；

ξ——局部水头损失系数，向下游收缩时取 $-0.1\sim0$，向下游逐渐扩散时取 $0.3\sim0.5$，向下游突然扩散时取 $0.5\sim1.0$。

3）当调查的历史洪水位处于水面线有明显曲折的稳定非均匀流河段时，可按下式试算水面线，推求历史洪水流量，即

$$\left.\begin{aligned}H_1&=H_2+\frac{Q^2}{2}\left[\left(\frac{1}{K_1^2}+\frac{1}{K_2^2}\right)L-\frac{(1-\xi)}{g}\left(\frac{1}{A_1^2}-\frac{1}{A_2^2}\right)\right]\\A_1&=A_{c1}+A_{t1}\\A_2&=A_{c2}+A_{t2}\end{aligned}\right\}\quad(12.6)$$

4）当调查的历史洪水位处于卡口，且河底无冲刷时，可按下式计算，即

$$Q=A_2\sqrt{\frac{2g(H_1-H_2)}{\left(1-\frac{A_2^2}{A_1^2}\right)+\frac{2gLA_2^2}{K_1K_2}}}\quad(12.7)$$

式中，H_1，A_1——卡口上游断面的水位（m）、过水面积（m²）；

H_2，A_2——卡口断面的水位（m）、过水面积（m²）；

K_1，K_2——卡口上游断面、卡口断面的输水系数（m³/s）。

2. 历史洪水流量的经验频率

可根据当地老居民的记述或历史文献考证确定历史洪水流量的序位，按公式（12.6）计算。

3. 设计流量的推算

1）利用历史洪水流量推算设计流量，历史洪水流量不宜少于二次，C_V，C_S 值应符合地区分布规律，如出入较大，应分析原因，作适当调整。

2）当有多个历史洪水流量能在海森机率格纸上点绘经验频率曲线时，可用求矩适线法或三点适线法求 $\overline{Q}$，C_V，C_S 值及用公式 $Q_P=\overline{Q}(1+\Phi_P C_V)$ 求设计流量。

3）当各次历史洪水流量不能在海森几率格纸上定出经验频率曲线时，可按以下方法推算设计流量：

① 参照地区资料，选定 C_v、C_s 值。

② 按公式（12.8）、式（12.9）计算平均流量：

$$\overline{Q_{Ti}} = \frac{Q_{Ti}}{1 + \Phi_T C_v} \tag{12.8}$$

$$\overline{Q} = \frac{\sum_{i=1}^{n} \overline{Q_{Ti}}}{n} \tag{12.9}$$

式中，$\overline{Q_{Ti}}$——按第 i 次历史洪水流量计算的平均流量（$\mathrm{m^3/s}$）；

$\quad\quad Q_{Ti}$——第 i 次重现期为 T 年的历史洪水流量（$\mathrm{m^3/s}$）；

$\quad\quad \Phi_T$——重现期为 T 年的离均系数；

$\quad\quad n$——历史洪水流量的年次数。

③ 用公式 $Q_P = \overline{Q}(1 + \Phi_P C_v)$ 计算设计流量。

12.2.2　利用地区经验公式及水文参数计算设计流量

当缺乏流量观测资料时，可根据全国水文分区经验公式，或根据各水利部门编写的地区性《水文手册》等文献来确定设计流量，但这些方法计算的结果较粗略，实际应用时，宜采用多种方法计算，并将计算结果与洪水调查资料相比较，最后选择一个比较合理的数值。这里不作详述，读者可查阅相关书籍。

12.2.3　利用暴雨资料推算设计流量

公路沿线跨越的小河、溪流、沟壑等都是属于小流域。小流域洪水暴涨暴落，历时短，很少能留下明显的痕迹，往往又不会引起人们的注意，难以调查到较为可靠的历史洪水资料，且一般没有水文站的观测资料。实际工作中小流域河流上的桥梁和涵洞及路基排水系统的设计，一般由暴雨资料来推算。流量计算多采用推理公式或经验公式。

降雨经植物截留、土壤入渗等损失后，再填满了流域坡面的坑洼，出现地面径流。降雨扣除各项损失后称为净雨。从降雨到净雨的过程称为产流过程。设计暴雨的频率假定与设计洪水频率相同，时段平均暴雨强度 I，历时 t 和频率 P 之间的关系，可用下式表示：

$$i = \frac{S_P}{t^n}$$

式中，S_P——$t = 1\mathrm{h}$ 的暴雨强度，又称为雨力（$\mathrm{mm/h}$）；

$\quad\quad n$——降雨递减指数。

湿润地区和干旱地区产流情况不同，湿润地区土壤含水量大，降雨只把地表通气层的缺水量蓄满，就产生地面径流；干旱地区土壤干燥，只有当降雨强度超过下渗强度时，才出现地面径流，前者称蓄满产流方式，后者称超渗产流方式。

降雨的全部损失用净雨量和降雨量的比值 Ψ 表示，称为洪峰径流系数。

坡面出现的径流，从流域各处汇集到流域出口河流断面的过程，称为汇流过程。影响汇流过程的主要因素是流域的大小、主河道长度 L（km）、河道的坡度 J，地形等流域的其他因素（用汇流参数 m 表示）。从流域最远点流到出口断面的时间称为汇流时间 τ（h）。桥梁、涵洞和路基排水的设计流量是设计频率洪峰流量，可用推理公式来计算。

1. 推理公式

（1）交通部公路科学研究所推理公式（12.10）

$$Q_P = 0.278\left(\frac{S_P}{\tau^n} - \mu\right)A \tag{12.10}$$

式中，Q_P——设计频率为 P 的洪峰流量（m^3/s）；

$\quad\quad S_P$——设计频率为 P 的雨力（mm/h），查所在地区水文手册或全国等雨力图；

$\quad\quad \mu$——损失参数（mm/h）；

$\quad\quad n$——暴雨强度递减指数；

$\quad\quad \tau$——汇流时间；

$\quad\quad A$——流域面积（km^2）。

公式（12.10）是 20 世纪 80 年代初交通部公路科学研究所主持，若干公路部门参加制定的暴雨推理公式。应用范围为流域面积在 100km^2 以下。

（2）水利科学研究院水文研究所的推理公式（12.11）

$$Q_P = 0.278\frac{\psi S_P}{\tau^n}A \tag{12.11}$$

式中，Q_P——频率为 P 的设计流量（m^3/s）；

$\quad\quad \psi$——洪峰流量的径流系数，为最大净雨量与降雨量之比；

$\quad\quad S_P$——设计频率为 P 的雨力（mm/h）；

$\quad\quad A$——流域面积（km^2）；

$\quad\quad n$——暴雨强度递减指数；

$\quad\quad \tau$——汇流时间。

上式中共有 5 个参数需要确定，其中暴雨强度递减指数 n 可由各地区水文手册等值线图求得，流域面积 A 可以从地形图中量出，其他几个参数的确定方法请查阅相关资料。

2. 经验公式

经验公式主要是在相似水文分区内，利用一定数量的资料，在设计洪峰流量与流域自然地理因素和气候因素之间建立相关关系，用来估算本地区或无资料的同类地区的设计洪峰流量。由于经验公式都是根据某一地区的实测资料建立的，与所依据的资料情况和地区特征值有直接关系，具有一定的地区性和局限性，其计算结果的可靠程度也取决于所依据的资料。一般是选择几个主要影响因素组成的计算公式，可分为单参数形式和多参数形式。

1）交通部公路科学研究所经验公式：

$$Q_P = \psi (S_P - \mu)^m A^{\lambda 2} \tag{12.12}$$

式中，m，λ_2——指数，请查阅相关资料；其余符号意义同前。

2）交通部公路科学研究所经验公式：

$$Q_P = C S_P^\beta A^{\lambda 3} \tag{12.13}$$

式中，C，β，λ_3——请查阅相关资料，其余符号意义同前。

12.3　桥位断面设计流量、设计水位的推算

12.3.1　桥位断面处设计流量的确定

设计流量往往是利用水文站观测资料或洪水调查资料推算，其流量是根据水文站的测流断面或桥位附近的形态断面计算而得，因而需要换算到桥位断面。

如果水文站测流断面或形态断面距离桥位断面很近，流域面积相差不超过 5％时，则推算的设计流量可以不必换算，而直接作为桥位断面的设计流量。如果距离桥位较远，则应进行换算。当流域面积相差不超过 20％时，可按公式（12.1）计算；当流域面积相差超过 20％时，按式（12.1）计算的结果误差较大，应结合实际情况，从多方面分析后确定。

12.3.2　桥位断面处设计水位的确定

桥位断面的设计流量确定后，还需要计算桥位断面的设计水位、流速和过水面积等水文要素。桥涵设计流量时相对应的水位称为设计水位。

1）当桥位计算断面与水文断面间的河段顺直，断面规整，河底纵坡均一时，宜按公式 $Q = A_c V_c + A_t V_t$ 绘制水文断面的水位—流量关系曲线，按设计流量确定设计水位后，利用水面比降推算出桥位计算断面的设计水位。

2）当桥位计算断面和水文断面上、下游有卡口、人工建筑物或断面形状和面积相差较大，河底纵坡有明显曲折时，宜按公式（12.6）用试算法求设计流量时的水面线，推求设计水位。

当确定了桥位的设计流量和设计水位等水文要素以后，即可进行桥涵孔径的计算。

小　　结

本次任务主要介绍了在有水文观测资料时和无水文观资料时桥梁设计流量的确定方法及怎样确定相应设计流量时的设计水位。

1. 有观测资料时设计流量的推算

当有较长实测水文资料时，可利用求矩适线法或三点适线法求设计流量；当资料

较短或有缺失时，可利用上下游或邻近流域内的水文站观测资料，进行插补和延长。插补和延长的方法有流域面积比拟法，水位流量关系曲线法，相关分析法，过程线叠加法等。

2. 缺乏流量观测资料时设计流量的推算

当缺乏资料时，可利用历史洪水位推算设计流量或利用地区经验公式及水文参数计算设计流量，或利用暴雨资料推算设计流量。

3. 桥位断面设计流量、设计水位的推算

设计流量往往根据水文站的测流断面或桥位附近的形态断面计算而得，因而需要换算到桥位断面。

桥位断面的设计流量确定后，还需要计算桥位断面的设计水位、流速和过水面积等水文要素。桥涵设计流量时相对应的水位称为设计水位。当确定了桥位的设计流量和设计水位等水文要素以后，即可进行桥涵孔径的计算。

思 考 题

1. 用于推求桥涵设计流量的水文资料应满足哪些要求？

2. 什么情况下能利用流域面积比拟法插补延长水文资料？

3. 插补延长水文资料的方法有哪些？

4. 当有水文观测资料时，规定频率设计流量推算方法有哪几种？其一般步骤有哪些？

5. 简述有连续观测资料的规定频率流量推算方法的一般步骤。

6. 缺乏观测资料时，如何推算规定频率的流量？

7. 设计流量确定后，怎样确定设计水位？

任务 ⑬

大中桥孔径计算

学习目标与要求 ☞

1. 掌握桥孔最小净长 L_j 的计算方法。
2. 掌握桥面中心最低标高的计算方法。
3. 掌握引道路堤最低设计标高的计算方法。
4. 熟悉桥前最大壅水高度和桥下壅水高度计算方法。
5. 了解各种水面升高值（波浪高度、波浪侵袭高度、水流局部冲击高度、河弯超高、水拱和河床的淤高）计算方法。

任务重点 ☞

桥孔最小净长计算；桥面中心最低标高和引道路堤最低设计标高的计算。

任务难点 ☞

桥面中心最低标高和引道路堤最低设计标高的计算。

13.1 桥孔最小净长计算

13.1.1 建桥后的水流图式

桥位河段建桥前水面沿 N-N 线作均匀流动，建桥后桥墩台（包括引道路堤）压缩水流，水流图式如图 13.1 所示。

(a) 平面

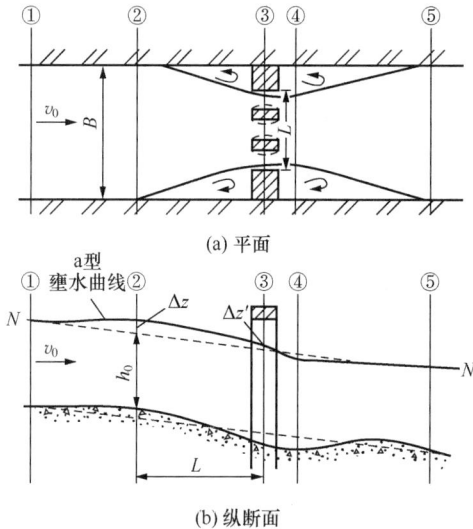

(b) 纵断面

图 13.1 建桥后水流图式示意

1. 开始壅水断面；2. 最高壅水断面；3. 桥位断面；
4. 桥后收缩断面；5. 恢复断面
h_0. 正常水深；B. 水面宽度；L. 桥孔长度；
v_0. 行进流速

水流状态：①为开始壅水断面；②为最高壅水断面；③为桥位断面；④为桥后收缩断面；⑤为恢复断面。①～②为壅水段，水面呈 a 型壅水曲线。②～③水面呈漏斗状降落，纵向横向均有坡度，但至③断面，仍有桥下壅高 $\Delta z'$，③～④水面继续呈漏斗状降落，至④断面为水深最小、动能最大的收缩断面，②～④整个为水面降落收缩段，从最高壅水断面至收缩断面纵向近似以斜直线连接，④～⑤为扩散段，水面呈 C 型壅水曲线，近似地纵向可以斜直线连接。

冲淤状态：壅水段，过水断面水深沿流向逐渐增大，流速则由天然流速逐渐减小，挟沙能力渐渐减弱，因而该段出现淤积；水面降落收缩段，因有效过水面积沿流程逐渐减小，流速相应增大，挟沙能力随之转向恢复后又提高，则该段河底出现

淤积量沿程逐渐减小而转为冲刷；扩散段，该段沿流向冲刷由大变小转为淤积，又从淤积逐渐恢复天然输沙平衡状态。

分析建桥后的水流图式在工程上有以下三点意义：

1）图中②最高壅水断面对于平原微丘地区，尤其是河道两侧为地面高程远低于设计水位高程的圩区时，此断面 Δz 的值往往需在建桥前与防汛、农田保护、城镇规划等部门妥善协商而定。Δz 的增大，表明桥梁压缩水流程度增大，桥孔跨径、孔数可减少，将大大降低桥梁的工程造价。但是 a 型曲线的存在将增高两岸堤坝的洪水位，增大溃坝可能。

2）③桥位断面仍具有桥下壅高 $\Delta z'$，此为控制桥面中心最低标高计算的因素之一。

3）④桥后收缩断面，此为桥位河段平均流速最大的断面。此断面造成的最大冲刷，可作为桥一般冲刷计算、考虑墩台埋置深度的依据。

13.1.2 桥孔最小净长计算

沿着设计水位的水面线，两桥台前缘之间（埋入式桥台则为两桥台护坡坡面之间）

的水面宽度称为桥孔长度 L，见图 13.2，扣除全部桥墩宽度（仍沿原水面线）后则称为桥孔净长 L_j。

桥孔长度的确定：首先应满足排洪和输沙的要求，即保证设计洪水及其所挟带的泥沙能从桥下顺利通过，然后结合安全和经济两方面，综合考虑桥孔长度、桥前壅水和桥下冲刷的相互影响。

《公路工程水文勘测设计规范》中规定：对于峡谷性河段上的桥梁，仅要求按河床地形布置桥孔，不宜压缩河槽，一般可不作桥孔长度计算；对其他各类河段上的桥梁，可按以下三种公式计算桥孔最小净长 L_j。

(a) 立面图

(b) 平面图

图 13.2　桥下过水断面面积示意图

ω_D—桥墩所占过水断面面积；ω_w—收缩断面两侧的涡流所占桥下过水断面面积；ω_y—收缩断面面积；H_s—设计水位

1. 河槽宽度公式

适用于桥位河段分类表中的开阔、顺直微弯河段，分汊、弯曲河段及滩、槽可分的不稳定河段。此公式认为桥孔净长 L_j 与河槽宽度 B_c 成正比。

$$L_j = K \left(\frac{Q_p}{Q_c} \right)^n B_c \tag{13.1}$$

式中，L_j——最小桥孔净长（m）；

　　　Q_p——设计流量（m^3/s）；

　　　Q_c——设计水位下天然河槽流量（m^3/s）；

　　　B_c——天然河槽宽度（m）；

　　　K、n——系数和指数，按表 13.1 采用。

表 13.1　K、n 值

河段类型	K	n
开阔、顺直微弯河段	0.84	0.90
分汊、弯曲河段	0.95	0.87
滩、槽可分的不稳定河段	0.69	1.59

2. 单宽流量公式

适用于河段分类表中的宽滩河段。此公式是根据水流连续性原理，并考虑建桥后水流受挤束，通过桥下河床的单宽流量重新分配而建立的。

$$L_j = \frac{Q_p}{\beta q_c} \tag{13.2}$$

式中，q_c——河槽平均单宽流量（$m^3/s \cdot m$），$q_c = \dfrac{Q_c}{B_c}$，其中 Q_c 为设计水位下天然河

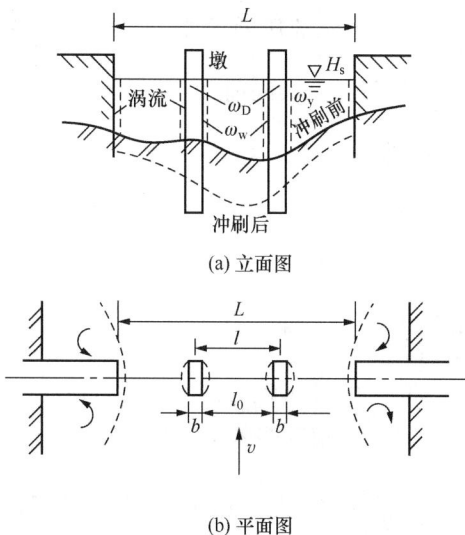

槽流量，B_c 为天然河槽宽度；

β——水流压缩系数，$\beta = 1.19 \left(\dfrac{Q_c}{Q_t} \right)^{0.10}$，其中 Q_t 为天然河滩流量（m^3/s）。

其他符号意义同前。

3. 基本河宽公式

适用于河段分类表中的滩槽难分的不稳定河段的公式。

$$L_j = C_p \cdot B_0 \tag{13.3}$$

式中，B_0——基本河槽宽度（m），$B_0 = 16.07 \left(\dfrac{\overline{Q}^{0.24}}{\overline{d}^{0.3}} \right)$；

$\overline{Q}$——年洪峰流量平均值（m^3/s）；

$\overline{d}$——河床泥沙平均粒径（m）；

C_p——设计洪水频率桥长换算系数，$C_p = \left(\dfrac{Q_p}{Q_{2\%}} \right)^{\frac{1}{3}}$；

$Q_2\%$——五十年一遇洪水流量，m^3/s。

影响桥孔净长的因素较多，目前还没有能反映各种影响因素的桥孔净长的通用公式。上述公式计算结果仅为满足排洪输沙需要的最小桥孔净长，确定桥长时可参照计算结果，运用标准跨径，结合桥位两岸地形、河床断面形态、河床演变趋势、河床地质特点、桥台和桥头引道高度等因素综合确定。

13.2 桥面中心和引道路堤最低设计标高的确定

桥面中心和引道路堤最低设计标高，是从水力水文角度提出的最低建筑标高界限。至于桥面设计标高和引道路堤设计标高，则应综合考虑桥面纵向坡度、排水和两岸路线接线标高等因素后分别确定，但必须高于或等于本节确定的桥面中心最低标高和引道路堤最低设计标高。

13.2.1 确定最低标高的计算公式

1. 桥面中心最低标高

桥面中心最低标高是按河流不通航和通航两种情况分别确定的。

要在不通航河流上按设计水位推算桥面中心最低标高时，需考虑桥孔压缩水流后的桥下壅水、浪高、水拱、局部股流壅高、河弯超高和河床淤积等引起的桥下水位增高。关于流冰、水拱、局部股流壅高和河床淤积等引起的水位增高，目前尚无成熟的计算公式，可根据调查和实测确定。在计算中必须详细分析影响桥下水位增高的各因素是否确实存在，并客观合理地组合，不可随意加入。

（1）对于不通航河流 ［图 13.3（a）］

1）按设计水位计算桥面中心最低标高。

$$H_{\min} = H_{p} + \sum \Delta h + \Delta h_{j} + \Delta h_{0} \tag{13.4}$$

式中，$H_{\min}$——桥面中心最低标高（m）；

H_{p}——设计水位标高（m）；

$\sum \Delta h$——根据河流的具体情况酌情考虑壅水、浪高、波浪壅高、水拱、局部股流壅高（水拱与局部股流壅高不能同时考虑，取其大者）、河弯超高、床面淤高、漂浮物高度等的总和（m），具体确定方法见后文；

Δh_{j}——桥下净空安全值，见表 13.2；

Δh_{0}——桥梁上部构造建筑高度（包括桥面铺装高度）（m），由上部构造设计或标准定。

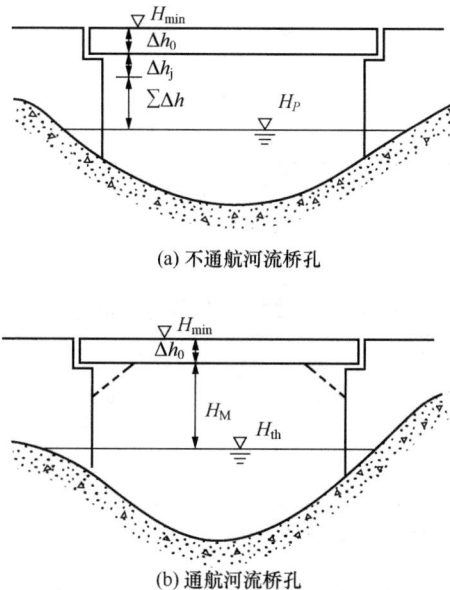

(a) 不通航河流桥孔

(b) 通航河流桥孔

图 13.3 桥面中心最低标高

表 13.2 不通航河流桥下净空安全值 Δh_{j}

桥梁部位	按设计水位计算要求的桥下净空安全值/m	按高出最高流冰水位计算的桥下净空安全值/m
梁底	0.50	0.75
支座垫石顶面	0.25	0.50
拱脚	按注1）要求	0.25

注：1）无铰拱的拱脚可被设计洪水淹没，淹没高度一般不宜超过拱圈矢高的 2/3；拱顶底面至设计水位的净高不小于 1m。

2）山区河流水位变化大，桥下净空安全值可适当加大。

2）按流冰水位计算桥面中心最低标高（北方寒冷地区）。

$$H_{\min} = H_{pB} + \Delta h_{j} + \Delta h_{0} \tag{13.5}$$

式中，H_{pB}——最高流冰水位（m）。

其他符号意义同前。

3）取式（13.4）和式（13.5）计算结果中较大者作为采用的桥面中心最低标高。

（2）对于通航河流 [图 13.3 (b)]

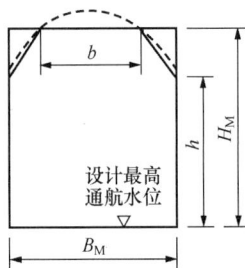

图 13.4 水上过河
建筑物通航净空

通航河流的桥面中心最低标高除应满足不通航河流的要求外，同时还应满足下式要求，即

$$H_{\min} = H_{tn} + H_M + \Delta h_0 \tag{13.6}$$

式中，H_{tn}——设计最高通航水位（m），如图 13.4 所示，采用表 13.3 规定的各级洪水重现期水位；

H_M——通航净空高度（m），查表 13.4，表上航道等级的第二栏括号中编号对应船队尺度。

其他符号意义同前。

表 13.3　天然河流设计最高通航水位

航道等级	一～三	四、五	六、七
洪水重现期/年	20	10	5

注：1）山区河流如经多年水文资料查证，出现高于设计最高通航水位历时很短，则根据具体情况，三级航道的标准可降为 10 年一遇，四、五级航道可降为 5 年一遇，六、七级航道可按 2～3 年一遇标准执行。

2）设计最低通航水位参见《内河通航标准》（GB 50139—2014）确定。

表 13.4　水上过河建筑物通航净空尺度

航道等级		天然及渠化河流/m				限制性航道/m			
		净高 H_M	净宽 B_M	上底宽 b	侧高 h	净高 H_M	净宽 B_M	上底宽 b	侧高 h
I	(1)	24	160	120	7.0				
	(2)		125	95	7.0				
	(3)	18	95	70	7.0				
	(4)		85	65	8.0	18	130	100	7.0
II	(1)	18	105	80	6.0				
	(2)		90	70	8.0				
	(3)	10	50	40	6.0	10	65	50	6.0
III	(1)								
	(2)		70	55	6.0				
	(3)	10	60	45	6.0	10	85	65	6.0
	(4)		40	30	6.0		50	40	6.0
IV	(1)		60	50	4.0				
	(2)	8	50	41	4.0	8	80	66	3.5
	(3)		35	29	5.0		45	37	4.0
V	(1)	8	46	38	4.0				
	(2)		38	31	4.5	8	75～77	62	3.5
	(3)	8.5	28～30	25	5.5、3.5	8.5	38	32	5.0、3.5

航道等级		天然及渠化河流/m				限制性航道/m			
		净高 H_M	净宽 B_M	上底宽 b	侧高 h	净高 H_M	净宽 B_M	上底宽 b	侧高 h
Ⅵ	(1)								
	(2)	4.5	22	17	3.4				
	(3)	6	18	14	4.0	6	25～30	19	3.6
	(4)						28～30	21	3.4
Ⅶ	(1)					3.5	18	14	2.8
	(2)	3.5	14	11	2.8		18	14	2.8
	(3)	4.5	18	14	2.8	4.5	25～30	19	2.8

注：1）本表航道等级栏括号（　）内数字代表船队尺度的编号，可参见规范"全国内河航道分级与船队尺度"的内容。

2）平原河网地区建桥遇特殊困难时可按具体条件研究确定。

3）桥墩（柱）侧如有显著的紊流，则通航孔桥墩（柱）间的净宽值应为本表的通航净宽加两侧紊流区的宽度。

4）在航行条件较差或弯曲河段上的桥梁，其通航净宽应在表列数值基础上根据船舶航行安全的需要适当放宽。

2. 引道路堤最低设计标高

由建桥后水流图式可知：上游近桥位处出现最高壅水断面，然后水面呈漏斗状，沿水流向从最大壅水值处向桥位断面降落，沿桥轴断面向从泛滥边界向桥孔或呈水平线或呈斜直线逐渐降落，其主要与有无导流堤及其形式有关。引道路堤最低设计标高正是按不同的导流堤设置和上游水面降落情况建立公式计算确定的，见图 13.5。

（1）上游无导流堤或有梨形堤时［图 13.5（a）］

引道路堤任意点路肩最低设计标高可按下式计算。

1）当 $L_x < L'$ 时（建筑界限为斜直线），有

$$H_{min} = H_p + \Delta z + L_x \times \frac{S \cdot I_0}{L'} + \Delta h_p + 0.50 \tag{13.7}$$

2）当 $L_x \geqslant L'$ 时（建筑界限为水平线），有

$$H_{min} = H_p + \Delta z + SI_0 + \Delta h_p + 0.50 \tag{13.8}$$

式中，H_p——设计水位（m）；

Δz——桥前最大壅水高度（m），其确定见后述；

I_0——桥位河段洪水比降；

Δh_p——除了桥前壅水高度以外的水位附加高度（m），包括波浪侵袭高度（斜水流局部冲高）和河床淤积高等，波浪侵袭高度与斜水流局部冲高取两者中较大者；

S——由桥轴线至形成桥前最高壅水处的距离（m）。

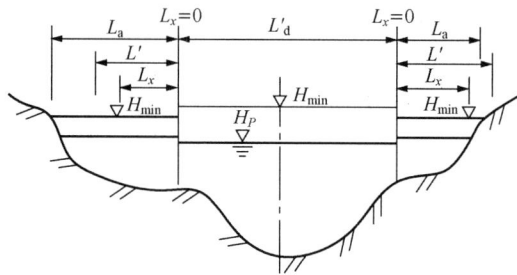

(a) 无导流堤时上游水面降落

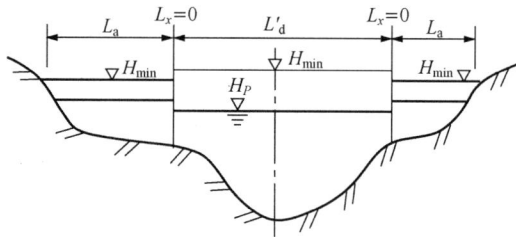

(b) 有导流堤时上游水面降落

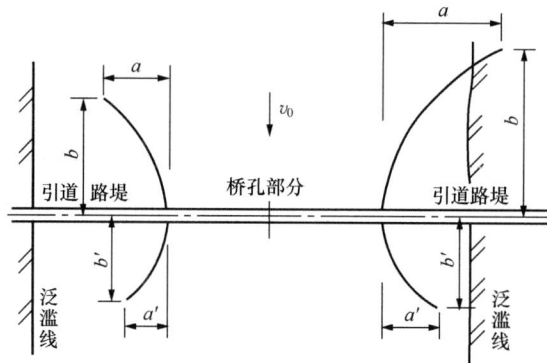

图 13.5　导流堤设置和上游水面降落

L'_d. 桥梁两端桥台台尾间的距离（m）；L_a. 桥头路堤起点
（桥台台尾起算，有时近似则以桥台前缘起算）至同一端岸边的
距离（m）；L'. 桥头路堤起点沿桥轴向至路堤上游侧形成最
大壅水处的距离（m）；L_x. 路堤计算点距桥台尾部
（路堤起点）的距离（m）

$$S = K_\mathrm{s}(1-M)B \tag{13.9}$$

式中，B——设计洪水时水面宽度（m）；

　　M——天然状态下桥孔范围内通过的流量与设计流量之比，即 $M = \dfrac{Q_{OM}}{Q_\mathrm{p}}$；

　　K_s——系数，按表 13.5 查用。

　　L' 为桥头路堤起点至上游侧形成最大壅水处的距离（m），其值为

$$L' = AS - 0.5L'_\mathrm{d} \tag{13.10}$$

式中，A——系数，按表 13.6 查用。

其他符号意义同前。

表 13.5　K_s 值

M 值	相应 K_s 值	M 值	相应 K_s 值
0.8	0.45	0.6	0.53
0.7	0.49	0.5	0.59

表 13.6　A 值

E' \ M	0.5	0.6	0.7	0.8	E' \ M	0.5	0.6	0.7	0.8
0	1.43	1.93	2.80	4.60	0.6	1.85	2.35	3.23	5.16
0.1	1.44	1.94	2.81	4.64	0.7	1.98	2.52	3.47	5.57
0.2	1.48	1.95	2.82	4.68	0.8	2.14	2.73	3.79	6.16
0.3	1.55	2.00	2.83	4.72	0.9	2.31	2.97	4.16	6.92
0.4	1.63	2.09	2.90	4.77	1.0	2.52	3.23	4.56	7.54
0.5	1.73	2.20	3.03	4.87					

注：表中 E' 为桥孔偏置系数，$E'=1-Q'_{t1}/Q'_{t2}$，Q'_{t1}、Q'_{t2} 分别为桥两端河滩路堤阻挡的流量，其中 Q'_{t1} 为阻挡流量较小者，Q'_{t2} 为较大者，当桥梁只有一端有路堤阻挡时 $Q'_{t1}=0$。

（2）上游有非封闭式导流堤时［图 13.5（b）］

引道路堤任意点处路肩的最低设计标高可按下列公式确定，即

1）当 $L_a \geqslant L'$ 时（建筑界限为水平线），H_{min} 可按式（13.8）计算。

2）当 $L_a < L'$ 时（建筑界限为水平线），有

$$H_{min} = H_p + \Delta z + L_a \frac{SI_0}{L'} + \Delta h_p + 0.50 \qquad (13.11)$$

式中符号意义同前。

（3）上游有封闭式导流堤时［图 13.5（b）］

1）当封闭式导流堤不会被洪水破坏时，引道路堤的最低设计标高由路堤下游水位控制，按下式计算，即

$$H_{min} = H_p + \Delta H_x + h_e + 0.50 \qquad (13.12)$$

式中　h_e——自静水面算起的波浪侵袭高度（m），具体确定见后述；

ΔH_x——引道路堤下游侧水位较天然（设计）水位的降低值（m），为

$$\Delta H_x = K_j \bar{h}_{od} \qquad (13.13)$$

其中　$\bar{h}_{od}$——计算端河滩引道路堤范围内，当水位处于设计水位时的平均水深（m）；

K_j——水位降低系数，可按表 13.7 和表 13.8 查用。

其他符号意义同前。

表 13.7　水位降低系数 K_j（河滩路基阻挡流量较大一端）

Q'_t/Q_P ＼ E'	0	0.2	0.4	0.6	0.8	1.0
0	0.00	0.00	0.00	0.00	0.00	0.00
0.1	0.07	0.08	0.10	0.12	0.13	0.14
0.2	0.13	0.17	0.20	0.23	0.25	0.26
0.3	0.19	0.25	0.29	0.33	0.35	0.36
0.4	0.25	0.33	0.38	0.41	0.43	0.44
0.5	0.30	0.40	0.44	0.46	0.48	0.48
0.6	0.33	0.42	0.47	0.49	0.51	0.51
0.7	0.36	0.44	0.49	0.51	0.52	0.52

注：1）表列 K_j 可内插计算。

　　2）表中 E' 见表 13.6 注；表中 Q'_t 为全桥河滩路堤所阻挡的流量，即 $Q'_t = Q'_{t1} + Q'_{t2}$。

表 13.8　水位降低系数 K_j（河滩路基阻挡流量较小一端）

Q'_t/Q_p ＼ E'	0	0.2	0.4	0.6	0.8	1.0
0	0.00	0.00	0.00	0.00	0.00	0.00
0.1	0.07	0.07	0.07	0.06	0.06	0.06
0.2	0.13	0.13	0.12	0.12	0.11	0.11
0.3	0.19	0.19	0.18	0.18	0.18	0.17
0.4	0.25	0.24	0.24	0.23	0.23	0.22
0.5	0.30	0.29	0.28	0.27	0.26	0.24
0.6	0.33	0.32	0.30	0.29	0.28	0.26
0.7	0.36	0.34	0.32	0.30	0.28	0.27

注：同表 13.7 注 1）。

2）当封闭式导流堤可能被洪水破坏时，引道路堤的最低设计标高按式（13.8）和式（13.11）计算。

位于壅水范围内的桥位、河弯附近的桥位、有股流壅高和水拱现象的桥位等，河滩引道路堤设计标高应根据实际情况考虑增高值。

13.2.2　各种水面升高值计算

1. 桥前最大壅水高度 Δz

水流通过桥孔时，由于桥梁墩台和桥头引道对过水面积的压缩，形成桥前壅水。桥前壅水最大值的位置，有导流堤时在导流堤上游端部附近，无导流堤时可按式（13.9）计算。

　　壅水值的大小与桥孔设计关系密切，建桥后桥前壅水高度应不危及两岸农田、村镇和堤坝的安全。

　　桥前最大壅水高度 Δz，可按下列公式计算，即

$$\Delta z = \eta(\bar{v}_M^2 - \bar{v}_0^2) \tag{13.14}$$

式中，η——系数，与水流进入桥孔的阻力有关，见表 13.9；

　　　　$\bar{v}_M$——桥下平均流速（m/s），可按表 13.10 采用；

　　　　$\bar{v}_0$——天然断面平均流速（m/s），$\bar{v}_0 = \dfrac{Q_p}{A}$。

表 13.9　η 值表

河滩路堤阻断流量 Q'_t 与设计流量 Q_p 比值/%	<10	11~30	31~50	>50
η	0.05	0.07	0.10	0.15

表 13.10　桥下平均流速 $\bar{v}_M$

土质	土壤类别	桥下平均流速
松软土	淤泥、细砂、中砂、淤泥质黏土	$\bar{v}_M = \bar{v}_{OM}$
中等土	粗砂、砾石、小卵石、亚黏土和黏土	$\bar{v}_M = \dfrac{1}{2}\left(\dfrac{Q_p}{A_j} + \bar{v}_{OM}\right)$
密实土	大卵石、大漂石、黏土	$\bar{v}_M = \dfrac{Q_p}{A_j}$

2. 桥下壅水高度 $\Delta z'$

　　桥下壅水高度 $\Delta z'$ 是桥面中心最低标高计算公式（13.4）的 $\sum \Delta h$ 中的一部分，一般情况下可采用 $\Delta z' = \dfrac{1}{2}\Delta z$，当河床坚实不易冲刷时 $\Delta z' = \Delta z$；当河床松软易于冲刷时 $\Delta z' = 0$。

3. 壅水曲线全长

$$L = \frac{2\Delta z}{I} \tag{13.15}$$

式中，I——洪水比降，以小数计。

　　其他符号意义同前。

4. 波浪高度和波浪侵袭高度

　　在确定桥面中心和引道路堤最低设计标高时，要考虑波浪和波浪侵袭高度的影响。波浪是指在风力作用下水面的波动现象（图 13.6）。波峰顶与波谷底之间的高差 h_b 称为波浪高度；波浪从静水位沿斜坡爬升的最大高度 h_e 称为波浪侵袭高度。

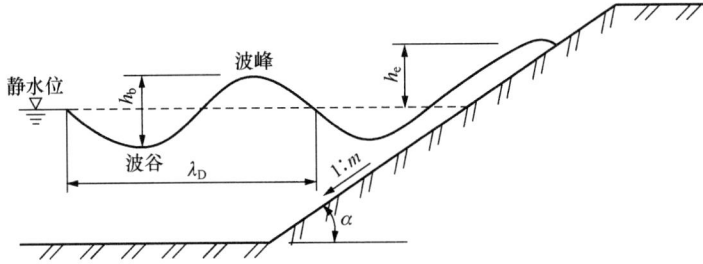

图 13.6　波浪示意图

（1）波浪高度 h_b

波浪高度一般可在桥位现场调查取得。调查有困难时可按华东水利学院、南京水科所推荐的公式近似计算。

$$h_b = \dfrac{2.3 \times 0.13\,\mathrm{th}\left[0.7\left(\dfrac{g\overline{h}}{\overline{v}_{\mathrm{w}}^2}\right)^{0.7}\right]\mathrm{th}\left\{\dfrac{0.0018\left(\dfrac{gD}{\overline{v}_{\mathrm{w}}^2}\right)^{0.45}}{0.13\,\mathrm{th}\left[0.7\left(\dfrac{g\overline{h}}{\overline{v}_{\mathrm{w}}^2}\right)^{0.7}\right]}\right\}}{\dfrac{g}{\overline{v}_{\mathrm{w}}^2}} \tag{13.16}$$

式中，h_b——波浪高度（m），是根据连续观测的 100 个波浪高度中最大的一个，即在累积频率 $P=1\%$ 时得出的；

th——双曲正切函数，$\mathrm{th}=\dfrac{\mathrm{e}^x-\mathrm{e}^{-x}}{\mathrm{e}^x+\mathrm{e}^{-x}}$；

D——计算浪程（m），确定方法见后述；

$\overline{h}$——沿浪程方向的平均水深（m）；

$\overline{v}_{\mathrm{w}}$——汛期沿浪程方向的风速（m/s）。

公式中 $\overline{v}_{\mathrm{w}}$ 为水面上 10m 高度处多年测得的洪水期间自记 2min 平均最大风速的平均值。当向气象台站收集到测风仪测的风速资料时，可参照《公路工程水文勘测设计规范》附录十四，应将风速资料进行高度、时距、地貌和地形影响等换算；当无风速资料时，可根据调查按风力等级查表 13.11 参考确定。

表 13.11　风力等级

风力等级/级	陆地地面物的征象	相当风速 $\overline{v}_{\mathrm{w}}$/(m/s)	
		范　围	中　数
0	静，烟直上	0～0.2	0.1
1	烟能表示风向	0.3～1.5	0.9
2	人面感觉有风，树枝有微响	1.6～3.3	2.5
3	树枝及微枝摇动不息，旌旗展开	3.4～5.4	4.4
4	能吹起地面灰尘和纸张，树的小枝摇动	5.5～7.9	6.7
5	有叶的小树摇动，内陆的水面有小波纹	8.0～10.7	9.4
6	大树枝摇动，电线呼呼有声，举伞困难	10.8～13.8	12.4

续表

风力等级/级	陆地地面物的征象	相当风速 $\bar{v}_w$/(m/s)	
		范围	中数
7	全树摇动，大树枝弯下来，迎风步行感觉不便	13.9~17.1	15.5
8	可折毁树枝，人向前行感觉阻力甚大	17.2~20.7	19.0
9	烟囱及平房顶受到损坏，小屋受到破坏	20.8~24.4	22.6
10	陆上少有，有时可使树木拔起或将建筑物摧毁	24.5~28.4	26.5
11	陆上少有，有则必有重大损毁	28.5~32.6	30.6
12	陆上极少，其摧毁力极大	>32.6	>30.6

图 13.7 (b) 为利用当地气象站的实测风向和风速资料绘制的汛月风玫瑰图，结合图 13.7 (a) 可查出桥位上游最大浪程向的风速 $\bar{v}_w$。垂直桥轴线从桥中心向上游逆波浪传播方向（或风向）至泛滥边界，此距离称为最大浪程（最大浪程的方向与风向之间的夹角不超过 22.5° 时即可认为方向一致）。计算浪程是波浪沿一定风向可能传播的距离。一般取最大浪程作为计算浪程 D 值，对于水面狭窄和形态复杂的河流则需要修正。

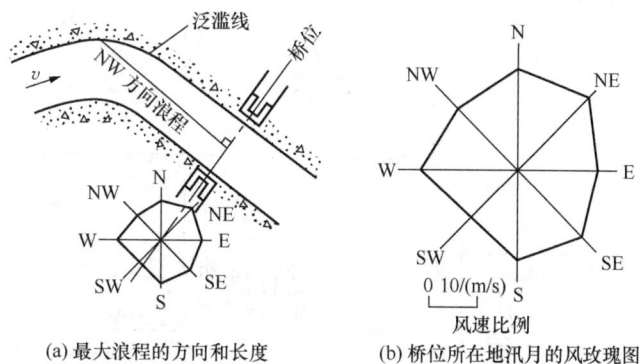

(a) 最大浪程的方向和长度   (b) 桥位所在地汛月的风玫瑰图

图 13.7 浪程示意图

$\bar{h}$ 则可通过作沿最大浪程方向的断面，计算出设计水位下河床底面下从桥位中心到上游泛滥线之间的水体的面积 A，可用 $\bar{h}=\dfrac{A}{D}$ 计算出沿浪程方向的平均水深。

波浪高度 h_b 的计算公式（13.16）已制成表 13.12 供查用。考虑浪高的影响，推求桥面中心最低标高时取 $\dfrac{2}{3}h_b$ 计入。

（2）波浪侵袭高度 h_e

波浪侵袭高度的大小与波浪的特性、边岸坡度、坡面粗糙度以及透水性等因素有关，应尽量根据本地区的观测和调查资料确定，缺乏资料时可根据以下经验公式确定。

$$h_e = K_\Delta \cdot K_v \cdot R_0 \cdot h_b \tag{13.17}$$

式中，h_e——波浪侵袭高度（自静水位起算，m）；

表 13.12 $\bar{v}_w = 20\text{m/s}$ 时波浪高度 h_b

平均水深 $\bar{h}/\text{m}$ 浪程 D/m	0.5	1.0	1.5	2.0	2.5	3.0	3.5	4.0	4.5
2×10^2	0.2997	0.3439	0.3584	0.3652	0.3690	0.3714	0.3730	0.3742	0.3750
3×10^2	0.3311	0.3966	0.4199	0.4311	0.4374	0.4414	0.4441	1.4461	0.4476
4×10^2	0.3510	0.4353	0.4672	0.4829	0.4920	0.4978	0.5017	0.5045	0.5067
5×10^2	0.3646	0.4654	0.5056	0.5259	0.5378	0.5454	0.5506	0.5544	0.5572
6×10^2	0.3743	0.4895	0.5378	0.5627	0.5774	0.5869	0.5935	0.5982	0.6018
8×10^2	0.3870	0.5261	0.5893	0.6232	0.6436	0.6570	0.6663	0.6731	0.6782
1×10^3	0.3947	0.5524	0.6290	0.6715	0.6976	0.7149	0.7271	0.7360	0.7427
2×10^3	0.4082	0.6175	0.7427	0.8212	0.8733	0.9096	0.9360	0.9559	0.9713
3×10^3	0.4112	0.6419	0.7960	0.9005	0.9738	1.0269	1.0666	1.0971	1.1211
4×10^3	0.4121	0.6534	0.8257	0.9493	1.0396	1.1071	1.1587	1.1991	1.2313
5×10^3	0.4125	0.6596	0.8441	0.9819	1.0858	1.1655	1.2277	1.2771	1.3170
6×10^3	0.4126	0.6632	0.8560	1.0047	1.1198	1.2100	1.2815	1.3391	1.3861
7×10^3	0.4127	0.6654	0.8642	1.0213	1.1456	1.2447	1.3245	1.3895	1.4430
8×10^3	0.4127	0.6668	0.8701	1.0338	1.1657	1.2725	1.3595	1.4312	1.4909
9×10^3	0.4128	0.6678	0.8743	1.0434	1.1816	1.2951	1.3884	1.4664	1.5316
1×10^4	0.4128	0.6684	0.8775	1.0508	1.1945	1.3137	1.4130	1.4963	1.5666
2×10^4	0.4128	0.6701	0.8878	1.0792	1.2488	1.3992	1.5325	1.6506	1.7553

平均水深 $\bar{h}/\text{m}$ 浪程 D/m	5.0	5.5	6.0	6.5	7.0	7.5	8.0	8.5	9.0
2×10^2	0.3757	0.3766	0.3773	0.3777	0.3780	0.3783	0.3787	0.3791	0.3793
3×10^2	0.4487	0.4503	0.4514	0.4521	0.4527	0.4531	0.4538	0.4545	0.4549
4×10^2	0.5083	0.5106	0.5122	0.5133	0.5142	0.5148	0.5157	0.5168	0.5173
5×10^2	0.5594	0.5626	0.5647	0.5662	0.5673	0.5682	0.5694	0.5708	0.5716
6×10^2	0.6045	0.6085	0.6112	0.6131	0.6146	0.6157	0.6172	0.6190	0.6200
8×10^2	0.6822	0.6880	0.6919	0.6947	0.6967	0.6983	0.7006	0.7033	0.7047
1×10^3	0.7480	0.7557	0.7609	0.7646	0.7674	0.7695	0.7726	0.7762	0.7781
2×10^3	0.9835	1.0014	1.0138	1.0228	1.0296	1.0349	1.0425	1.0513	1.0561
3×10^3	1.1404	1.1691	1.1893	1.2041	1.2153	1.2241	1.2368	1.2516	1.2599
4×10^3	1.2574	1.2969	1.3250	1.3458	1.3617	1.3742	1.3923	1.4138	1.4257
5×10^3	1.3497	1.3996	1.4356	1.4625	1.4831	1.4994	1.5233	1.5516	1.5675
6×10^3	1.4249	1.4849	1.5286	1.5615	1.5869	1.6071	1.6368	1.6723	1.6923
7×10^3	1.4877	1.5573	1.6084	1.6473	1.6775	1.7016	1.7371	1.7800	1.8042
8×10^3	1.5409	1.6196	1.6781	1.7227	1.7577	1.7856	1.8271	1.8774	1.9060
9×10^3	1.5867	1.6741	1.7395	1.7898	1.8294	1.8612	1.9087	1.9665	1.9996
1×10^4	1.6265	1.7221	1.7942	1.8501	1.8942	1.9298	1.9832	2.0486	2.0862
2×10^4	1.8484	2.0054	2.1314	2.2337	2.3178	2.3788	2.4966	2.6369	2.7212

K_Δ——边坡糙渗系数，查表 13.13；

K_v——与风速有关的系数，查表 13.14；

R_0——相对波浪侵袭高度系数，查表 13.15。

表 13.13　边坡糙渗系数 K_Δ

边坡护面类型	整片光滑不透水护面（沥青混凝土）	混凝土及浆砌片石护面与光滑土质护坡	干砌片石及植草皮	一两层抛石加固	抛石组成的建筑物
K_Δ	1.0	0.9	0.75～0.80	0.6	0.50～0.55

表 13.14　风速影响系数 K_v

风速/(m/s)	5～10	10～20	20～30	>30
K_v	1.0	1.2	1.4	1.6

表 13.15　相对波浪侵袭高度系数 R_0

边坡系数	1.00	1.25	1.50	1.75	2.00	2.50	3.00
R_0	2.16	2.45	2.52	2.40	2.22	1.82	1.50

有下列情况之一时，可不考虑波浪侵袭高度的影响：

1）洪峰历时短促的河流。

2）浪程短于 200m 时。

3）水深小于 1m。

4）靠近路堤的河滩上，长有高于水深加半个波浪高度的成片灌木丛时。

当桥台和引道路堤受到波浪斜向侵袭时，侵袭高度有所减弱，当边坡系数 $m>1$ 和斜向角度 $\beta \geqslant 30°$ 时可用下式计算 h'_e 值，代替引道路堤最低设计标高计算中所考虑的 h_e。

$$h'_e = \frac{1+2\sin\beta}{3}h_e \tag{13.18}$$

式中，h'_e——修正后的波浪侵袭高度（m）；

β——构造物边坡上水边线与浪射线之间的夹角。

5. 水流局部冲击高度

山区或山前区河流上，当河滩引道路堤轴线与水流流向不平行，或者水流急转弯，在路堤边坡上形成斜水流局部冲击高度，同样在桥台和桥墩前形成局部股流壅高。显然，这是水流流速水头 $\frac{v^2}{2g}$ 被路堤、桥台、桥墩阻挡转换成压强水头高度所致，水流局部冲击高度与流速水头和迎水面边坡大小有关。水流局部冲击高度可按下式计算，即

$$\Delta h_{jb} = \frac{v_g^2 \sin\beta}{g\sqrt{1+m^2}} \tag{13.19}$$

式中，Δh_{jb}——水流局部冲击高度（m）；

v_g——冲向路堤、墩台的水流或股流平均流速（m/s）；

β——水流流向与路堤、墩、台轴线间所成的平面夹角（°）；

m——迎水面边坡系数。

式（13.19）中 v_g 的取法如下：在桥墩、台和靠近桥台附近引道路堤计算时，可取桥下流速 $\bar{v}_M$。在河滩引道路堤计算时，可取设计水位下天然河道河滩路堤范围内的平均流速 v_t 的 0.7 倍。

6. 河弯超高

在山区或山前区河流上，当弯道急、流速大时，水流受离心力作用形成较大的水面超高，其计算公式为

$$\Delta h_{gc} = \frac{\bar{v}^2 \cdot B}{g \cdot R} \qquad (13.20)$$

式中，Δh_{gc}——河弯两岸水位高差（m）；

B——河弯水面宽度（m），如滩地有丛林或死水时该部分水面宽应予扣除；

R——河弯曲率半径（m），$R \approx \dfrac{R_0 + r_0}{2}$，$R_0$ 为凹岸曲率半径，r_0 为凸岸曲率半径。

确定桥面中心最低标高时，河弯水位超高可取 $\Delta h / 2$。由于桥位处河弯并非理想的圆曲线，且河流急弯处水流干扰很大，流向紊乱不定，故公式计算出的河弯超高值应与现场调查相核对。

7. 水拱和河床的淤高

河流涨水时，流速逐渐增加，同一断面的主槽流速比两侧河滩大，主槽水位比河滩水位上涨快，从而形成水流中间高、两边低的水拱现象。

在水拱严重的河段上建桥，确定桥面中心最低标高时应考虑水拱影响。水拱高度目前尚无合适的计算方法，在桥位设计时可通过现场调查确定。

在河床逐年淤积抬高的河流上，桥下净高应考虑河床淤高而适当加大，河床淤高值可通过水文站多年实测断面资料推算。

小　结

本任务阐述了桥孔最小净长计算和桥面中心和引道路堤最低设计标高的确定。

1. 桥孔最小净长

桥孔最小净长按照不同的河段有三种计算公式。

1）开阔、顺直微弯、分汊、弯曲河段及滩、槽可分的不稳定河段：$L_j = K\left(\dfrac{Q_p}{Q_c}\right)^n B_c$。

2）宽滩河段：$L_j = \dfrac{Q_p}{\beta q_c}$，　其中 $\beta = 1.19\left(\dfrac{Q_c}{Q_t}\right)^{0.10}$。

3）滩槽难分的不稳定河段：$L_j = C_p \cdot B_0$；　其中 $B_0 = 16.07\left(\dfrac{\bar{Q}^{0.24}}{d^{0.3}}\right)$；　$C_p =$

$$\left(\dfrac{Q_\text{p}}{Q_{2\%}} \right)^{\frac{1}{3}} 。$$

2. 引道路堤最低设计标高

引道路堤最低设计标高的确定分上游无导流堤或梨形堤、上游有非封闭式导流堤、上游有封闭式导流堤三种情况，分别有不同的计算公式。

3. 各种水面升高值

各种水面升高值计算暂无特别成熟的公式，应通过现场调查及实测资料推算。

思　考　题

1. 桥位河段的冲淤状态与水流状态有何联系？分析建桥后的水流图式有何意义？

2. 目前桥孔最小净长计算公式有哪几种？各自的适用性如何？

3. 桥面中心最低标高与桥面设计标高、引道路堤最低设计标高与引道路堤设计标高有何区别和联系？

4. 桥面中心最低标高的确定包括哪些因素？哪些因素目前尚无成熟的计算公式而需根据调查和实测确定？

5. 引道路堤最低设计标高是按哪三类分别进行计算的？

6. 什么叫波浪高度和波浪侵袭高度？各自用于什么标高计算？

7. 按例 10.1 资料，河槽内为中等密实的砾石，$d_{50} = 2.5\text{mm}$，$H_\text{p} = 135.00\text{m}$，汛期沿浪程向（垂直桥轴线和引道路堤）为八级风，桥前浪程 2km，沿浪程平均水深 $\overline{h}$ 为 4.0m，无水拱和河床淤积影响，不通航，无导流堤，桥头路堤边坡 1∶1.5，并采用干砌片石护面。要求桥前最大壅高不超过 0.6m，试推求桥面中心和桥头引道路堤的最低设计标高。

任务 ⑭

建桥河段冲刷计算

　　冲刷计算的目的是确定桥下最大冲刷深度，确定桥梁基础最浅埋置深度；从水力水文的角度，为既安全又经济的墩台基础设计提供重要依据。

　　桥梁墩台冲刷是一个综合冲刷过程，可分为三部分：桥位河段因河床自然演变而引起河床的自然演变冲刷；因建桥压缩水流而引起桥下整个河床断面普遍存在的一般冲刷；由于桥墩台阻水而引起的河床局部冲刷。其实桥梁墩台冲刷是受多种因素同时交叉影响产生的，但是为了便于研究和计算，我们把墩台周围总的冲刷深度假定为这三种冲刷先后进行，分别计算，然后叠加。

　　自然演变冲刷造成的河床变形有以下四种类型：

　　1）属河流发育成长过程中河床纵断面的变形，如河源段的逐年下切、河口段的逐年淤积。

　　2）属河槽横向移动所引起的变形，如边滩下移、河弯发展、移动和裁弯取直等。

　　3）属河段中泓线摆动引起的冲刷变形。

　　4）在一个水文周期内河槽随水位、流量变化而发生的周期性变形。

　　除上述自然变形外，当河道经过整治或桥位上下游修建水工建筑物后也会引起河床的显著变形，这些变形也应在桥下冲刷的计算中予以考虑。

　　对于河床的自然演变冲刷，目前尚无可靠的计算方法。一般可通过利用桥位上下游水文站实测断面资料分析确定；也可通过对桥位河段的实地调查，了解河道特性和历史演变情况，据以推算在桥梁使用年限内河床可能下降或上升的幅度，合理地加减墩台基础的埋置深度。

14.1　桥下一般冲刷

　　由于桥梁压缩水流，桥下流速增大，水流挟沙能力增强，在桥下产生冲刷。随着冲刷的发展，桥下河床加深，过水面积加大，流速逐渐下降，待达到新的输沙平衡状态，或桥下流速降低到河床的允许不冲刷流速时冲刷即行停止。这种由于建桥后压缩水流而在桥下河床全断面内发生的普遍冲刷称为一般冲刷。一般冲刷深度 h_p 系指桥下河床在一般冲刷完成后从设计水位算起的某一垂线水深。

14.1.1　河槽一般冲刷

　　河槽一般冲刷深度 h_p 的计算公式有以下三类：第一类是按桥下河槽输沙平衡原理建立的 64-2 简化公式和按垂线冲止流速建立的 64-1 修正公式，此类公式用于非黏性土河床的一般冲刷计算；第二类是黏性土河槽一般冲刷公式；第三类是桥台偏斜冲刷计算包尔达可夫公式。

　　1. 非黏性土河槽的一般冲刷计算

　　（1）64-2 简化公式

　　本公式是 1964 年中国土木工程学会"桥梁冲刷计算学术会议"推荐的桥下一般冲刷计算公式。它是根据我国实测观测资料，参照国内外同类公式，依据桥下河槽输沙平衡原理建立的，比较符合我国河流桥下一般冲刷的实际情况。

当上游天然断面带来的泥沙量（来沙量）G_1 与桥下河槽断面带到下游去的泥沙量（排沙量）G_2 相等时，桥下河槽断面达到输沙平衡，冲刷即停止。由于桥下河槽一般冲刷主要是通过推移质运动来实现的，可以通过桥下河槽断面推移质输沙量的平衡条件导出一般冲刷 64-2 简化公式。

$$h_p = 1.04 \left(A_d \frac{Q_2}{Q_c} \right)^{0.9} \left(\frac{B_c}{(1-\lambda)\mu B_2} \right)^{0.66} \cdot h_{mc} \tag{14.1}$$

$$A_d = \left(\frac{\sqrt{B_z}}{H_z} \right)^{0.15} \tag{14.2}$$

式中，Q_2——建桥后桥下河槽部分通过的设计流量（m^3/s），当桥下河槽能扩宽至全桥时（桥孔压缩水流很大，且河滩土质易冲）$Q_2 = Q_p$，当桥下河槽不能扩宽时 $Q_2 = \dfrac{Q_c}{Q_c + Q''_t} \cdot Q_P$，其中 Q''_t 为天然状态下桥下河滩部分设计流量（m^3/s）；

Q_c——天然状态下河槽流量（m^3/s）；

B_2——建桥后桥下断面河槽宽度（m），一般情况下 $B_2 = L$（两台前缘间的桥孔长度），只有当桥孔压缩部分河滩而桥下河槽又不扩宽时 $B_2 = B_c$（天然河槽宽度）；

λ——设计水位下，在 B_2 宽度范围内，桥墩阻水总面积 A'_D 与桥下过水面积 A_{OM} 的比值；

μ——桥墩水流侧向压缩系数，见表 14.1；

h_{mc}——桥下河槽最大水深（m）；

A_d——单宽流量集中系数，山前变迁、游荡、宽滩河段当 $A > 1.8$ 时 A 值可采用 1.8；

B_z——造床流量下的河槽宽度（m），对复式河床可取平滩水位时河槽宽度，见图 14.1；

H_z——造床流量下的河槽平均水深（m），对复式河床可取平滩水位时河槽平均水深，见图 14.1。

其他符号意义同前。

表 14.1　桥墩水流侧向压缩系数 μ 值

设计流速 $v_p/(m/s)$	单孔净跨径 L_0/m								
	$\leqslant 10$	13	16	20	25	30	35	40	45
<1	1.00	1.00	1.00	1.00	1.00	1.00	1.00	1.00	1.00
1.0	0.96	0.97	0.98	0.99	0.99	0.99	0.99	0.99	0.99
1.5	0.96	0.96	0.97	0.97	0.98	0.98	0.98	0.99	0.99
2.0	0.93	0.94	0.95	0.97	0.97	0.98	0.98	0.98	0.98
2.5	0.90	0.93	0.94	0.96	0.96	0.97	0.97	0.98	0.98

设计流速 $v_p/(m/s)$	单孔净跨径 L_0/m								
	$\leqslant 10$	13	16	20	25	30	35	40	45
3.0	0.89	0.91	0.93	0.95	0.96	0.96	0.97	0.97	0.98
3.5	0.87	0.90	0.92	0.94	0.95	0.96	0.96	0.97	0.97
$\geqslant 4.0$	0.85	0.88	0.91	0.93	0.94	0.95	0.96	0.96	0.97

注：1）桥墩水流侧向压缩系数 μ 是指桥墩台侧面因漩涡形成滞流区而减小过水面积的折减系数。

2）当单孔净跨径 $L_0>45m$ 时可按 $\mu=1-0.375\dfrac{v_p}{L_0}$ 计算，对不等跨的桥孔可采用各孔 μ 值的平均值。单孔净跨径 $>200m$ 的桥梁取 $\mu\approx 1.0$。

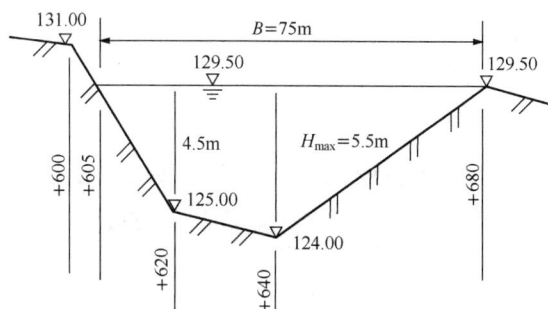

图 14.1　河槽平滩（造床）水位

（2）64-1 修正公式

本公式是铁路、公路系统协作制定的 64-1 公式的修正公式。它是根据各类河段 52 座桥梁 118 站的实测资料，依据桥下河槽垂线冲止流速建立的一般冲刷计算公式，经过 30 多年使用，一般尚能满足生产需要。但对于比降小、粒径细的深水河段大桥，有时计算结果为负值，使用该式时应慎重。

$$h_p=\left[\frac{A_d\dfrac{Q_2}{\mu B_c'}\left(\dfrac{h_{mc}}{\overline{h}_c}\right)^{\frac{5}{3}}}{E\overline{d}^{\frac{1}{6}}}\right]^{\frac{3}{5}} \tag{14.3}$$

式中，B_c'——桥下河槽部分桥孔过水净宽（m），$B_c'=B_c-B_D$（B_D 为河槽中桥墩总宽），当桥下河槽能扩宽至全桥时 $B_c'=L_j$（L_j 为全桥桥孔过水净宽）；

$\overline{h}_c$——桥下冲刷前河槽的平均水深（m）；

$\overline{d}_c$——一般冲刷计算层的河槽泥沙平均粒径（mm），当多层土计算时 $\overline{d}_c$ 与 h_p 应为同层，否则重新计算；

E——与汛期含沙量有关的系数，按表 14.2 查用。

其他符号意义同前。

表 14.2　E 值

含沙量 $\rho/(kg/m^3)$	<1.0	$1\sim 10$	>10
E	0.46	0.66	0.86

2. 黏性土河槽一般冲刷公式

根据铁道部《黏土桥渡冲刷天然资料分析报告》提出的黏性土河槽一般冲刷，可参照以下公式计算，即

$$h_p = \left[\frac{A_d \dfrac{Q_2}{\mu B_c'} \left(\dfrac{h_{mc}}{\overline{h}_c} \right)^{\frac{5}{3}}}{0.33 \left(\dfrac{1}{I_L} \right)} \right]^{\frac{5}{8}} \tag{14.4}$$

式中，A_d——单宽流量集中系数，$A_d = 1.0 \sim 1.2$；

I_L——冲刷坑范围内黏性土液性指数，在本公式中的范围为 $0.16 \sim 1.19$。

其他符号意义同前。

3. 桥台偏斜冲刷公式

当桥前无导流堤，而河滩引道路堤阻挡流量较大时，河滩水流在桥台附近集中，形成偏斜冲刷。桥台冲刷计算我国目前尚无成熟的研究成果可供使用，以下仅介绍现行规范仍采用的包尔达可夫公式。

$$h_p' = P \left[(h_{mc} - h) \frac{h}{h_{mc}} + h \right] \tag{14.5}$$

式中，h_p'——桥台偏斜冲刷后的水深（m）；

P——冲刷系数，$P = \dfrac{A}{A_j}$，即桥下需要的过水面积与净过水面积之比；

h——冲刷前桥台处水深（m），通常左右桥台各以前缘水深计。

其他符号意义同前。

14.1.2 河滩一般冲刷

根据河滩土质的不同，河滩的一般冲刷 h_p 有以下两公式。

1. 非黏性土河滩一般冲刷公式

$$h_p = \left[\frac{\dfrac{Q_t'}{\mu B_t'} \left(\dfrac{h_{mt}}{\overline{h}_t'} \right)^{\frac{5}{3}}}{v_{H1}} \right]^{\frac{5}{6}} \tag{14.6}$$

式中，Q_t'——桥下河滩部分通过的设计流量，$Q_t' = \dfrac{Q_t''}{Q_c + Q_t''} Q_p$；

h_{mt}——桥下河滩最大水深（m）；

$\overline{h}_t'$——桥下河滩平均水深（m）；

B_t'——河滩部分桥孔净长（m）；

v_{H1}——河滩水深 1m 时非黏性土不冲刷流速（m/s），按沙五清提出的不冲刷流速公式制订的表 14.3 查用。

其他符号意义同前。

表 14.3　水深 1m 时非黏性土不冲刷流速 v_{H1}

河床泥沙		$\bar{d}$/mm	v_{H1}/(m/s)	河床泥沙		$\bar{d}$/mm	v_{H1}/(m/s)
砂	细	0.05~0.25	0.35~0.32	卵石、漂石	细	20~40	1.50~2.00
	中	0.25~0.50	0.32~0.40		中	40~60	2.00~2.30
	粗	0.50~2.00	0.40~0.60		粗	60~200	2.30~3.60
砾石	小	2.00~5.00	0.60~0.90	顽石	小	200~400	3.60~4.70
	中	5.00~10.00	0.90~1.20		中	400~800	4.70~6.00
	大	10~20	1.20~1.50		大	>800	>6.00

2. 黏性土河滩一般冲刷公式

$$h_p = \left[\frac{\dfrac{Q'_t}{\mu B'_t}\left(\dfrac{h_{mt}}{h'_t}\right)^{\frac{5}{3}}}{0.33\left(\dfrac{1}{I_L}\right)}\right]^{\frac{6}{7}} \tag{14.7}$$

式中符号意义同前。

14.2　桥墩局部冲刷

流向桥墩的水流受到桥墩阻挡，桥墩周围的水流结构发生急剧变化，水流的绕流使流线严重弯曲，床面附近形成螺旋形水流，剧烈淘刷桥墩周围，特别是迎水面的河床泥沙，形成冲刷坑的现象，称为局部冲刷。引起局部冲刷的水流结构如图 14.2 所示。

根据模型试验和观测资料可知，桥墩局部冲刷深度与涌向桥墩的流速 v 有关。当流速 v 逐渐增大到一定数值时，桥墩迎水面两侧的泥沙开始被冲走，产生冲刷，这时涌向桥墩的垂线平均流速称为墩前床沙的始冲流速 v'_0。当 v 继续增大时，冲刷坑逐渐加深和扩大，冲刷坑深度 h_b 与涌向桥墩的流速 v 近似呈直线关系。流速 v 增大到河床泥沙的起动流速 v_0 时，床面泥沙大量浮动，上游来的泥沙有些将滞留在冲刷坑内，因此当 $v>v_0$ 时冲刷坑的发展因有大量泥沙补给而减缓，冲刷坑的深度 h_b 与流速呈曲线关系（图 14.3）。

与此同时，冲刷坑内发生了土壤粗化现象，留下粗粒泥沙，覆盖在冲刷坑表面上，增大了抗冲能力和粗糙度，一直到水流对河床泥沙的冲刷作用与河床泥沙抗冲作用达到平衡时，冲刷就停止了，这时冲刷坑外缘与坑底的最大高差就是这

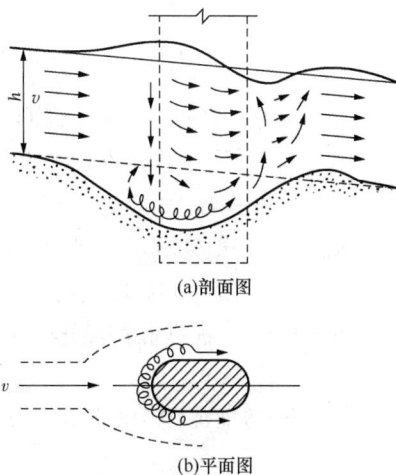

(a)剖面图

(b)平面图

图 14.2　桥墩局部冲刷示意图

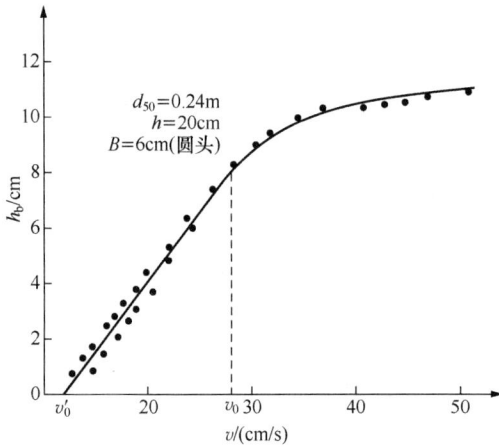

图 14.3　h_b-v 试验曲线

d_{50}. 中值粒径，占沙样质量 50% 的泥沙粒径，即大于或小于 d_{50} 的泥沙在沙样总质量中各占一半；

h. 水深；B. 迎水流方向的桥墩端头宽度

一次水流最大局部冲刷深度。

影响局部冲刷的主要因素有流速、墩形、墩宽、水深和床沙粒径等。局部冲刷深度 h_b 通常是以一般冲刷 h_p 完成后的标高起算，所表示的是桥墩垂线上的冲刷坑深度。现行规范对桥墩局部冲刷计算规定有两类计算公式：一类是用于非黏土河床的 65-2 修正式和 65-1 修正式；另一类是黏性土河床的桥墩局部冲刷公式。

1. 非黏性土河床的桥墩局部冲刷

1965 年铁路和公路部门根据我国的实际观测和模型试验资料制定了局部冲刷计算 65-1 公式和 65-2 公式。生产实践证明：这两个公式反映了冲刷深度随流速的变化关系，并考虑了底砂运动对冲刷深度的影响，计算数值较为稳定可靠。近年来人们对原公式进行了验证和修正，提出了 65-2 修正式和 65-1 修正式。与原公式相比，结构较合理，形式较简单，同时又提高了精度。

（1）65-2 公式

当 $v \leqslant v_0$ 时

$$h_b = K_\xi K_{\eta 2} B_1^{0.6} h_p^{0.15} \left(\frac{v - v_0'}{v_0} \right) \tag{14.8}$$

当 $v > v_0$ 时

$$h_b = K_\xi K_{\eta 2} B_1^{0.6} h_p^{0.15} \left(\frac{v - v_0'}{v_0} \right)^{n2} \tag{14.9}$$

式中，h_b——桥墩局部冲刷深度（m）；

K_ξ——墩形系数，查相关表；

B_1——桥墩计算宽度（m），查相关表；

h_p—— 一般冲刷后的最大水深（m）；

v—— 一般冲刷后墩前行近流速（m/s），具体计算见后；

v_0——河床泥沙起动流速，$v_0 = 0.28(\bar{d} + 0.7)^{0.5}$，$\bar{d}$ 为河床计算层泥沙的平均粒径（mm）；

v_0'——墩前泥沙始冲流速（m/s），$v_0' = 0.12(\bar{d} + 0.5)^{0.55}$；

n_2——指数，$n_2 = \left(\frac{v_0}{v} \right)^{0.23 + 0.19 \lg \bar{d}}$；

$K_{\eta 2}$——河床颗粒影响系数，$K_{\eta 2} = \frac{0.0023}{\bar{d}^{2.2}} + 0.375 \bar{d}^{0.24}$。

（2）65-1 修正公式

当 $v \leqslant v_0$ 时（图 14.3 中直线部分）

$$h_b = K_\xi K_{\eta 1} B_1^{0.6}(v - v_0') \tag{14.10}$$

当 $v > v_0$ 时（图 14.3 中曲线部分）

$$h_b = K_\xi K_{\eta 1} B_1^{0.6}(v_0 - v_0')\left(\frac{v - v_0'}{v_0 - v_0'}\right)^{n_1} \tag{14.11}$$

式中，v_0——河床泥沙起动流速，$v_0 = 0.0246\left(\dfrac{h_p}{\bar{d}}\right)^{0.14}\sqrt{332\bar{d} + \dfrac{10 + h_p}{\bar{d}^{0.72}}}$，$\bar{d}$ 为河床计

算层泥沙的平均粒径(mm)；

$K_{\eta 1}$——河床颗粒的影响系数，$K_{\eta 1} = 0.8\left(\dfrac{1}{\bar{d}^{0.45}} + \dfrac{1}{\bar{d}^{0.15}}\right)$；

v_0'——墩前泥沙始冲流速（m/s），$v_0' = 0.462\left(\dfrac{\bar{d}}{B_1}\right)^{0.06}v_0$；

n_1——指数，$n_1 = \left(\dfrac{v_0}{v}\right)^{0.25}\bar{d}^{0.19}$。

其他符号意义同前。

2. 黏性土河床的桥墩局部冲刷

铁道部的黏性土河床局部冲刷可参照下式计算：

当 $\dfrac{h_p}{B_1} \geqslant 2.5$ 时

$$h_b = 0.83K_\xi B_1^{0.6} I_L^{1.25} v \tag{14.12}$$

当 $\dfrac{h_p}{B_1} < 2.5$ 时

$$h_b = 0.55K_\xi B_1^{0.6} h_p^{0.1} I_L^{1.0} v \tag{14.13}$$

式中，I_L——冲刷坑范围内黏性土液性指数，在本公式中 I_L 的范围为 0.16~1.48。

其他符号意义同前。

3. 特殊情况下的冲刷计算

1）桥下河床由多层成分不同的土质组成，分层土河床的冲刷可采用逐层渐近计算法进行。

2）软岩冲刷可根据岩石类别按《公路工程水文勘测设计规范》附录 C 的规定进行。

3）一般冲刷后墩前行进流速宜按下列公式计算：

① 当采用式（14.1）（64-2 简化式）计算一般冲刷深度时，有

$$v = \frac{A_d^{0.1}}{1.04}\left(\frac{Q_2}{Q_c}\right)^{0.1}\left[\frac{B_c}{\mu(1-\lambda)B_2}\right]^{0.34}\left(\frac{h_{mc}}{\bar{h}_c}\right)^{\frac{2}{3}}v_c \tag{14.14}$$

式中，v_c——河槽平均流速（m/s）；

$\bar{h}_c$——河槽平均水深（m）。

② 当采用式（14.3）（64-1 修正式）计算一般冲刷深度时，有

$$v = E\bar{d}^{\frac{1}{6}}h_{\mathrm{p}}^{\frac{2}{3}} \tag{14.15}$$

③ 当采用式（14.6）计算一般冲刷深度时，有

$$v = v_{\mathrm{H1}}h_{\mathrm{p}}^{\frac{1}{5}} \tag{14.16}$$

④ 当采用式（14.4）计算一般冲刷深度时，有

$$v = \frac{0.33}{I_{\mathrm{L}}}h_{\mathrm{p}}^{\frac{3}{5}} \tag{14.17}$$

⑤ 当采用式（14.7）计算一般冲刷深度时，有

$$v = \frac{0.33}{I_{\mathrm{L}}}h_{\mathrm{p}}^{\frac{1}{6}} \tag{14.18}$$

14.3　确定墩台基底最浅埋置深度

为了确定桥下最大冲刷线和墩台基底最浅埋置深度，首先应根据 14.2 节中各种冲刷公式的计算结果的对应性考虑桥位河段的具体情况，进行冲刷值（$h_{\mathrm{p}}+h_{\mathrm{b}}$）的组合。

1. 冲刷值的组合

（1）河槽中的各桥墩

1）非黏性土河床计算时可用 64-2 简化式式（14.1）与 65-2［式（14.8）或式（14.9）择一］进行（$h_{\mathrm{p}}+h_{\mathrm{b}}$）的组合，此种组合公式计算值精确些；也可以用 64-1 修正式式（14.3）与 65-1 修正式［式（14.10）或式（14.11）择一］进行组合，并从两组组合中取定（$h_{\mathrm{p}}+h_{\mathrm{b}}$）值。

2）黏性土河床计算时可用铁道部公式式（14.4）与公式（14.12）或式（14.13）择一进行组合。

（2）河滩中的各桥墩

1）非黏性土河床计算时可用 h_{p} 公式（14.6）与 65-1 修正式［式（14.10）或式（14.11）择一］进行组合。

2）黏性土河床计算时可用式（14.7）与公式（14.12）或式（14.13）择一进行组合。

（3）桥台

桥台最大冲刷深度应结合桥位河床特征、压缩程度等情况分析、计算、比较后确定。

1）位于河槽中，（$h_{\mathrm{p}}+h_{\mathrm{b}}$）取与河槽各桥墩同值。

2）位于河滩中、对河槽摆动的不稳定河流，先比较偏斜冲刷 h_{p}' 与河槽 h_{p} 值，取其大者，再与河槽 h_{b} 组合；而对稳定河流，则先比较 h_{p}' 与河滩 h_{p} 值，取其大者再与河滩 h_{b} 组合。

2. 绘制最大冲刷线

全部冲刷完成后，最大冲刷水深包括三个部分，即

$$h_{\mathrm{s}} = h_{\mathrm{p}} + h_{\mathrm{b}} + \Delta h \tag{14.19}$$

式中，h_s——最大冲刷水深（m）；

Δh——自然演变冲刷深度（m），可通过现场观测和调查确定。

同时，可用下式推算各墩台最大冲刷时的标高，即

$$H_{cm} = H_p - h_s \text{（m）}\tag{14.20}$$

式中，H_p——桥位断面的设计水位（m）；

H_{cm}——墩台最大冲刷时的标高（m）。

依据各墩台 H_{cm} 的值可在桥轴纵断面图上绘制出最大冲刷线。

3. 确定墩台基底最浅埋置标高

非岩石河床墩台基底埋深应在最大冲刷线以下，并不小于表 14.4 的规定。

桥梁各墩台基底最浅埋置标高

$$H_{jm} = H_{cm} - \Delta\tag{14.21}$$

式中，H_{jm}——墩台基底最浅埋置标高（m）；

H_{cm}——墩台最大冲刷时的标高（m）；

Δ——基底埋深安全值（m），表 14.4。

表 14.4　基底埋深安全值 Δ

桥梁类别	总冲刷深度/m					桥梁类别	总冲刷深度/m				
	0	5	10	15	20		0	5	10	15	20
一般桥梁	1.5	2.0	2.5	3.0	3.5	特殊大桥	2.0	2.5	3.0	3.5	4.0

注：1）总冲刷深度为自河床面算起的冲刷总深度，即河床自然演变冲刷、一般冲刷与局部冲刷深度之和，用最大冲刷深度 h_s 减去天然水深 h。

2）表列数字为墩台基底埋入总冲刷深度以下的最小限值，若计算流量、水位和原始断面资料无十分把握或河床演变尚不能获得准确资料时，安全值 Δ 可适当加大。

3）若桥址上下游有已建桥梁或属旧桥改建，应调查旧桥的特大洪水冲刷情况，新桥墩台基础埋深应在旧桥最大冲刷深度上酌加必要的安全值。

另外，位于河槽的桥台，当其最大冲刷深度小于桥墩总冲刷深度时，桥台基底的埋深应与桥墩基底高程相同；当桥台位于河滩时，对河槽摆动的不稳定河流，桥台基底高程应与桥墩相同；在稳定河流上，桥台基底高程可按照桥台冲刷计算结果确定。

桥台锥体护坡基脚埋置深度应考虑冲刷的影响，当位于稳定、次稳定河段的河滩上，基脚底面应在一般冲刷线以下至少 0.5m；当桥台位于不稳定河流的河滩上，基脚底面应在一般冲刷线以下至少 1m。

4. 岩石河床墩台基础的埋置深度

若桥梁墩台基础建于岩石河床上，由于一方面长期的水流侵蚀冲刷，另一方面墩台施工（如打板桩围堰等临时工程）对岩石结构造成破坏，往往会产生严重冲刷。此时除应清除风化层外，还应根据基岩强度将基础嵌入岩层一定深度，或采用其他锚固措施使基础与岩石连成整体。可参考表 14.5 选用岩石上桥墩基础冲刷及基底埋置深度数值。

表 14.5　岩石地基桥墩冲刷及基底埋深参考数据表

岩石特征				调查资料		建议埋入岩面深度（按施工枯水季平均水位至岩面的距离分级）/m		
岩石类别	极限抗压强度/MPa	调查到有冲刷的桥渡岩石特征		桥梁座数	各桥的最大冲刷深度/m	$h<2$	$h=2\sim10$	$h>10$
		岩石名称	特征					
Ⅰ 极软岩	<5	胶结不良的长石砂岩、炭质页岩等	成分以长石为主，石英凝灰碎屑、云母为次要成分；以黏土及铁质胶结，胶结不良，用手可捏成散砂，淋滤现象明显，但岩质均匀，节理、裂隙不发育；其他岩石如风化严重，节理、裂隙发育，抗压强度小于5MPa，用镐、锹易挖动者	2	0.65～3.0	3～4	4～5	5～7
Ⅱ 软质岩	Ⅱ₁ 5～15	黏土岩、泥质页岩等	成分以黏土为主，方解石、绿泥石、云母为次要成分；胶结成分以泥质为主，钙质铁质次之；干裂现象严重，易风化，处于水下岩石整体性好，不透水，暴露后易干裂成碎块，碎块较坚硬，但遇水后崩解成土状	10	0.4～2.0	2～3	3～4	4～5
	Ⅱ₂ 15～30	砂质页岩、砂页岩互层、砂岩、砾岩等	砂页岩成分同上，夹砂颗粒；砂岩以石英为主，长石、云母为次要成分，圆砾石砂粒黏土等组成；胶结物以泥质、钙质为主，砂质为次要成分，层理、节理较明显，砂页岩在水陆交替处易干裂、崩解	9	0.4～1.25	1～2	2～3	3～4
Ⅲ 硬质岩	>30	板岩、钙质砂岩、矽质岩、石灰岩、花岗岩、流纹岩、石英岩等	岩石坚硬，抗压强度虽大于30MPa，但节理、裂隙、层理非常发育，应考虑冲刷；如岩体完整，节理、裂隙、层理少，风化很微弱，可不考虑冲刷，但基底也宜埋入岩面0.2～0.5m	9	0.4～0.7	0.2～1.0	0.2～2.0	0.5～3.0

14.4　调治构造物

　　调治构造物的主要作用是使桥孔均匀顺畅地排水输沙，减小桥位附近河床和河岸的不利变形，抵抗水流对路基边坡的冲刷，保护桥梁和引道路堤的正常使用以及桥位附近农田、城镇免遭洪水危害。

　　调治构造物按其对水流的作用不同可分为三类：导流构造物，主要有导流堤、梨形堤和锥坡体等，具体选用见表 14.6；挑流构造物，为各种形式的坝，主要有丁坝、顺坝和格坝等；防护构造物，主要有各种护岸、护坡和护基等工程。各类调治构造物既可单独设置，也可以联合设置。在河流的滩地上还可采用植树造林等生物措施来配合或替代工程调治构造物。

表 14.6　导流构造物的选用

分类	单侧河滩	双侧河滩
导流堤	$Q'_t \geqslant 0.15Q_p$	$Q'_t \geqslant 0.25Q_p$
梨形堤	$0.15Q_p > Q'_t \geqslant 0.05Q_p$	$0.25Q_p > Q'_t \geqslant 0.05Q_p$
桥头	$0.05Q_p > Q'_t$	$0.05Q_p > Q'_t$

导流构造物的作用是：以不同的程度扩散和均匀分布桥下河床冲刷，减少对桥台和引道路堤的威胁。各种坝的作用是：将水流方向跳离桥头引道或河岸，达到保护路基或本河岸的目的。防护构造物的作用和设计要点见《路基路面工程》有关内容。

导流堤的设计洪水频率一般应与桥梁的设计洪水频率相同，其他类型调治构造物的设计洪水频率标准视工程重要性而定。

调治构造物基础埋深的安全值 K 按以下规定确定。

1. 位于河槽内的调治构造物

河床土质为细颗粒的次稳定和不稳定河段时 $K = 1 \sim 2m$，稳定河段时 $K = 1m$。

2. 位于河滩内的调治构造物

$K = 0.5m$，当不能达到要求的深度时应设置平面防护措施。

各种调治构造物的布置形式、设计尺寸均应结合河流特性、水文、地形、工程地质、通航要求和地方水利设施等综合考虑。情况复杂时应进行水工模型试验加以论证确定。本节仅介绍常见调治构造物布设的基本知识，具体设计要求可见《公路工程水文勘测设计规范》和有关资料。

14.4.1　导流堤

导流堤平面形状一般为曲线形，如图 14.4 所示，有时也采用直线形（两端带有曲线）。曲线形导流堤水流绕堤流动，对过桥水流压缩较大；直线形导流堤堤旁水流与堤分离，对过桥水流压缩最大，在堤旁形成回流区，回流区内可产生泥沙淤积。堤形应根据调整桥下滩流、河床冲淤分布以及水流流向的实际需要加以选择。

一般当正交桥位，两侧有滩且对称分布时，可两侧布置对称性曲线形导流堤；当河流两侧河滩大小不一，则可在河滩较大的一侧设置曲线形导流堤，而在河滩较小的一侧（或河弯凹岸）设置直线形导流堤，如图 14.5 所示。

导流堤由上游堤段和下游堤段组成。上游堤段的头部称为堤端，与桥梁连接处称为堤根。当堤端直接遭受水流的冲击时，堤端则是保证导流堤稳定的关键部位，必须特殊加固。其局部冲刷深度的计算见规范所述。

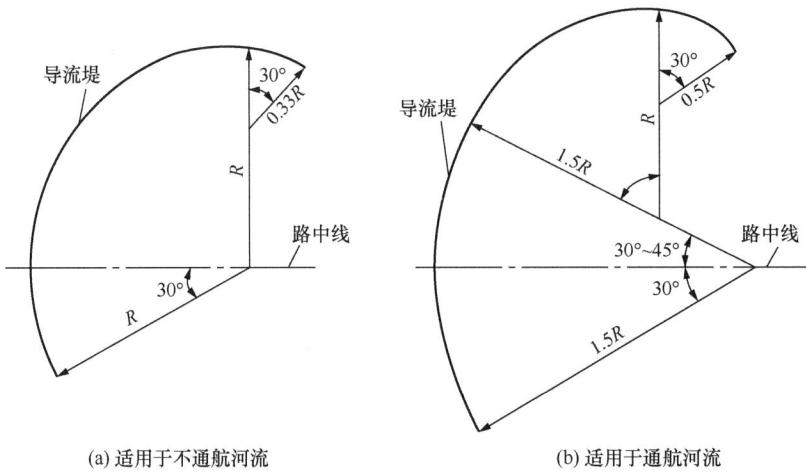

(a) 适用于不通航河流 　　　　　　　　　　(b) 适用于通航河流

图 14.4　曲线形导流堤的平面形状

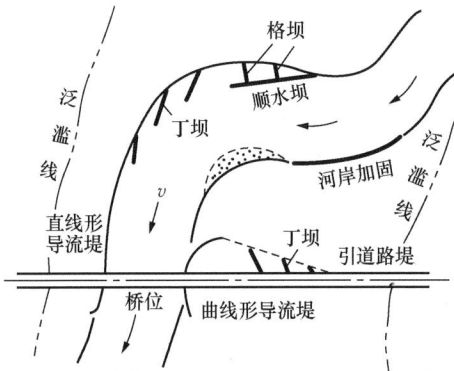

图 14.5　调治构造物示意图

根据导流堤的长短、上游堤端的不同设置位置可分封闭式和非封闭式两种。对于河槽摆动很大的变迁性和冲积漫流性河段，为了逐渐缩窄河槽的摆动幅度，使水流和泥沙平稳地通过桥孔，并能保证堤后农田和村镇的安全，往往设置较长的导流堤，而且将上游堤端伸出泛滥边界之外，这种导流堤称为封闭式导流堤，如图 14.6 所示。一般情况下设置的导流堤不长，而且上游堤端在泛滥边界之内，这种导流堤称为非封闭式导流堤，如图 14.5 所示。

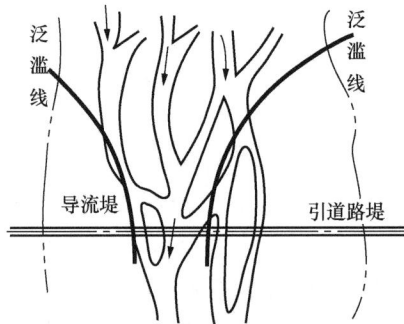

图 14.6　封闭式导流堤

14.4.2　梨形堤

梨形堤的作用与导流堤相似，但导引河滩水流的作用较小。当桥位河段较小，流速又不大时，或者当河滩引道路堤凹向上游，为防止其路基遭受淘刷与改善桥梁边孔的过水条件，可设置梨形堤，如图 14.7 所示。

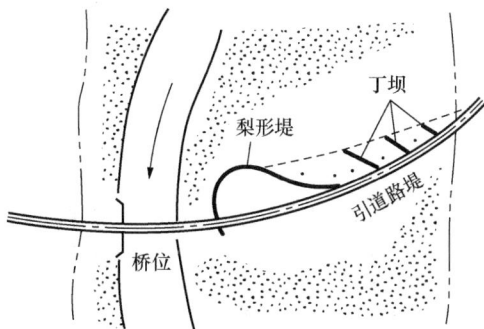

图 14.7 梨形堤与丁坝配合设置

梨形堤的平面尺寸，临近桥孔部分可按导流堤的尺寸设计，在河滩部分梨形堤末端与路堤设置两个反向圆弧连接，如图 14.8 所示。

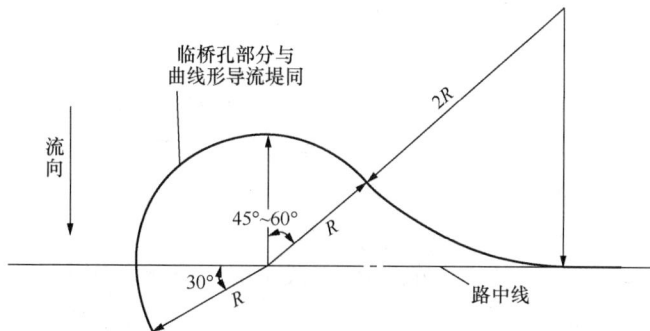

图 14.8 梨形堤平面示意图

14.4.3 丁坝

丁坝常设置于桥头引道路堤的上游一侧或河岸边上，如图 14.7 及图 14.9 所示。丁坝（又称挑水坝）有淹没式和非淹没式两种。淹没式丁坝的坝顶略高于常水位，洪水期被淹没，它的挑流能力不大，主要起加速各丁坝间的泥沙淤积作用，逐渐形成趋于导治线的新的水边线，常用于中水调治，对长年流水的河槽能起整治和稳定河岸的作用。非淹没式丁坝的坝顶高出设计洪水位，常用于挑开高洪水流，保护河岸和河滩引道路堤。

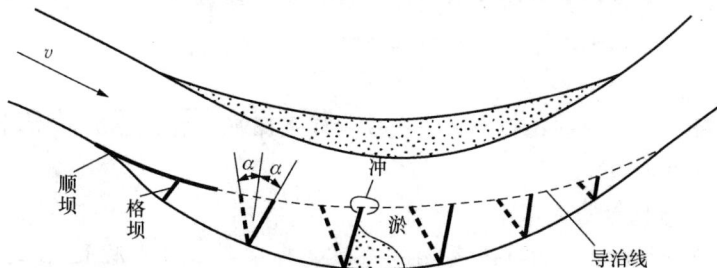

图 14.9 各种坝示意图

丁坝在平面上的方向：淹没式丁坝一般斜向上游（为上挑），坝轴线与水流方向的交角为 $100°\sim105°$；如果斜向下游，则漫过坝顶的水流将向丁坝根部集中，造成剧烈冲刷而冲走丁坝间的泥沙。在凸岸且流速较小时，可布置成正挑丁坝。非淹没式丁坝一般斜向下游（为下挑），坝轴线与水流方向的交角为 $60°\sim75°$；对于凸岸且流速不大时，可以布置为正挑丁坝。有关坝与坝的间距、坝根的处理等具体设计问题不在此赘述。

14.4.4　顺坝与格坝

顺坝常与水流平行，直接布置在导治线上以防护河岸。顺坝一般为淹没式，坝顶与中水位大致相平，上游端嵌入河岸，下游开口，以宣泄坝后水流。设于弯道段的顺坝应有足够的长度，并随流势呈弯曲形。

格坝常配合顺坝使用，当顺坝较长，且与河岸间距较大时，可在顺坝与河岸之间设置一道或几道格坝加以支撑，并促以坝间淤积，防止坡或河滩受冲刷。格坝一端与顺坝正交或略斜交，格坝的间距一般在 $20\sim30m$。

小　　结

本任务主要就《公路工程水文勘测设计规范》中的冲刷公式，分别介绍桥下一般冲刷和局部冲刷的计算，以及桥梁基底最浅埋置深度的确定方法。建桥河段的冲刷有自然演变冲刷、一般冲刷和局部冲刷。

1. 一般冲刷

一般冲刷深度 h_p 是指桥下河床在一般冲刷完成后从设计水位算起的某一垂线水深。

1）河槽一般冲刷 h_p 的计算公式有以下三类：第一类是按桥下河槽输沙平衡原理建立的 64-2 简化公式和按垂线冲止流速建立的 64-1 修正公式，此类公式用于非黏性土河床的一般冲刷计算；第二类是黏性土河槽一般冲刷公式；第三类是桥台偏斜冲刷计算包尔达可夫公式。

2）根据河滩土质的不同，河滩的一般冲刷 h_p 有非黏性土河滩一般冲刷公式和黏性土河滩一般冲刷公式。

2. 局部冲刷

影响局部冲刷的主要因素有流速、墩形、墩宽、水深和床沙粒径等。局部冲刷深度 h_b 通常是以一般冲刷 h_p 完成后的标高起算，所表示的是桥墩垂线上的冲刷坑深度。现规范对桥墩局部冲刷计算有两类公式：一类是用于非黏土河床的 65-2 修正式和 65-1 修正式；另一类是黏性土河床的桥墩局部冲刷公式。

3. 墩台基底最浅埋置深度

为了确定桥下最大冲刷线和墩台基底最浅埋置深度，首先应进行冲刷值 (h_p+h_b) 的组合，最大冲刷水深 $h_s=h_p+h_b+\Delta h$。

4. 非岩石河床墩台基底埋深

应在最大冲刷线以下，且不小于有关规定。桥梁各墩台基底最浅埋置标高 $H_{jm}=H_{cm}-\Delta(m)$。

5. 调治构造物

调治构造物的作用及常见类型：导流构造物，主要有导流堤、梨形堤和锥坡体等；挑流构造物，为各种形式的坝，主要有丁坝、顺坝和格坝等；防护构造物，主要有各种护岸、护坡和护基等工程。各类调治构造物既可单独设置，也可以联合设置。在河流的滩地上，还可采用植树造林等生物措施来配合或替代工程调治构造物。

思 考 题

1. 冲刷计算的目的是什么？

2. 桥下冲刷可分为哪些部分？自然演变冲刷造成了哪些河床变形？

3. 何谓桥下一般冲刷？分别有哪些计算公式？各自的适用性如何？

4. 何谓桥下局部冲刷？分别有哪些计算公式？各自的适用性如何？

5. 一般冲刷深度与局部冲刷深度的表示有什么区别和联系？

6. 影响局部冲刷的主要因素有哪些？

7. 在确定桥下最大冲刷线和墩台基底最浅埋置深度时，计算公式中出现的 Δh 和 Δ 有什么不同？

8. 调治构造物的主要作用是什么？常用的调治构造物有哪些类型？各有什么作用？

9. 封闭式导流堤与非封闭式导流堤如何区分？

10. 已知桥位断面河床一般冲刷深度 $h_p = 3.50\text{m}$，局部冲刷深度 $h_b = 1.60\text{m}$，河床自然演变冲刷深度 $\Delta h = 1.50\text{m}$；基础埋置深度安全值 $\Delta = 2.00\text{m}$，设计水位 $H_p = 58.60\text{m}$。要求：

1）说明桥下河槽最低冲刷线的意义。

2）计算桥下最大冲刷水深 h_s。

3）计算最低冲刷线高程 H_{cm}。

4）计算基础底部埋设高程 H_{jm}。

11. 参考任务 13 习题内容，根据钻探资料，河滩表面土为粗砂层，平均粒径 $\overline{d} = 1.5\text{mm}$，河槽及标高 129.00m 以下为小颗粒的砾石层，$\overline{d} = 3.0\text{mm}$。桥位河段历年汛期洪水平均含沙量 $\rho = 0.8\text{kg/m}^3$。据分析桥下河槽能扩宽至全桥，但自然演变冲刷 $\Delta h = 0$。本桥为一般性桥梁，试确定最大冲刷线标高和桥梁墩台最浅埋置标高。

学习情境 5

工程地质技能训练

任务 ⑮

室内矿物与岩石鉴别

学习目标与要求 ☞
_____

1. 熟悉矿物的物理、力学性质。
2. 掌握肉眼鉴定矿物的主要方法。
3. 掌握常见矿物的肉眼鉴别特征。
4. 熟悉三大岩石的成因与一般特征。
5. 熟悉常见岩石的物质成分和结构、构造。
6. 掌握常见岩石的肉眼鉴定特征。

任务重点 ☞
_____

矿物的物理、力学性质；肉眼鉴定矿物的方法；常见矿物的鉴别特征；岩石的物质成分和结构、构造；常见岩石的肉眼鉴定特征。

任务难点 ☞
_____

矿物的物理、力学性质；岩石的结构、构造；常见岩石的肉眼鉴定特征。

15.1 矿 物 鉴 别

15.1.1 目的要求

通过本次实习，要求同学们学会使用一些简单的工具来确定矿物的一般物理性质，最后达到能够用肉眼鉴别主要造岩矿物的目的。正确鉴别矿物是为下一步鉴别各类岩石打下基础。

15.1.2 内容方法

1）使用简单的工具：小刀、指甲、瓷板、放大镜、稀盐酸等，认识矿物的一般性质：如硬度、解理、颜色、形态、条痕、比重、磁性、断口、光泽、透明度及与稀盐酸、镁试剂的反应特征等。

2）掌握主要造岩矿物的鉴定特征。一种矿物与其他矿物相比较，该矿物所特有的某些物理性质称为它的鉴定特征。例如，白云母的弹性，绿泥石的挠性，自然金的延展性，磁铁矿的磁性，滑石的滑感，岩盐的咸味，重晶石的大比重，硫磺的臭味，方解石、白云石与冷稀盐酸发生化学反应而产生气泡等。

按标本盒里的标本顺序，依次描述各矿物的物理性质，并完成12种主要造岩矿物的认识与鉴定记录于表 15.1，最后经过对比掌握常见矿物的鉴定特征。

表 15.1 主要造岩矿物的认识与鉴定记录表

标本号	主要鉴定特征									矿物名称
	颜色	形态	条痕	光泽	硬度	解理	断口	比重	其他	
1										
2										
3										
4										
5										
6										
7										
8										
9										
10										
11										
12										

班级_____ 姓名_____ 学号_____

评阅老师_____ 成绩_____

15.1.3 注意事项

1) 观察矿物的颜色、条痕、光泽以及测试硬度时，必须在矿物的新鲜面上进行，才能得出正确结论。

2) 本次实习从矿物的一般物理性质着手，但不要求把这些物理性质都死记硬背，而是通过对比，牢记这些主要矿物的鉴定特征。

15.1.4 复习思考

1) 在实验中如何运用肉眼鉴定矿物？

2) 条痕在哪些类型的矿物中有重要的鉴定意义？

3) 方解石、白云石是哪种类型矿物？它们的主要鉴定特征有哪些？这两种矿物怎样区别？

4) 地球上最重要的造岩矿物有哪些（试说出 8～9 种）？

5) 在造岩矿物中"有害矿物"指的是什么？

15.2 岩石鉴别

15.2.1 岩浆岩鉴别

1. 目的要求

通过手标本肉眼鉴定方法，根据矿物成分、结构和构造来认识各种主要的岩浆岩，牢记主要岩浆岩的鉴定特征。

2. 内容方法

1) 鉴别岩浆岩中的各种矿物成分。酸性岩浆岩富含石英；中性岩浆岩少含或不含石英而富含长石；基性岩浆岩不含或少含石英，除长石外，开始出现大量角闪石、辉石矿物；超基性岩浆岩不含石英、长石，以大量辉石、橄榄石矿物为主。

2) 鉴别岩浆岩的结构和构造。肉眼鉴别岩石结构主要观察其结晶程度、晶粒大小及晶粒间组合方式。

结晶程度可分为：全晶质（分显晶质、隐晶质）、半晶质、非晶质（玻璃质）三种，按晶粒间组合方式可分为等粒和斑状结构两种。

岩浆岩的构造大多数为致密块状，少数为气孔状、杏仁状、流纹状。

3) 认识岩浆岩的颜色特点。酸性岩浆岩主要成分是石英和长石，颜色较浅；基性岩浆岩主要为角闪石、辉石矿物，颜色较深。

根据标本盒中的标本顺序，仔细观察，依次描述每块岩浆岩的矿物成分、结构和构造，并完成 8 种主要岩浆岩认识与鉴定记录于表 15.2，最后经过对比掌握每种岩浆岩的鉴定特征。

表 15.2　主要岩浆岩认识与鉴定记录表

年　月　日

标本号	主要鉴定特征					岩石名称
	颜色	主要矿物成分	结构	构造	其他	
1						
2						
3						
4						
5						
6						
7						
8						

班级_____　姓名_____　学号_____

评阅老师_____　成绩_____

3. 注意事项

1）实习前应复习教材上的岩浆岩分类表，通过实习加深对此表的理解与记忆。

2）实习中要注意按教材中分类表上所列的岩石的行和列进行对比，同一行的岩石，其结构、构造应当相似，而矿物成分不同。同一列的岩石，其矿物成分相同，而结构、构造不相同。

4. 复习思考

1）岩浆岩的主要特点是什么？

2）如何区分斑状与似斑状结构？

3）花岗岩与闪长岩中暗色矿物成分是否相同？

4）为何深成岩比浅成岩结晶程度好？

5）气孔构造、流纹构造为何仅见于喷出岩中？

15.2.2　沉积岩鉴别

1. 目的要求

通过对手标本的肉眼鉴定，根据矿物成分、结构和构造来认识各种主要的沉积岩，牢记主要沉积岩的鉴定特征。

2. 内容方法

1）认识沉积岩的结构。由于沉积岩多为碎屑或隐晶的，故沉积岩的结构侧重于它的颗粒大小和形状。颗粒直径大于 0.005mm 者为碎屑岩类，小于 0.005mm 者为粘土岩类。在碎屑岩中，颗粒直径大于 2mm 者为砾状结构；直径在 0.005～2mm 的是砂状结构；直径小于 0.005mm 者为泥状结构。化学岩多为隐晶结构。

2）认识沉积岩的构造。沉积岩的构造特征可从宏观（大构造）和微观（小构造）两个方面来看：大构造主要指层状构造，一般不易在手标本上观察到，多在野外进行观察；小构造则指层理构造、尖灭或透镜构造、层面构造及均匀块状构造等。

3）认识沉积岩的主要矿物成分和胶结物。对于碎屑岩来说，颗粒的矿物成分和胶结物的矿物成分是同等重要的。如某种粗砂颗粒主要为长石组成，胶结物为碳质，则定名为碳质粗粒长石砂岩。对于泥质页岩及泥岩来说，颗粒矿物多为黏土类矿物，故其命名和性质在很大程度上取决于胶结物。对于化学岩及生物化学岩来讲，矿物成分则是最重要的鉴别特征。

按标本盒里的标本编号顺序，依次描述每块沉积岩的矿物成分、胶结物、结构和构造特征，并完成 8 种主要沉积岩认识与鉴定记录于表 15.3，最后经过对比找出每种沉积岩的鉴定特征。

表 15.3　主要沉积岩认识与鉴定记录表

年　月　日

标本号	主要鉴定特征					岩石名称
	颜色	主要矿物成分	结构	构造	其他	
1						
2						
3						
4						
5						
6						
7						
8						

班级＿＿＿＿＿＿　姓名＿＿＿＿＿＿＿＿＿　学号＿＿＿＿＿＿＿＿＿

评阅老师＿＿＿＿＿＿＿　成绩＿＿＿＿＿＿＿＿＿

3. 注意事项

1）注意观察颗粒大小与颗粒矿物成分的关系，随着颗粒逐渐减小，深色矿物首先消失，然后是长石，最后剩下的多为细小的石英颗粒。

沉积岩碎屑颗粒的矿物成分如石英、长石、云母等都是原岩经过风化后保留下来的。此外，在沉积岩生成过程中又产生了一些新矿物称沉积矿物。最常见的沉积矿物有方解石、白云石、石膏、高岭石、燧石等，含有这些沉积物是沉积岩鉴定特征之一。

2）在观察碎屑岩类时，注意观察沉积的碎屑岩系与火山碎屑岩系的异同。

3）沉积岩覆盖地球表面四分之三，是我们野外工作中遇到的最多的岩石，故要求牢记砾岩、角砾岩、砂岩、页岩、石灰岩、白云岩、燧石等几种最常见沉积岩的鉴定特征。

4. 复习思考

1）沉积岩的主要特点是什么？

2）火山喷出的火山角砾、火山灰、火山尘堆积形成的岩石应归入三大岩类中的哪一类？

3）内碎屑结构的含义是什么？

4）缝合线在野外判断厚层灰岩的层面时有何意义？

5）石英砂岩中石英的含量至少占多少？长石石英砂岩中长石的含量至少占多少？

6）如何区分石英砂岩与花岗岩？

7）鲕状灰岩的鲕粒与细晶灰岩中的方解石晶粒有何不同？

8）如何区分石灰岩与白云岩？

15.2.3 变质岩鉴别

1. 目的要求

通过变质岩实习理解并掌握各种主要变质岩的鉴别特征，通过三大岩类实习后，要求能够把岩浆岩、沉积岩及变质岩清楚的区别开，然后正确的确定岩石的名称。

2. 内容方法

1）认识变质岩常见矿物。浅色的：石英、长石、白云母、绢云母、方解石及滑石等；深色的：角闪石、辉石、黑云母、绿泥石等。其中除绢云母、滑石及绿泥石等为变质作用生成的变质岩所特有的矿物外，其余的为原岩所具有的矿物。

2）认识变质岩的结构。变质岩中除少数岩石（如板岩、千枚岩等轻变质岩）具有隐晶结构外，其余大多数变质岩均为显晶结构。故可根据矿物鉴别特征把每种岩石中的主要矿物成分鉴别出来。结晶程度的好坏反应了岩石变质程度的深浅。

3）认识变质岩的构造。除石英、大理岩为块状构造外，其余均以片理构造为特征。具片理构造的称片岩，具片麻状构造的称片麻岩，具千枚状构造的称千枚岩，具板状构造的称板岩。

在室内实习中，按标本盒里的标本编号顺序，依次描述每块变质岩的矿物成分、结构和构造特征，并完成8种主要变质岩认识与鉴定记录于表15.4，最后经过对比找出每种变质岩的鉴定特征。

3. 注意事项

1）注意区别岩浆岩中的斑状结构与变质岩的斑状变晶结构。岩浆岩中的斑晶主要是长石、石英、角闪石、辉石。变斑晶常常是石榴石、红柱石、蓝晶石、方柱石等，且多具片状和片麻状构造。

表 15.4 主要变质岩认识与鉴定记录表

年　月　日

标本号	主要鉴定特征					岩石名称
	颜色	主要矿物成分	结构	构造	其他	
1						
2						
3						
4						
5						
6						
7						
8						

班级_____ 姓名_____ 学号_____

评阅老师_____ 成绩_____

2）注意区分片理构造与沉积岩的层理构造。

3）变质岩的结构虽不参加岩石命名，但对鉴定岩石有重要意义，它是区别不同成因，不同变质程度的依据，如板岩——千枚岩——片岩。

4. 复习思考

1）变质岩的主要特点是什么？

2）什么叫区域变质岩？

3）板岩、千枚岩、片岩有何主要区别？

4）如何区分石英岩和大理岩？

5）何为片麻构造？

6）岩浆岩、沉积岩、变质岩能互相转化吗？转换的主要条件是什么？

任务 ⑯

野外地质技能训练

学习目标与要求 ☞

1. 通过野外地质实习，掌握课堂讲授的工程地质基本知识。
2. 通过野外地质教学实习，使学生掌握地质事物和现象，学会对不良地质现象和地质问题作出分析、评价。
3. 掌握运用地质罗盘仪测量岩体结构面的产状，识别不同类型的地质构造，并分析它们对工程建设的影响。
4. 了解公路工程地质调查的内容和一般方法。

任务重点 ☞

工程地质野外调查的基本方法；不良地质现象分析；岩体稳定性问题分析；矿物、岩石鉴别；地质罗盘仪使用方法；地质构造识别；中、小型地貌认识。

任务难点 ☞

不良地质现象及岩体稳定性问题；地质罗盘仪使用方法；识别地质构造。

16.1　野外地质实习的内容及安排

16.1.1　实习目的与要求

野外地质实习是本课程教学内容中重要环节之一。通过野外地质实习，可以起到复习和巩固课堂讲授的基本概念和基本理论的作用，还可以接触到工程地质野外调查的基本方法，使学生初步懂得如何利用地质理论联系工程实际来分析地质与工程的关系。其次，通过野外地质教学实习，使学生从自然界许多具体的地质事物和现象中获得一些生动的感性认识，以验证和巩固课堂所学的基本理论，并对某些路段的不良地质现象及岩体稳定性问题作出分析、论证、从而为今后路桥工程的测设、施工等方面的专业课学习，奠定必备的工程地质知识。对此实习，提出如下基本要求：

1）针对野外具体的岩石和土层，能借助简易工具和试剂对其性质、结构、构造、类别作出鉴别和描述，能够估测岩石的工程强度和石料品位等级。

2）运用地质罗盘仪测量岩体结构面的产状，识别不同类型的地质构造，并分析它们对路桥工程稳定性的影响。

3）认识和区分一般中、小型地貌，以及不同地貌形态对路线测没、施工、养护等方面的影响。

4）识别山区常见不良地质现象，分析其发生的原因及对道路与桥梁的危害，并从中了解和探讨一些有关预防和整治的措施。

5）初步了解公路工程地质调查的内容和一般方法。

16.1.2　组织领导及实习日程安排

1）成立教学实习小组：每班分为 4～5 组，设学生组长 1 人，确定指导教师，负责实习中的业务、安全、纪律、后勤、生活等事宜。

2）实习具体日程安排：实习时间为一周，可参考表 16.1 安排。

3）实习装备：皮尺、实习实测记录表格、地质罗盘仪、标本袋、铅笔、小刀、铁锤、放大镜等。

表 16.1　实习日程安排表

时间	实习安排	备注
一	召开实习动员大会，强调安全纪律；宣布实习领导小组成员及实习计划，借领野外实习装备等。 实习地区地质条件概括介绍	
二	离校，开赴实习地区，全天路线观察实习	
三	全天路线观察实习	
四	全天路线观察及技能考核	
五	召开实习总结大会，布置编写实习报告的纲要，归还实习装备，整理野外记录及资料，编写个人实习报告	

16.1.3 实习地点

实习地点应尽量选在能满足教学实习要求、地质类型比较齐全，具有一定代表性的拟建或已建的建筑工程地区。若建筑工程地区不能满足实习要求时，亦可增加几个地质典型地点进行补充实习。

16.1.4 实习成绩考核

本实习成绩单独考核、评定，不及格者，无补考机会。实习成绩实行百分制或按优秀、良好、中等、及格和不及格进行考核。

16.2 野外工作的基本方法和技能

16.2.1 地质罗盘仪的使用

地质罗盘仪是进行野外地质工作必不可少的一种工具。借助它可以定出方向和观察点的所在位置，测出任何一个观察面的空间位置（如岩层层面、褶皱轴面、断层面、节理面等构造面的空间位置），以及测定火成岩的各种构造要素，矿体的产状等。因此必须学会使用地质罗盘仪。

1. 地质罗盘的结构

地质罗盘由磁针、刻度盘、测斜仪、瞄准觇板、水准器等几部分组成。

2. 岩层产状要素的测量

岩层的空间位置决定于其产状要素，岩层产状要素包括岩层的走向、倾向和倾角（图3.1）。

岩层走向的测定：岩层走向是岩层层面与水平面交线的方向。测量时将罗盘长边与层面紧贴，然后转动罗盘，使底盘水准器的水泡居中，读出指针所指刻度即为岩层的走向。

岩层倾向的测定：岩层倾向是指岩层向下最大倾斜方向线在水平面上的投影，恒与岩层走向垂直。测量时，将罗盘北端或接物觇板指向倾斜方向，罗盘南端紧靠着层面并转动罗盘，使底盘水准器水泡居中，读指北针所指刻度即为岩层的倾向。

岩层倾角的测定：岩层倾角是岩层层面与假想水平面间的最大夹角。测量时将罗盘直立，并以长边靠着岩层的真倾斜线，沿着层面左右移动罗盘，并用中指搬动罗盘底部之活动扳手，使测斜水准器水泡居中，读出悬锥中尖所指最大读数。

3. 岩层产状的记录方式

岩层产状的记录方式通常采用下面的方式：既方位角记录方式，如果测量出某一岩层走向为310，倾向为220，倾角35，则记录为 NW310/SW∠35 或 220∠35。

4．实习报告

用罗盘测量方位角、坡度角、目估水平距离的结果填写在表 16.2 中，按 1∶2000 的比例尺画两点方位角和坡度角的平面图和剖面图。

表 16.2   地质罗盘仪实习报告

姓名：   班级：

模型号	走向	倾向	倾角	观测位置	方位角	坡度角	距离（目估）

时间：   年 月 日

16.2.2   野外地质的记录

1．记录的要求

1）包括详细记录地质内容和具体地点两方面。

2）客观地反映实际情况。

3）记录清晰、美观，文字通顺，图文并茂。

2．记录的类型和方式

地质记录有两种类型和方式。一种是专题研究的记录，专门观察研究某一地质问题。另一种是综合性地质观察的记录，应用于对某一地区进行全面而综合性的地质调查。

16.2.3   绘制路线地质剖面图方法

1）选取作图比例尺。其原则是根据作图精度要求及路线长度，最好是将地质剖面图的长度控制在记录簿的长度以内。如果路线长，地质内容复杂，剖面图可以绘长一些。

2）绘地形剖面。目估水平距离和地形转折处的高差及坡角大小，按比例尺的要求绘出地形剖面起伏。初学者易犯毛病是将山坡绘陡了，一般山坡坡角不超过 30°，更陡的山坡是人难以攀越的。

3）填图。在地形起伏线的相应点上按实测的层面和断层面产状画出各地层的分界面及断层位置、倾向与倾角，在相应部位画出火成岩体的位置和形态。相当层用线连结以反映褶皱及其横剖面特征。

4）标注地层及岩体的花纹，断层的动向，地层和岩体的代号，化石产出部位及采样位置等。

5）整饰修饰已成的草图并写出图名、比例尺、方向、地物名称、绘制图例及写图注。如为通用图例，则可省略图例的说明。

16.3　地质实习报告的编写

地质实习外业结束以后，应及时地转入内业整理和实习报告编写阶段。实习报告内容，视实习点的具体情况和实习时间的长短而有所不同。

1. 地质实习报告的编写提纲

1）绪言。介绍实习区的行政区划、经纬位置、自然地理概况、实习目的、实习时间等。

2）对不同观察点出露的地层及分布的特点，按地层时代自老至新进行分层描述。描述各时代地层时应包括分布和发育概况、岩性和所含化石、与下伏地层的接触关系、厚度等（附素描图）。岩浆岩出露状况简述。附实测地层剖面图、斜层理、泥裂素描图。描述各种岩体的岩石特征、产状、形态、规模、出露地点、所在构造部位以及含矿情况，并判断其工程强度的类别。

3）描述在实习地区认识的地质构造及地貌的类型，概述本地质教学实习区在大一级构造中的位置和总的构造特征，分别叙述地质教学实习区的褶皱和断裂。

① 褶皱描述：褶皱名称，组成褶皱核部地层时代及两翼地层时代、产状、枢纽、轴面、展布情况。褶皱横剖面及纵剖面特征，并附轴面和枢纽的水平投影。

② 断层描述：断层名称、断层性质、上盘及下盘（或左右盘）地层时代，断层面的产状。野外识别标志，断层证据（附素描图、剖面团）。

③ 节理描述：节理发育组数、方向、发育程度及调查方法、走向或倾向玫瑰花图。

阐述褶皱与断裂在空间分布上的持点，根据所见实际情况并结合路桥工程的勘测设计、施工等问题作出综合分析，提出自己的见解。

4）描述在实习地区所见到的各种不良地质现象，描述它们对路桥工程造成的危害及共采取的措施，并给出自己的评价。

5）除了安排的观察内容以外，提出自己的新发现、新见解或认为需要探索的问题。

6）结束语。包括实习的主要收获、体会、意见及建议。

2. 实习报告附图

实习报告应附哪些图件，这要根据实习地点的具体条件、实习时间的长短及专业要求等情况，综合考虑，适量选择。有下列图件可供选择：综合地层柱状图；地质平面图（部分）；地质剖面图（或水文地质剖面图）；节理玫瑰图；赤平投影图应用；有关地质素描图及照片等。以上附图的编制内容、要求及图式均可在教材中找到参考。

报告编写要求书写清晰规正、文字通顺、图件整洁，并装订成册统一交指导教师评阅。

主要参考文献

窦明健.2003.公路工程地质.3版.北京：人民交通出版社.

何培林，张婷.2006.工程地质.北京：北京大学出版社.

戚筱俊.1997.工程地质及水文地质实习、作业指导书.2版.北京：水利水电出版社.

齐丽云，徐秀华.2003.工程地质.北京：人民交通出版社.

唐辉明.2007.工程地质学基础.北京：化学工业出版社.

闻德荪.2002.水力学与桥涵水文.北京：人民交通出版社.

杨晓丰.2005.工程地质与水文.北京：人民交通出版社.

叶镇国.2000.水力学与桥涵水文.北京：人民交通出版社.

俞高明.2002.桥涵水力水文.北京：人民交通出版社.

中华人民共和国行业标准.2011.公路工程地质勘察规范（JTG C20—2011）.北京：人民交通出版社.

中华人民共和国行业标准.2015.公路工程水文勘察设计规范（JTG C30—2015）.北京：人民交通出版社.

中华人民共和国行业标准.2015.公路桥涵设计通用规范（JTG D60—2015）.北京：人民交通出版社.

朱建德.2000.地质与土质实习实验指导.北京：人民交通出版社.